최상위 수학 3·2 학습 스케줄표

과정을 학습할 수 있도록 설계하였습니다.
⋯성 과정을 이용하세요.

공부한 날짜를 쓰고 하루 분량 학습을 ⋯⋯ check☑를 받으세요.

1주	월	일	월	일	월	일	월	일	월	일
	1. 곱셈									
	10~13쪽		14~16쪽		17~19쪽		20~22쪽		23~25쪽	
	☐		☐		☐		☐		☐	

2주	월	일	월	일	월	일	월	일	월	일
	1. 곱셈		**2. 나눗셈**							
	26~28쪽		32~35쪽		36~38쪽		39~41쪽		42~44쪽	
	☐		☐		☐		☐		☐	

3주	월	일	월	일	월	일	월	일	월	일
	2. 나눗셈						**3. 원**			
	45~47쪽		48~49쪽		50~52쪽		56~59쪽		60~62쪽	
	☐		☐		☐		☐		☐	

4주	월	일	월	일	월	일	월	일	월	일
	3. 원									
	63~64쪽		65~66쪽		67~69쪽		70~71쪽		72~74쪽	
	☐		☐		☐		☐		☐	

공부를 잘 하는 학생들의 좋은 습관 8가지

매일매일 규칙적인 학습 시간 계획을 세워요.

과제에 대한 시간 관리를 잘 해요.

책상 정리정돈을 잘 해요.

열심히 공부한 다음 적당한 휴식을 가져요.

12주 완성

	월 일	월 일	월 일	월 일	월 일
7주	**3. 원**	**4. 분수**			
	72~74쪽 ☐	78~79쪽 ☐	80~81쪽 ☐	82~83쪽 ☐	84~85쪽 ☐

	월 일	월 일	월 일	월 일	월 일
8주	**4. 분수**				
	86~87쪽 ☐	88~89쪽 ☐	90~91쪽 ☐	92~93쪽 ☐	94쪽 ☐

	월 일	월 일	월 일	월 일	월 일
9주	**4. 분수**	**5. 들이와 무게**			
	95~97쪽 ☐	102~103쪽 ☐	104~105쪽 ☐	106~107쪽 ☐	108~109쪽 ☐

	월 일	월 일	월 일	월 일	월 일
10주	**5. 들이와 무게**				
	110~111쪽 ☐	112쪽 ☐	113~114쪽 ☐	115~116쪽 ☐	117쪽 ☐

	월 일	월 일	월 일	월 일	월 일
11주	**5. 들이와 무게**	**6. 자료의 정리**			
	118~120쪽 ☐	124~125쪽 ☐	126~127쪽 ☐	128~129쪽 ☐	130~131쪽 ☐

	월 일	월 일	월 일	월 일	월 일
12주	**6. 자료의 정리**				
	132~133쪽 ☐	134쪽 ☐	135쪽 ☐	136쪽 ☐	137~139쪽 ☐

최상위
수학 3·2 학습 스케줄표

부담되지 않는 학습량으로 공부 습관을 기를 수 있도록 설계하였습니다.
학기 중 교과서와 함께 공부하고 싶다면 12주 완성 과정을 이용하세요.

공부한 날짜를 쓰고 하루 분량 학습을 마친 후, 부모님께 확인 check ☑를 받으세요.

1주

월	일	월	일	월	일	월	일	월	일
1. 곱셈									
10~11쪽		12~13쪽		14~15쪽		16~17쪽		18~19쪽	
☐		☐		☐		☐		☐	

2주

월	일	월	일	월	일	월	일	월	일
1. 곱셈									
20쪽		21~22쪽		23~24쪽		25쪽		26~28쪽	
☐		☐		☐		☐		☐	

3주

월	일	월	일	월	일	월	일	월	일
2. 나눗셈									
32~33쪽		34~35쪽		36~37쪽		38~39쪽		40~41쪽	
☐		☐		☐		☐		☐	

4주

월	일	월	일	월	일	월	일	월	일
2. 나눗셈									
42~43쪽		44쪽		45~46쪽		47~48쪽		49쪽	
☐		☐		☐		☐		☐	

5주

월	일	월	일	월	일	월	일	월	일
2. 나눗셈		**3. 원**							
50~52쪽		56~57쪽		58~59쪽		60~61쪽		62~63쪽	
☐		☐		☐		☐		☐	

6주

월	일	월	일	월	일	월	일	월	일
3. 원									
64~65쪽		66쪽		67~68쪽		69~70쪽		71쪽	
☐		☐		☐		☐		☐	

8주 완성

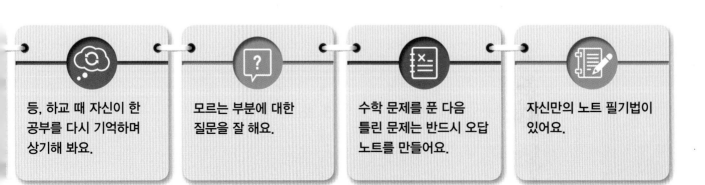

등, 하교 때 자신이 한 공부를 다시 기억하며 상기해 봐요.

모르는 부분에 대한 질문을 잘 해요.

수학 문제를 푼 다음 틀린 문제는 반드시 오답 노트를 만들어요.

자신만의 노트 필기법이 있어요.

초등 3·2

상위권의 기준

최상위 수학

수학 좀 한다면

구성과 특징

MATH TOPIC

엄선된 대표 심화 유형들을 집중 학습함으로써 문제 해결력과 사고력을 향상시키는 단계입니다.

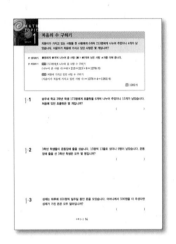

BASIC CONCEPT

개념 설명과 함께 구성되어 있습니다.
교과서 개념 이외의 실전 개념, 연결 개념, 주의 개념, 사고력 개념을 함께 정리하여 심화 학습의 기본기를 갖출 수 있게 하였습니다.

BASIC TEST

본격적인 심화 학습에 들어가기 전 단계로 개념을 적용해 보며 기본 실력을 확인합니다.

HIGH LEVEL

교외 경시 대회에서 출제되는 수준 높은 문제들을 풀어 봄으로써 상위 3% 최상위권에 도전하는 단계 입니다.

윗 단계로 올라가는 데 어려움이 없도록 **BRIDGE** 문제들을 각 코너별로 배치하였습니다.

LEVEL UP TEST

대표 심화 유형 외의 다양한 심화 문제들을 풀어 봄으로써 해결 전략과 방법을 학습하고 상위권으로 한 걸음 나아가는 단계입니다.

차례 ————————————————————————————————

곱셈

여러 나라의 곱셈 방법

우리 조상들의 계산법, 산가지

옛날 숫자를 모르던 시절에 우리 조상들은 셈을 어떻게 하였을까요? 우리 조상들은 산가지를 이용하여 셈을 하였답니다. 산가지를 이용한 셈은 삼국 시대 때 중국에서 들어와 조선말까지 계속 쓰인 유일한 계산법이었습니다.

산가지 모양은 세모꼴 막대 모양의 대나무로 크기는 길이에 따라 차이가 있으나 7.06cm에서 16.59cm 등 몇 가지 규격이 있었습니다. 우리 조상들은 산가지를 가지고 수를 표현하였는데 배열을 할 때 일의 자리, 십의 자리, 백의 자리, 천의 자리에 산가지를 세로, 가로로 번갈아 가며 배열하였습니다.

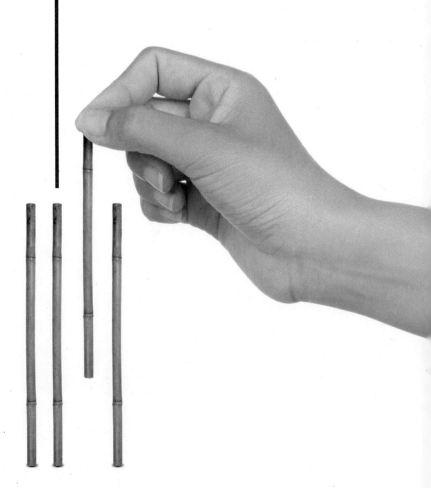

여러 나라의 곱셈 방법

인도의 곱셈 방법

인도에서 사용한 곱셈은 격자곱셈, 겔로시아 곱셈, 네이피어 곱셈 등으로 부릅니다. 격자 무늬에 대각선을 그은 다음 각각의 자리수를 모두 곱하여 다음과 같은 방법으로 읽어주면 됩니다.

이집트의 곱셈 방법

이집트 사람들은 곱해지는 수를 두 배씩 계속 더하여 나가다가 여러 번 더하거나 빼는 방법으로 계산하였습니다. 왜냐하면 이집트 사람들은 더하기와 두 배 하는 것 밖에 몰랐기 때문입니다.

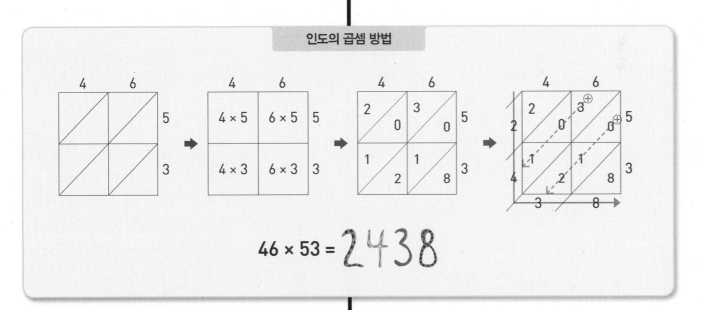

인도의 곱셈 방법

$$46 \times 53 = 2438$$

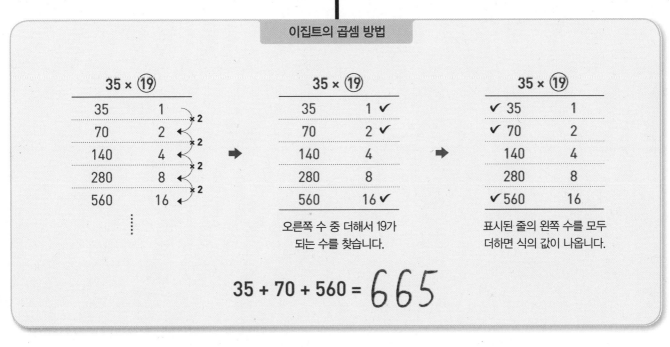

이집트의 곱셈 방법

오른쪽 수 중 더해서 19가 되는 수를 찾습니다.

표시된 줄의 왼쪽 수를 모두 더하면 식의 값이 나옵니다.

$$35 + 70 + 560 = 665$$

1 (세 자리 수) × (한 자리 수)

❶ 올림이 없는 (세 자리 수) × (한 자리 수)

• 321 × 3의 계산

$321 \times 3 = 321 + 321 + 321$
$= 963$

$$\begin{array}{r} 3\ 2\ 1 \\ \times\ \ \ \ \ 3 \\ \hline 9\ 6\ 3 \end{array}$$

1과 3을 곱하여 일의 자리에,
2와 3을 곱하여 십의 자리에,
3과 3을 곱하여 백의 자리에 씁니다.

❷ 올림이 있는 (세 자리 수) × (한 자리 수)

• 741 × 5의 계산

$$\begin{array}{r} 7\ 4\ 1 \\ \times\ \ \ \ \ 5 \\ \hline 5 \end{array}\ \cdots 1 \times 5$$
$$2\ 0\ 0\ \cdots 40 \times 5$$
$$3\ 5\ 0\ 0\ \cdots 700 \times 5$$
$$\overline{3\ 7\ 0\ 5}$$

┌ 십의 자리의 곱 200을
백의 자리로 올림합니다.
→ 2

➡

$$\begin{array}{r} 2\ \ \ \ \ \\ 7\ 4\ 1 \\ \times\ \ \ \ \ 5 \\ \hline 3\ 7\ 0\ 5 \end{array}$$

741×5
$= (700 + 40 + 1) \times 5$
$= (700 \times 5) + (40 \times 5) + (1 \times 5)$
$= 3500 + 200 + 5$
$= 3705$

연결 개념 [중등 연계]

❶ 곱셈의 분배법칙

두 수의 합에 다른 수를 곱한 값은 두 수에 다른 수를 각각 곱한 값의 합과 같습니다.

예 $(30 + 4) \times 6 = (30 \times 6) + (4 \times 6) = 180 + 24 = 204$
① ② ① ②

❷ 배수

어떤 수를 1배, 2배, 3배……한 수를 어떤 수의 배수라고 합니다.

예 12의 배수 구하기

$12 \times 1 = 12$ ← 12를 1배한 수 $12 \times 2 = 24$ ← 12를 2배한 수 $12 \times 3 = 36$ ← 12를 3배한 수

$12 \times 4 = 48$ ← 12를 4배한 수 $12 \times 5 = 60$ ← 12를 5배한 수……

➡ 12의 배수는 12, 24, 36, 48, 60……입니다.

실전 개념

❶ 곱이 가장 크게 되는 식과 가장 작게 되는 식 만들기

| 1 | 2 | 3 | 4 | ➡ | ☐☐☐ × ☐ |

곱이 가장 크게 되는 식	곱이 가장 작게 되는 식
곱하는 수에 가장 큰 수를 놓고 곱해지는 수에 남은 수 카드로 만든 가장 큰 수를 놓습니다.	곱하는 수에 가장 작은 수를 놓고 곱해지는 수에 남은 수 카드로 만든 가장 작은 수를 놓습니다.
3 2 1 × 4 = 1284	2 3 4 × 1 = 234

1 다음 덧셈식을 곱셈식으로 나타내고, 계산하시오.

$$134+134+134+134+134$$

곱셈식 ....

답 ....

2 한 상자에 114개씩 들어 있는 귤 6상자가 다음과 같이 있습니다. 상자에 들어 있는 귤은 모두 몇 개입니까?

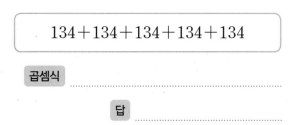

(   )

3 하루에 토끼 인형을 579개씩 만드는 인형 공장이 있습니다. 이 공장에서 일주일 동안 쉬는 날 없이 만든 토끼 인형은 모두 몇 개입니까?

(   )

4 ☐ 안에 알맞은 수를 써넣으시오.

(1)
$$\begin{array}{r} 7\ 8\ \square \\ \times \qquad 4 \\ \hline 3\ 1\ 4\ 4 \end{array}$$

(2)
$$\begin{array}{r} 7\ \square\ 5 \\ \times \qquad 4 \\ \hline 3\ 1\ 8\ 0 \end{array}$$

5 구슬이 130개씩 들어 있는 상자가 여러 개 있습니다. 각 상자에서 구슬을 2개씩 꺼내어 세어 보니 모두 14개입니다. 처음 상자에 들어 있던 구슬은 모두 몇 개입니까?

(   )

6 수 카드를 한 번씩만 사용하여 (세 자리 수)×(한 자리 수)를 만들려고 합니다. 곱이 가장 큰 식을 쓰고 답을 구하시오.

| 6 | 2 | 3 | 7 |

식 ....

답 ....

2 (두 자리 수) × (두 자리 수)

① (몇십) × (몇십), (몇십몇) × (몇십)

- 20 × 40의 계산

$$20 \times 4 = 80$$

↓10배 ↓10배

$$\underline{20 \times 40 = 800}$$

└── $2 \times 10 \times 4 \times 10 = 8 \times 100$

- 23 × 30의 계산

$$23 \times 3 = 69$$

↓10배 ↓10배

$$\underline{23 \times 30 = 690}$$

└── $23 \times 3 \times 10 = 69 \times 10$

23 × 3을 계산한 값에 0을 한 개 더 붙여 줍니다.

② (몇) × (몇십몇), (몇십몇) × (몇십몇)

- 3 × 25의 계산 ── 3 × 25는 25 × 3과 같습니다.

```
      3
  ×  2 5
  ─────
    1 5  … 3×5
    6 0  … 3×20
  ─────
    7 5
```

➡

```
      1
      3
  ×  2 5
  ─────
    7 5
```

- 48 × 39의 계산

```
      4 8
  ×  3 9
  ─────
    4 3 2  … 48×9
  1 4 4 0  … 48×30
  ─────
  1 8 7 2
```

사고력 개념

① 여러 가지 방법으로 26 × 34 계산하기

방법 1 26을 20과 6으로 나누어 각각을 34와 곱하여 더하기

➡ $26 \times 34 = (20 + 6) \times 34 = 20 \times 34 + 6 \times 34 = 884$
  ① 680 ② 204

방법 2 34를 30과 4로 나누어 각각을 26과 곱하여 더하기

➡ $26 \times 34 = 26 \times (30 + 4) = 26 \times 30 + 26 \times 4 = 884$
  ① 780 ② 104

방법 3 26을 20과 6으로, 34를 30과 4로 나누어 각각을 곱하여 더하기

➡ $26 \times 34 = (20 + 6) \times (30 + 4) = 20 \times 30 + 20 \times 4 + 6 \times 30 + 6 \times 4 = 884$
  ① 600 ② 80 ③ 180 ④ 24

실전 개념

① 곱이 가장 크게 되는 식과 가장 작게 되는 식 만들기

2 4 6 8 ➡ ☐☐ × ☐☐

곱이 가장 크게 되는 식	곱이 가장 작게 되는 식
① 가장 큰 수를 곱해지는 수의 십의 자리에, 두 번째로 큰 수를 곱하는 수의 십의 자리에 놓습니다.	① 가장 작은 수를 곱해지는 수의 십의 자리에, 두 번째로 작은 수를 곱하는 수의 십의 자리에 놓습니다.
② 남은 수 중 가장 작은 수를 곱해지는 수의 일의 자리에 놓습니다.	② 남은 수 중 작은 수를 곱해지는 수의 일의 자리에 놓습니다.

두 번째로 큰 수

8 2 × 6 4 = 5248

가장 큰 수 ⤴ ⤴ 가장 작은 수

두 번째로 작은 수

2 6 × 4 8 = 1248

가장 작은 수 ⤴ ⤴ 세 번째로 작은 수

BASIC TEST

1 □ 안에 알맞은 수를 써넣으시오.

$$58 \times 3 = \underline{174} \rightarrow 58 \times \boxed{} = \underline{1740}$$

$$\boxed{} \text{배}$$

2 28×14를 여러 가지 방법으로 계산한 것입니다. □ 안에 알맞은 수를 써넣으시오.

(1) $28 \times 14 = 28 \times (10 + \boxed{})$

$\qquad = 28 \times 10 + 28 \times \boxed{}$

$\qquad = \boxed{} + \boxed{} = \boxed{}$

(2) $28 \times 14 = (20 + \boxed{}) \times 14$

$\qquad = 20 \times 14 + \boxed{} \times 14$

$\qquad = \boxed{} + \boxed{} = \boxed{}$

(3) $28 \times 14 = (20 + \boxed{}) \times (10 + \boxed{})$

$\qquad = 20 \times 10 + 20 \times \boxed{} + \boxed{} \times 10$

$\qquad \quad + \boxed{} \times \boxed{}$

$\qquad = \boxed{} + \boxed{} + \boxed{} + \boxed{}$

$\qquad = \boxed{}$

3 3장의 수 카드를 한 번씩만 사용하여 곱이 가장 큰 곱셈식을 만들고 계산하시오.

$$\boxed{4} \;\; \boxed{6} \;\; \boxed{9} \;\; \rightarrow \;\; \begin{array}{r} \boxed{} \\ \times \;\; \boxed{} \boxed{} \\ \hline \boxed{} \boxed{} \boxed{} \end{array}$$

4 보기 에서 ◆의 규칙을 찾아 26◆38의 값을 구하시오.

> **보기**
> $8 \blacklozenge 5 = 45$
> $20 \blacklozenge 30 = 630$
> $4 \blacklozenge 25 = 125$

(   )

5 □ 안에 들어갈 수 있는 자연수 중에서 가장 작은 수를 구하시오.

$$\boxed{\square \times 72 > 600}$$

(   )

6 어떤 수에 47을 곱해야 하는데 잘못하여 47을 더했더니 85가 되었습니다. 바르게 계산하면 얼마입니까?

(   )

처음의 수 구하기

지윤이가 가지고 있는 사탕을 한 사람에게 6개씩 213명에게 나누어 주었더니 4개가 남 았습니다. 지윤이가 처음에 가지고 있던 사탕은 몇 개입니까?

● 생각하기   ■명에게 ●개씩 나누어 준 사탕 (■×●)개에 남은 사탕 ▲개를 더해 줍니다.

● 해결하기   **1단계** 213명에게 나누어 준 사탕 수 구하기

(나누어 준 사탕 수)=6×213=213×6=1278(개)

2단계 처음에 가지고 있던 사탕 수 구하기

(지윤이가 처음에 가지고 있던 사탕 수)=1278+4=1282(개)

답 1282개

1-1 승우네 학교 3학년 학생 173명에게 초콜릿을 6개씩 나누어 주었더니 15개가 남았습니다. 처음에 있던 초콜릿은 몇 개입니까?

(   )

1-2 운동장에 있는 3학년 학생들이 15명씩 13줄로 섰더니 9명이 남았습니다. 운동장에 있는 3학년 학생은 모두 몇 명입니까?

(   )

1-3 성재는 하루에 650원씩 일주일 동안 돈을 모았습니다. 어머니께서 500원을 더 주셨다면 성재가 가진 돈은 모두 얼마입니까?

(   )

간격이 일정한 문제 해결하기

오른쪽 그림과 같이 산책로의 양쪽에 처음부터 끝까지 6 m 간격으로 나무를 심으려고 합니다. 나무가 모두 468 그루 필요하다면 산책로의 한쪽 길이는 몇 m입니까?

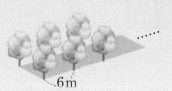

● **생각하기** (산책로의 길이)=(간격 한 곳의 길이)×(나무와 나무 사이의 간격 수)

● **해결하기** **1단계** 산책로의 한쪽에 심을 나무의 수 구하기

산책로의 한쪽에 심을 나무의 수는 468=234+234이므로 234그루입니다.

2단계 산책로의 한쪽 길이 구하기

(나무와 나무 사이의 간격 수)=(한쪽에 심을 나무의 수)-1=234-1=233(군데)
(산책로의 한쪽 길이)=(간격 한 곳의 길이)×(나무와 나무 사이의 간격 수)
$$=6×233=233×6=1398(m)$$

답 1398 m

2-1 어느 고속도로에 거리를 나타내는 푯말이 500 m마다 한 개씩 세워져 있고, (가) 지점부터 (나) 지점까지 10개가 세워져 있습니다. (가) 지점부터 (나) 지점까지의 거리는 몇 m입니까? (단, (가) 지점과 (나) 지점에는 푯말이 세워져 있습니다.)

( )

2-2 정사각형 모양의 목장 둘레에 일정한 간격으로 말뚝을 박으려고 합니다. 한 변에 127개씩 말뚝을 박으려면 말뚝은 모두 몇 개가 필요합니까? (단, 네 꼭짓점에는 반드시 말뚝을 박습니다.)

( )

2-3 원 모양의 호수 둘레에 3 m 간격으로 136그루의 나무가 심어져 있습니다. 호수의 둘레는 몇 m입니까?

( )

이어 붙인 색 테이프 길이 구하기

그림과 같이 길이가 52 cm인 색 테이프 24장을 이어 붙여서 긴 띠를 만들려고 합니다.
겹쳐진 부분의 길이가 6 cm일 때, 이어 붙인 색 테이프의 전체 길이는 몇 cm입니까?

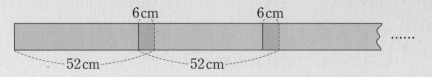

● 생각하기 색 테이프가 1장씩 늘어날 때마다 색 테이프의 길이가 몇 cm씩 길어지는지 알아봅니다.

● 해결하기 **1단계** 색 테이프가 1장 늘어날 때마다 몇 cm씩 길어지는지 알아보기

색 테이프 1장의 길이는 52 cm이고, 두 번째 색 테이프부터는 색 테이프 길이에서 겹쳐
진 부분의 길이를 뺀 52－6＝46(cm)씩 길어집니다.

2단계 이어 붙인 색 테이프의 길이 구하기

따라서 색 테이프 24장을 이어 붙이면 겹쳐진 부분은 24－1＝23(군데)이므로
전체 길이는 52＋(46×23)＝52＋1058＝1110(cm)입니다.

답 1110 cm

3-1 그림과 같이 길이가 30 cm인 색 테이프 35장을 이어 붙여서 긴 띠를 만들려고 합니다.
겹쳐진 부분의 길이가 4 cm일 때, 이어 붙인 색 테이프의 전체 길이는 몇 cm입니까?

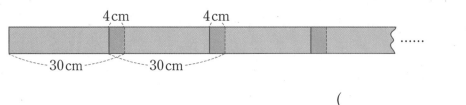

(   )

3-2 길이가 64 cm인 색 테이프 50장을 7 cm씩 겹쳐서 처음과 끝이 만나도록 원 모양으로
이어 붙이려고 합니다. 이어 붙인 색 테이프의 전체 길이는 몇 cm입니까?

(   )

MATH TOPIC
심화유형 4

□ 안에 알맞은 수 구하기

다음 곱셈식에서 □ 안에 공통으로 들어갈 수 있는 수를 구하시오.

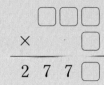

$$\begin{array}{r} \boxed{}\,\boxed{}\,\boxed{} \\ \times \qquad \boxed{} \\ \hline 2\ 7\ 7\ \boxed{} \end{array}$$

● **생각하기**   □×□가 □ 또는 ●□인 경우를 알아봅니다.

● **해결하기**   **1단계** □×□의 일의 자리 수 □를 이용하여 □가 될 수 있는 수 찾기

□×□가 □ 또는 ●□인 경우는 $1×1=1$, $5×5=25$, $6×6=36$이므로

□=1, 5, 6이 될 수 있습니다.

2단계 □가 될 수 있는 수 구하기

□=1일 때 $111×1=111(×)$, □=5일 때 $555×5=2775(○)$,

□=6일 때 $666×6=3996(×)$이므로 □ 안에 공통으로 들어갈 수 있는 수는 5입니다.

답 5

4-1 다음 곱셈식에서 □ 안에 공통으로 들어갈 수 있는 수는 무엇입니까?

$$\begin{array}{r} \boxed{}\,9\ 4 \\ \times \qquad \boxed{} \\ \hline 4\ 1\ \boxed{}\,4 \end{array}$$

(   )

4-2 다음 곱셈식에서 ㉠, ㉡, ㉢, ㉣에 들어갈 수 있는 수의 합을 구하시오.

$$\begin{array}{r} 5\ 7 \\ \times\quad ㉠\ 4 \\ \hline 2\ 2\ ㉡ \\ 2\ 8\ ㉢\ 0 \\ \hline 3\ 0\ 7\ ㉣ \end{array}$$

(   )

4-3 다음 곱셈식에서 ㉠+㉡+㉢+㉣+㉤의 값을 구하시오.

$$\begin{array}{r} 6\ 4 \\ \times\quad 7\ ㉠ \\ \hline 3\ 8\ ㉡ \\ 4\ ㉢\ 8\ 0 \\ \hline ㉣\ 8\ 6\ ㉤ \end{array}$$

(   )

규칙에 따라 계산하기

보기 와 같은 방법으로 $56*25$를 계산하시오. (단, ( ) 안을 먼저 계산합니다.)

> **보기**
>
> $$㉮*㉯=(㉮+㉯)×(㉮-㉯)$$

● **생각하기** $*$은 두 수의 합과 두 수의 차를 곱하는 규칙입니다.

● **해결하기** **1단계** 규칙에 따라 식 만들기
$$56*25=(56+25)×(56-25)$$

2단계 식 계산하여 답 구하기
$$56*25=(56+25)×(56-25)=81×31=2511$$

답 2511

5-1 보기 와 같은 방법으로 $10★6$을 계산하시오. (단, ( ) 안을 먼저 계산합니다.)

> **보기**
>
> $$㉮★㉯=(㉮×㉯)×(㉮+㉯)×(㉮-㉯)$$

(   )

5-2 보기 와 같은 방법으로 $(5◉7)◉10$을 계산하시오. (단, ( ) 안을 먼저 계산합니다.)

> **보기**
>
> $$㉠◉㉡=㉠+(㉠×㉡)$$

(   )

5-3 보기 와 같은 방법으로 계산할 때, □ 안에 알맞은 수를 구하시오.

> **보기**
>
> $$7◆3=(7+3)×(7+3)=10×10=100$$

$$8◆□=225$$

(   )

수 카드를 사용하여 식 만들기

다음과 같은 3장의 수 카드를 한 번씩 모두 사용하여 오른쪽 곱셈식의 ☐ 안에 알맞은 수를 써넣으시오.

7 3 5

● 생각하기   각 자리의 수끼리 곱해진 결과를 생각하면서 문제를 풉니다.

● 해결하기   **1단계** 곱셈식에서 먼저 구할 수 있는 수 알아보기

2☐☐×☐를 2㉠㉡×㉢으로 나타내면 ㉡×㉢의 일의 자리 수가 5이므로 ㉡ 또는 ㉢은 5가 되어 2㉠5×㉢ 또는 2㉠㉡×5입니다.

2단계 만들 수 있는 곱셈식의 곱을 구하여 ☐ 안에 알맞은 수 넣기

2㉠5×㉢일 때 $235×7=1645$, $275×3=825$,

2㉠㉡×5일 때 $237×5=1185$, $273×5=1365$이므로

2☐☐×☐$=275×3$입니다.

다른 풀이 | 2㉠㉡×㉢$=825$에서 백의 자리 수가 8이므로 ㉢은 7과 5는 될 수 없으므로 ㉢$=3$입니다. ㉢$=3$일 때 만들 수 있는 곱셈식은 $257×3=771$, $275×3=825$이므로 2☐☐×☐$=275×3$입니다.

답

6-1

수 카드 6, 4, 9 를 한 번씩 모두 사용하여 오른쪽 곱셈식의 ☐ 안에 알맞은 수를 써넣으시오.

6-2

다음은 어떤 두 수의 합과 곱을 나타낸 것입니다. 수 카드 2, 3, 5, 7, 8 중 알맞은 수를 찾아 ☐ 안에 써넣으시오.

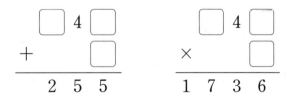

6-3

4장의 수 카드 6, 4, 0, 2 를 한 번씩만 사용하여 (두 자리 수)×(두 자리 수)를 만들 때, 곱이 가장 큰 곱셈식을 쓰시오.

식 ....

MATH TOPIC 7

심화유형

곱셈을 활용한 교과통합유형

수학+사회

기사를 읽고 하루에 8시간씩 스마트폰을 사용하였을 때 눈을 깜빡이는 횟수는 스마트폰을 사용하지 않았을 때 눈을 깜빡이는 횟수보다 약 몇 회 줄어드는지 구하시오.

지나친 스마트폰 사용은 안구 건조증과 시력 저하 유발

사람들의 대부분은 스마트폰을 때와 장소를 가리지 않고 사용하는 탓에 신체 곳곳에서 질병이 발생하고 있다. 보통 사람이 눈을 깜박이는 횟수는 1분에 약 13회 정도인데 스마트폰을 사용할 경우 약 2회 정도 줄어든다고 한다. 우리의 눈은 깜빡이면서 안구 표면에 수분을 공급하는데 눈을 깜빡이는 횟수가 줄어들면 안구건조증이나 시력 저하가 생길 수 있다. 이를 예방하기 위해서는 스마트폰을 1시간 사용할 경우 10분 정도는 휴식을 취하는 것이 좋다.

● **생각하기**　스마트폰을 사용한 시간과 1분에 줄어드는 눈을 깜빡이는 횟수의 곱을 구합니다.

● **해결하기**　**1단계** 스마트폰을 사용한 시간을 분으로 나타내기

스마트폰을 8시간 사용하였고 1시간은 □ 분이므로 스마트폰을 사용한 시간은

□ × □ = □ (분)입니다.

2단계 스마트폰의 사용으로 줄어드는 눈을 깜빡이는 횟수 구하기

스마트폰을 사용하였을 때 눈을 깜빡이는 횟수는 사용하지 않았을 때보다 1분에 약

□ 회씩 줄어듭니다. 따라서 스마트폰을 □ 분 사용하였을 때 줄어드는 눈을 깜빡이는 횟수는 약 □ × □ = □ (회)입니다.

답 약 □ 회

7-1

수학+과학

슈퍼푸드는 우리 몸에 면역력을 높여주어 노화를 늦춰주는 식품으로 콩, 블루베리, 파프리카, 귀리, 토마토, 마늘, 브로콜리, 연어, 시금치 등이 있습니다. 그중 토마토는 100 g당 22 kcal로 *열량이 낮아 비만이나 당뇨병 환자에게 적합합니다. 200 g인 토마토를 하루에 3개씩 일주일 동안 먹었을 때 먹은 토마토의 열량은 몇 kcal입니까?

* kcal(킬로칼로리): 열량의 단위로 cal(칼로리)의 1000배에 해당함.
* 열량: 몸속에서 발생하는 에너지의 양

(　　　　　　　)

문제풀이 동영상

1 오른쪽 그림과 같이 한 변이 18 cm인 정사각형 6개를 겹치지 않게 이어 붙였습니다. 굵은 선으로 표시한 부분의 길이는 몇 cm입니까?

( )

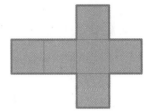

2 □ 안에 알맞은 수를 써넣으시오.

$$\begin{array}{r} 3\,2\,\square \\ \times\quad\ 6 \\ \hline 1\,9\,6\,2 \end{array}$$

수학+과학

STEAM형 **3** 우리 몸에는 잘라내어도 계속 자라는 머리카락과 손발톱이 있습니다. 머리카락은 실제로는 죽은 세포들의 긴 줄기로 새로운 세포가 죽은 세포를 밀어 올리는 과정이 반복되면서 머리카락이 자라는 것입니다. 머리카락은 한 달에 10 mm 정도 자라며 6년 정도 되면 모낭*에서 떨어져 빠지게 됩니다. 머리카락이 6년 동안 자라는 길이는 몇 mm 정도입니까?

*모낭: 피부의 내피에 있으며 머리카락의 뿌리를 감싸고 머리카락에 영양을 주는 주머니

( )

4 윤서네 학교 도서관에는 3500권의 책이 있습니다. 동화책은 46권씩 28줄 꽂혀 있고, 위인전은 25권씩 24줄 꽂혀 있습니다. 도서관에 동화책과 위인전을 뺀 남은 책은 몇 권 있습니까?

( )

S T E A M형 5

수학+사회

알래스카는 '거대한 땅'을 의미하는 인디언 말입니다. 1867년 미국의 국무장관이 러시아 정부로부터 720만 달러를 주고 구입한 알래스카는 1959년에 미국의 49번째 주로 편입되면서 정식으로 미국의 영토가 되었습니다. 미국의 *면적의 $\frac{1}{5}$이 알래스카의 면적이고 알래스카의 면적이 약 154만 *km^2일 때, 미국의 면적은 약 몇 km^2입니까?

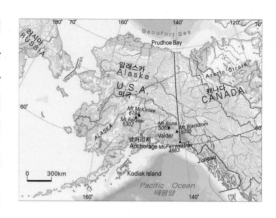

* 면적: 공간을 차지하는 넓이의 크기
* km^2(제곱킬로미터): 넓은 면적을 나타내는 단위

(   )

6

□ 안에 들어갈 수 있는 자연수 중에서 가장 큰 수를 구하시오.

$$70 \times □ < 54 \times 75$$

(   )

서술형 7

㉮는 백의 자리 수가 3인 세 자리 수입니다. ㉮＝㉯×㉯를 만족할 때 ㉯가 될 수 있는 수를 모두 구하려고 합니다. 풀이 과정을 쓰고 답을 구하시오.

풀이 ....

....

....

답 ....

8   정은이는 마트에서 750원짜리 과자 4개와 90원짜리 사탕 12개를 사고 4000원을 냈습니다. 정은이가 더 내야 하는 돈은 얼마입니까?

(   )

9   지수는 10일 동안 매일 줄넘기를 할 계획입니다. 오늘 2번을 하고, 날마다 전날의 2배만큼 하려고 합니다. 10일째 되는 날 지수는 줄넘기를 몇 번을 해야 합니까?

(   )

서술형 **10**   1, 2, 3이나 4, 5, 6과 같이 차례로 늘어놓은 자연수를 연속된 세 자연수라고 합니다. 어떤 연속된 자연수 3개의 합이 30이라고 할 때 이 세 자연수의 곱은 얼마인지 풀이 과정을 쓰고 답을 구하시오.

풀이

답

11 바구니에 담긴 사탕을 50명의 학생들에게 16개씩 나누어 주면 37개가 남습니다. 이 사탕을 같은 학생들에게 21개씩 나누어 주려면 사탕 몇 개가 더 필요합니까?

(   )

12 ㉮는 두 자리 수입니다. ㉮의 십의 자리 수와 일의 자리 수를 바꾼 수에 6을 곱하였더니 342가 되었습니다. ㉮×17은 얼마입니까?

(   )

서술형 **13** 수 카드 2 , 3 , 4 , 5 를 한 번씩만 사용하여 (두 자리 수)×(두 자리 수)의 곱셈식을 만들려고 합니다. 가장 큰 곱과 가장 작은 곱의 합은 얼마인지 풀이 과정을 쓰고 답을 구하시오.

풀이 ....

....

....

....

답 ....

14 ㉮ 수도꼭지에서는 물이 4분에 14 L씩 나오고, ㉯ 수도꼭지에서는 물이 5분에 18 L씩 나오고 있습니다. 2개의 수도꼭지를 동시에 틀어서 60분 동안 받는 물의 양은 몇 L입니까? (단, 두 수도꼭지에서 나오는 물의 양은 일정합니다.)

(   )

15 두 식에서 ◆, ♠, ■, ▲는 각각 1에서 9까지의 자연수 중에서 서로 다른 한 숫자를 나타냅니다. ▲가 나타내는 숫자는 무엇입니까?

$$
\begin{array}{r}
3\ \blacklozenge\ \spadesuit\ 7 \\
+\ 4\ 8\ 9\ \blacksquare \\
\hline
8\ 2\ \spadesuit\ 3
\end{array}
\qquad
\begin{array}{r}
5\ \blacktriangle \\
\times\quad \blacklozenge\ \blacksquare \\
\hline
1\ 9\ 4\ \blacktriangle
\end{array}
$$

(   )

16 서로 맞물려 돌아가는 2개의 톱니바퀴가 있습니다. 큰 톱니바퀴가 1번 돌아갈 때 작은 톱니바퀴는 3번 돌아갑니다. 큰 톱니바퀴가 1분에 9번 돈다면 1시간 15분 동안 작은 톱니바퀴는 몇 번 돌게 됩니까?

(   )

문제풀이 동영상

1 조건 을 만족하는 5개의 자연수 ㉠, ㉡, ㉢, ㉣, ㉤이 있습니다. ㉠×㉡×㉢×㉣×㉤을 구하시오.

> **조건**
> (가) ㉠<㉡<㉢<㉣<㉤
> (나) ㉠×㉡×㉢=8
> (다) ㉢×㉣×㉤=200

( )

⟩경시⟩ 2 준수와 성은이가 가위바위보를 한 번 할 때마다 이기면 25점을 얻고 지면 10점을 잃는
⟩기출⟩ 놀이를 하였습니다. 준수는 12번 이겼고, 성은이는 130점을 얻었을 때, 두 사람은 가위바
⟩문제 위보를 몇 번 하였습니까? (단, 비기는 경우는 없습니다.)

( )

⟩경시⟩ 3 과일 상자 한 개에는 배 12개와 사과 19개가 들어 있습니다. ■개의 과일 상자 안에 들어
⟩기출⟩ 있는 배와 사과를 따로 모았더니 배는 200개보다 적었고 사과는 200개보다 많았습니다.
⟩문제 ■ 안에 공통으로 들어갈 수 있는 수를 모두 구하시오.

( )

4 어떤 두 수의 합과 곱을 나타낸 것입니다. 어떤 두 수의 차를 구하시오.

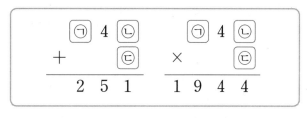

(   )

서술형 **5** 2부터 5까지의 수를 한 번씩만 사용하여 (세 자리 수)×(한 자리 수) 또는 (두 자리 수)×(두 자리 수)의 곱을 구하려고 합니다. 가장 큰 곱과 가장 작은 곱의 합은 얼마인지 풀이 과정을 쓰고 답을 구하시오.

풀이

답

6 종이 한 장을 5조각으로 자르고, 자른 조각 중 한 조각을 다시 5조각으로 자르면 조각은 모두 9장이 됩니다. 같은 방법으로 처음 종이를 다시 5조각으로 자르는 과정을 120번 반복했을 때 자른 조각은 모두 몇 장입니까?

(   )

> 경시
> 기출
> 문제

7

110, 130, 150과 같이 차례로 차가 20인 세 수의 합은 $110+130+150=390$입니다. 이와 같이 차례로 차가 20인 세 수의 합을 구했을 때, 합이 네 자리 수인 식은 모두 몇 개 입니까?

(   )

8

혜인이와 동운이는 각각 5장의 수 카드 중에서 4장을 이용하여 다음과 같은 식을 만들었습니다. 4개의 수 가, 나, 다, 라의 합은 얼마입니까?

혜인	1	2	5	8	9

$$\begin{array}{r} \boxed{}\boxed{} \leftarrow 가 \\ \times \boxed{}\boxed{} \leftarrow 나 \\ \hline 1\ 2\ 3\ 9 \end{array}$$

동운	2	4	6	7	8

$$\begin{array}{r} \boxed{}\boxed{}\boxed{} \leftarrow 다 \\ \times \boxed{} \leftarrow 라 \\ \hline 3\ 4\ 1\ 6 \end{array}$$

(   )

나눗셈

나눗셈, 너 어느 별에서 왔니?

나눗셈은 등분제와 포함제라는 두 가지 의미를 지니고 있습니다.

❶ 등분제

등분제는 어떤 수를 똑같이 몇으로 나눈다는 의미입니다. 다음과 같은 문제가 등분제와 관련된 나눗셈 문제입니다.

> 머핀 10개가 있습니다. 이 머핀을 **2명의 학생이 똑같이 나누어** 가지려고 합니다. 한 사람이 갖게 되는 머핀은 모두 몇 개 입니까?

이 문제를 해결 할 때는 $10 \div 2 = 5$ 로 계산합니다.

❷ 포함제

포함제는 어떤 수에 또 다른 수가 몇 번 포함되어 있는가와 관련된 것입니다. 다음과 같은 문제가 포함제와 관련된 나눗셈 문제입니다.

> 머핀 10개가 있습니다. 이 머핀을 학생들에게 **한 명당 2개씩** 나누어 주려고 합니다. **모두 몇 사람에게** 나누어 줄 수 있습니까?

이 문제를 해결 할 때는 $10 \div 2 = 5$ 로 계산합니다.

이 두 가지 방법은 수에 따라 편리한 방법으로 사용합니다.

나머지가 있는 나눗셈

나머지가 있는 나눗셈식을 계산할 때에는 포함제 나눗셈으로 생각하여 문제를 해결해야 합니다. 나머지가 있는 나눗셈을 할 때에는 똑같이 몇으로 나눌 수가 없기 때문입니다.

다음의 문제를 생각해 봅시다.

> 사과 17개가 있습니다. 이 사과를 **한 명에게 3개씩** 나누어 주면 **몇 명에게** 나누어 줄 수 있고 **남은 사과**는 몇 개입니까?

사과를 한 명에게 3개씩 나누어 주면 5명에게 나누어 줄 수 있고, 2개의 사과가 남습니다. 또한 나누어 떨어지지 않는 나눗셈에서 나머지는 나누는 수보다 항상 작아야 합니다.

$$17 \div 3 = 5 \cdots 2$$

1 (몇십몇)÷(몇)(1)

❶ 내림이 없는 (몇십몇)÷(몇)

• 42÷2의 계산

$$42\div2=21$$

나누어지는 수 / 나누는 수 / 몫

$$\begin{array}{r} 2\,1 \leftarrow 몫 \\ 2\overline{)4\,2} \leftarrow 나누어지는 수 \\ \underline{4} \\ 2 \\ \underline{2} \\ 0 \end{array}$$

나누는 수

$$42\div2=21$$

검산 $2\times21=42$

맞게 계산했는지 확인하는 방법

❷ 내림이 있는 (몇십)÷(몇), 나머지가 없는 (몇십몇)÷(몇)

• 60÷5의 계산

$$\begin{array}{r} 1 \\ 5\overline{)6\,0} \end{array} \quad\Rightarrow\quad \begin{array}{r} 1\,2 \\ 5\overline{)6\,0} \\ \underline{5\,0} \\ 1\,0 \\ \underline{1\,0} \\ 0 \end{array}$$

$5\times10\rightarrow5\,0$

$5\times2\rightarrow1\,0$

• 39÷3의 계산

$$\begin{array}{r} 1 \\ 3\overline{)3\,9} \end{array} \quad\Rightarrow\quad \begin{array}{r} 1\,3 \\ 3\overline{)3\,9} \\ \underline{3\,0} \\ 9 \\ \underline{9} \\ 0 \end{array}$$

$3\times10\rightarrow3\,0$

$3\times3\rightarrow9$

연결 개념

곱셈과 나눗셈

❶ 150÷30의 계산

10배

$$15\div3=5 \;\Rightarrow\; 150\div30=5$$

10배

$$\begin{array}{r} 5 \leftarrow 몫 \\ 30\overline{)1\,5\,0} \\ \underline{1\,5\,0} \\ 0 \end{array}$$

나눗셈에서 나누어지는 수와 나누는 수가 각각 10배가 되면 몫은 그대로입니다.

실전 개념

❶ 나눗셈식에서 □의 값 구하기

• □÷6=13에서 □ 안에 알맞은 수 구하기

나눗셈식을 곱셈식으로 고치기	□ 안에 알맞은 수 구하기
□÷6=13 ➡ 6×13=□	6×13=78에서 □=78

• 70÷□=14에서 □ 안에 알맞은 수 구하기

나눗셈식을 곱셈식으로 고치기	□ 안에 알맞은 수 구하기
70÷□=14 ➡ □×14=70	5×14=70에서 □=5

정답과 풀이 18쪽

1 다음 나눗셈 중에서 몫이 가장 작은 것은 어느 것입니까? (   )

① $63 \div 3$ ② $64 : 4$
③ $91 \div 7$ ④ $60 \div 5$
⑤ $80 \div 2$

2 맞게 계산했는지 확인하여 보시오.

$$48 \div 2 = 24$$

검산 ....

3 가◈나를 다음과 같이 약속할 때, 45◈3의 값을 구하시오.

가◈나＝가÷나÷나

(   )

4 당근 90개를 캤습니다. 이 당근을 토끼 6마리에게 똑같이 나누어 주려면 토끼 한 마리에게 당근을 몇 개씩 나누어 줄 수 있습니까?

식 ....

답 ....

5 사탕 36개와 초콜릿 33개가 있습니다. 이 사탕과 초콜릿을 3명이 똑같이 나누어 먹으려고 합니다. 한 사람이 먹는 사탕과 초콜릿은 모두 몇 개입니까?

(   )

6 은수가 연필을 4명에게 똑같이 모두 나누어 주었더니 한 사람이 가지게 되는 연필이 12자루였습니다. 은수가 처음에 가지고 있던 연필은 모두 몇 자루입니까?

(   )

2 (몇십몇)÷(몇)(2)

❶ 나머지가 있는 (몇십몇)÷(몇)

• 58÷5의 계산

$$
\begin{array}{r}
1 \\
5\overline{)58} \\
\end{array}
\quad 5\times10 \rightarrow 5\,0
$$

$$
\Rightarrow
\begin{array}{r}
11 \leftarrow \text{몫} \\
5\overline{)58} \leftarrow \text{나누어지는 수} \\
\end{array}
$$

나누는 수
$$
\begin{array}{r}
5\,0 \\
\hline
8 \\
\end{array}
$$

$5\times1 \rightarrow$
$$
\begin{array}{r}
5 \\
\hline
3 \leftarrow \text{나머지}
\end{array}
$$

58을 5로 나누면 몫은 11이고 3이 남습니다.
이때 3을 58÷5의 나머지라고 합니다.

$$58÷5=11\cdots3$$

검산 $5\times11+3=58$

나머지는 항상 나누는 수보다 작습니다.

❷ 내림과 나머지가 있는 (몇십몇)÷(몇)

• 42÷3의 계산

$$
\begin{array}{r}
1 \\
3\overline{)42} \\
\end{array}
\quad 3\times10 \rightarrow 3\,0
$$

$$
\Rightarrow
\begin{array}{r}
14 \leftarrow \text{몫} \\
3\overline{)42} \\
3\,0 \\
\hline
12 \\
\end{array}
$$

$3\times4 \rightarrow$
$$
\begin{array}{r}
12 \\
\hline
0 \leftarrow \text{나머지}
\end{array}
$$

42÷3의 몫은 14이고 나머지는 0입니다.
나머지가 0일 때, 나누어떨어진다고 합니다.

• 51÷4의 계산

$$
\begin{array}{r}
1 \\
4\overline{)51} \\
\end{array}
\quad 4\times10 \rightarrow 4\,0
$$

$$
\Rightarrow
\begin{array}{r}
12 \leftarrow \text{몫} \\
4\overline{)51} \\
4\,0 \\
\hline
11 \\
\end{array}
$$

$4\times2 \rightarrow$
$$
\begin{array}{r}
8 \\
\hline
3 \leftarrow \text{나머지}
\end{array}
$$

$$51÷4=12\cdots3$$

검산 $4\times12+3=51$

연결 개념

약수와 배수

❶ 약수

어떤 수를 나누어떨어지게 하는 수를 어떤 수의 약수라고 합니다.

예 6의 약수 구하기

$6÷1=6$, $6÷2=3$, $6÷3=2$, $6÷4=1\cdots2$, $6÷5=1\cdots1$, $6÷6=1$

➡ 6의 약수는 1, 2, 3, 6입니다.

사고력 개념

❶ 0으로 나눌 수 없는 이유

• $10÷0$을 ■라고 하여 곱셈식으로 나타내면

$0\times■=10$으로 ■ 안에 알맞은 수는 없기 때문입니다.

• $0÷0$을 ★이라고 하여 곱셈식으로 나타내면

$0\times★=0$으로 ★ 안에 어떤 수를 넣어도 0이 되기 때문입니다.

1 다음 나눗셈 중에서 나머지가 <u>다른</u> 것을 찾아 기호를 쓰시오.

> ㉠ 86÷7　　㉡ 92÷9
> ㉢ 89÷8　　㉣ 58÷4

(　　　　　　)

2 다음 나눗셈에서 <u>잘못된</u> 곳을 찾아 바르게 고치시오.

$$\begin{array}{r} 1\,2 \\ 6\,\overline{)8\,2} \\ 6 \\ \hline 2\,2 \\ 1\,2 \\ \hline 1\,0 \end{array}$$ →

3 다음 중에서 나머지가 5가 될 수 <u>없는</u> 식에 ○표 하시오.

> □÷8　□÷5　□÷6　□÷9

4 어떤 수를 6으로 나누었습니다. 나머지가 될 수 있는 수를 모두 구하시오. (단, 나머지가 0인 경우는 쓰지 않습니다.)

(　　　　　　)

5 7로 나누었을 때 나누어떨어지는 수는 모두 몇 개입니까?

> 24　　91　　77　　52

(　　　　　　)

6 토마토가 6개씩 들어 있는 바구니가 9개 있습니다. 이 토마토를 한 사람이 4개씩 먹는다면 모두 몇 명이 먹을 수 있고, 남은 토마토는 몇 개입니까?

(　　　　 , 　　　　)

3 (세 자리 수)÷(한 자리 수), 나눗셈의 활용

❶ (세 자리 수)÷(한 자리 수)

- $246÷5$의 계산

백의 자리부터 순서대로 계산합니다.

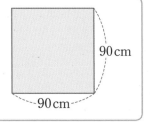

백의 자리에서 2를 5로 나눌 수 없으므로 십의 자리에서 24를 5로 나누고, 남은 4는 일의 자리에서 6과 합해서 46을 5로 나누면 1이 남습니다.

❷ 나눗셈의 활용

> 오른쪽 그림과 같이 한 변이 $90\,cm$인 정사각형에 가로가 $5\,cm$, 세로가 $6\,cm$인 직사각형 모양의 색종이를 겹치지 않게 남는 부분 없이 붙일 때, 필요한 색종이의 수를 구하시오.

(필요한 색종이 수)
= (가로 한 줄에 붙일 색종이 수) × (세로 한 줄에 붙일 색종이 수)
= $(90÷5) × (90÷6)$
= $18 × 15 = 270$(장)

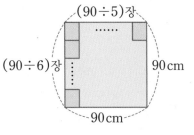

실전 개념

❶ 일정하게 찍은 점의 수 구하기

- 한 변이 $20\,cm$인 정사각형에 $4\,cm$ 간격으로 점을 찍으려고 합니다. 정사각형의 네 꼭짓점에는 모두 점을 찍는다고 할 때, 점의 개수를 구하시오.

(한 변에 찍을 점의 개수) = (선분의 길이) ÷ (점 사이의 간격의 길이) + 1

점과 점 사이의 간격의 수

= $20÷4+1=5+1=6$(개)

(정사각형의 네 변에 찍은 점의 개수) = $6×4-4=20$(개)

→ 네 꼭짓점에는 점이 두 번씩 찍혔으므로 한 번씩 빼주어야 합니다.

❷ '적어도'가 들어간 문제 해결하기

- 40개의 사탕을 7명에게 남김없이 똑같이 나누어 주려고 했더니 몇 개가 부족합니다. 사탕은 적어도 몇 개 더 필요합니까?

나눗셈식으로 한 명이 갖는 사탕의 수 구하기	더 필요한 사탕의 수 구하기
$40÷7=5…5$ 한 명에게 5개씩 주면 5개가 남습니다.	7명에게 남김없이 똑같이 나누어 주려면 적어도 $7-5=2$(개)가 더 필요합니다.

BASIC TEST

1 나눗셈을 하고 검산하시오.

$$195 \div 7$$

몫 (　　　　　　　)

나머지 (　　　　　　　)

검산 ┈┈┈┈┈┈┈┈┈┈┈┈┈┈

2 네 변의 길이의 합이 152 cm인 정사각형이 있습니다. 이 정사각형의 한 변의 길이는 몇 cm입니까?

(　　　　　　　)

3 사과를 한 상자에 6개씩 담으려고 합니다. 사과 238개를 상자에 모두 담으려면 상자는 적어도 몇 개 필요합니까?

(　　　　　　　)

4 어떤 수를 8로 나누었더니 몫이 24이고, 나머지가 5였습니다. 어떤 수를 구하시오.

(　　　　　　　)

5 190 cm짜리 끈을 8명에게 똑같이 나누어 주려고 합니다. 가장 길게 나누어 주려고 할 때, 한 명에게 끈을 몇 cm씩 나누어 줄 수 있습니까?

(　　　　　　　)

6 다음 나눗셈의 나머지는 3입니다. 1부터 9까지 수 중에서 □ 안에 들어갈 수 있는 수를 모두 구하시오.

$$2\square \div 5$$

(　　　　　　　)

7 그림과 같이 가로가 98 cm, 세로가 44 cm인 직사각형 모양의 액자에 가로가 7 cm, 세로가 4 cm인 직사각형 모양의 사진을 겹치지 않게 남는 부분 없이 붙이려고 합니다. 사진은 모두 몇 장 붙일 수 있습니까?

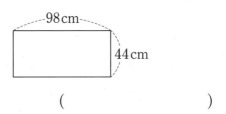

(　　　　　　　)

조건에 맞는 수 구하기

42보다 크고 52보다 작은 자연수 중에서 3으로 나누어떨어지는 수를 모두 구하시오.

● 생각하기　3으로 나누어떨어지는 수는 3씩 차이가 납니다.

● 해결하기　**1단계** 42보다 크고 52보다 작은 수를 3으로 나누어 보기

$43 \div 3 = 14 \cdots 1$, $44 \div 3 = 14 \cdots 2$, $45 \div 3 = 15$, $46 \div 3 = 15 \cdots 1$,

$47 \div 3 = 15 \cdots 2$, $48 \div 3 = 16$, $49 \div 3 = 16 \cdots 1$, $50 \div 3 = 16 \cdots 2$, $51 \div 3 = 17$

2단계 3으로 나누었을 때 나머지가 0인 수 모두 찾기

3으로 나누어떨어지는 자연수는 45, 48, 51입니다.

답 45, 48, 51

1-1 72보다 크고 90보다 작은 자연수 중에서 6으로 나누어떨어지는 수를 모두 구하시오.

(　　　　　　　　)

1-2 63보다 크고 83보다 작은 자연수 중에서 5로 나누었을 때 나머지가 3이 되는 수는 모두 몇 개입니까?

(　　　　　　　　)

1-3 84보다 크고 120보다 작은 자연수 중에서 3으로도 나누어떨어지고 4로도 나누어떨어지는 수는 모두 몇 개입니까?

(　　　　　　　　)

MATH TOPIC 2

바르게 계산하기

심화유형

어떤 수를 9로 나누어야 할 것을 잘못하여 6으로 나누었더니 몫이 16이고, 나머지가 3이었습니다. 바르게 계산하여 몫을 구하시오.

● **생각하기**　■÷▲─●…★ ➡ ■＝▲×●＋★

● **해결하기**　**1단계** 어떤 수를 □라 하고 잘못 계산한 식을 세워 □ 구하기

어떤 수를 □라고 합니다.

□÷6＝16…3 ➡ □＝6×16＋3＝96＋3＝99

2단계 바르게 계산하기

어떤 수가 99이므로 바르게 계산하면 99÷9＝11입니다.

답 11

2-1 어떤 수를 7로 나누어야 할 것을 잘못하여 8로 나누었더니 몫이 18이고, 나머지가 3이었습니다. 바르게 계산하여 몫을 구하시오.

(　　　　　　　)

2-2 어떤 수를 5로 나누어야 할 것을 잘못하여 5를 곱하였더니 95가 되었습니다. 바르게 계산하여 몫과 나머지를 구하시오.

몫 (　　　　　　)

나머지 (　　　　　　)

2-3 어떤 수를 3으로 나눈 다음 7로 나누어야 할 것을 잘못하여 어떤 수에 3과 7을 곱하였더니 630이 되었습니다. 바르게 계산하며 몫과 나머지를 구하시오.

몫 (　　　　　　)

나머지 (　　　　　　)

일정한 간격으로 놓인 물건의 개수 구하기

도화지에 길이가 30 cm인 선분을 긋고 그 선분 위에 3 cm 간격으로 점을 찍으려고 합니다. 선분의 양쪽 끝에는 반드시 점을 찍는다고 할 때, 찍을 수 있는 점의 수는 모두 몇 개입니까?

● 생각하기 선분 위에 일정한 간격으로 점을 찍을 때 찍을 수 있는 점의 개수는
(선분의 길이)÷(점 사이 간격의 길이)+1입니다.

● 해결하기 **1단계** 찍을 점과 점 사이의 간격의 수 구하기
30÷3=10이므로 점과 점 사이의 간격은 모두 10개입니다.

2단계 찍을 수 있는 점의 수 구하기
선분 위에 찍을 수 있는 점의 수는 모두 10+1=11(개)입니다.

답 11개

3-1 길이가 84 cm인 띠 모양의 종이 위에 7 cm 간격으로 누름 못을 꽂으려고 합니다. 종이의 양쪽 끝에는 반드시 누름 못을 꽂는다고 할 때, 필요한 누름 못은 모두 몇 개입니까?

( )

3-2 둘레가 90 m인 원 모양의 공원 둘레에 9 m 간격으로 나무를 심으려고 합니다. 필요한 나무는 모두 몇 그루입니까?

( )

3-3 운동장에 가로가 72 m, 세로가 60 m인 직사각형을 그리고, 그 직사각형 모양의 둘레에 4 m 간격으로 학생들을 세우려고 합니다. 직사각형의 네 꼭짓점에는 모두 학생을 세운다고 할 때, 세운 학생은 모두 몇 명입니까?

( )

MATH TOPIC 4

심화유형

나눗셈 활용하기

라운이는 과수원에서 사과 80개를 땄습니다. 이 사과를 가족 6명에게 남김없이 똑같이 나누어 주려고 했더니 사과 몇 개가 부족했습니다. 사과를 적어도 몇 개 더 따야 합니까?

● **생각하기**   사과의 수를 가족의 수로 나누고 남은 사과의 개수와 부족한 개수의 합이 가족의 수와 같아야 합니다.

● **해결하기**   **1단계** 80개를 6명에게 나누어 주었을 때 남은 사과의 개수 구하기

사과 80개를 6명에게 나누어 주는 식을 세우면 $80 \div 6 = 13 \cdots 2$이므로 가족 한 명에게 13개씩 나누어 주면 사과는 2개가 남습니다.

2단계 더 필요한 사과의 개수 구하기

6명에게 남김없이 나누어 주려고 했는데 2개가 남았으므로 더 필요한 사과의 수는 $6 - 2 = 4$(개)입니다.

답 4개

4-1   연필이 99자루 있습니다. 이 연필을 8명의 학생들에게 남김없이 똑같이 나누어 주려고 했더니 연필 몇 자루가 모자랐습니다. 연필은 적어도 몇 자루 더 필요합니까?

(   )

4-2   길이가 98 cm인 실을 사용하여 한 변이 2 cm인 정사각형 모양 몇 개를 만들었더니 남은 실이 2 cm였습니다. 만든 정사각형은 모두 몇 개입니까?

(   )

4-3   전체 쪽수가 120쪽인 수학 문제집을 일주일 동안 매일 똑같은 쪽수씩 풀었더니 78쪽이 남았습니다. 계속해서 매일 같은 쪽수씩 푼다고 할 때 120쪽인 수학 문제집을 모두 푸는 데 며칠이 걸립니까?

(   )

수 카드를 사용하여 나눗셈식 만들기

다음의 수 카드를 한 번씩 사용하여 나눗셈식 □□÷□를 만들었습니다. 나누어떨어지는 나눗셈식은 모두 몇 가지입니까?

2 6 4

● 생각하기 수 카드를 한 번씩 사용하여 만들 수 있는 나눗셈식을 모두 알아봅니다.

● 해결하기 **1단계** 만들 수 있는 나눗셈식 모두 알아보기

만들 수 있는 나눗셈식 □□÷□를 모두 알아보면

$26÷4$, $24÷6$, $62÷4$, $64÷2$, $42÷6$, $46÷2$입니다.

2단계 나눗셈식을 계산하여 나누어떨어지는 나눗셈식 세어 보기

$26÷4=6\cdots2$, $24÷6=4$, $62÷4=15\cdots2$, $64÷2=32$, $42÷6=7$, $46÷2=23$

이므로 나누어떨어지는 나눗셈식은 모두 4가지입니다.

답 4가지

5-1 다음의 수 카드를 한 번씩 사용하여 나눗셈식 □□÷□를 만들었습니다. 나누어떨어지는 나눗셈식은 모두 몇 가지입니까?

8 6 4

(   )

5-2 다음의 수 카드를 한 번씩 사용하여 나눗셈식 □□÷□를 만들었습니다. 나머지가 있는 나눗셈식은 모두 몇 가지입니까?

5 2 4

(   )

5-3 다음의 수 카드를 한 번씩 사용하여 나눗셈식 □□÷□를 만들었습니다. 몫이 가장 큰 나눗셈식의 몫을 구하시오.

2 3 7

(   )

나눗셈을 이용하여 규칙 찾기

심화유형

다음과 같이 흰 바둑돌과 검은 바둑돌을 일정한 규칙에 따라 늘어놓았습니다. 72번째에 놓일 바둑돌은 무슨 색 바둑돌입니까?

● 생각하기 놓인 흰 바둑돌과 검은 바둑돌의 규칙을 알아봅니다.

● 해결하기 **1단계** 놓인 흰 바둑돌과 검은 바둑돌의 규칙 찾기

⬜ ⬜ ⚫ ⚫ ⚫ 이 반복되어 놓이므로 5개의 바둑돌이 반복되는 규칙입니다.

2단계 72번째에 놓일 바둑돌 찾기

$72 \div 5 = 14 \cdots 2$이므로 72번째에 놓일 바둑돌은 ⬜ ⬜ ⚫ ⚫ ⚫ 이 14번 반복된 다음 2번째에 놓이는 바둑돌이므로 ⬜ 입니다.

따라서 72번째에 놓일 바둑돌은 흰 바둑돌입니다.

답 흰 바둑돌

6-1 다음과 같이 흰 바둑돌과 검은 바둑돌을 일정한 규칙에 따라 늘어놓았습니다. 83번째에 놓일 바둑돌은 어느 바둑돌입니까?

(   )

6-2 다음과 같이 수를 일정한 규칙에 따라 늘어놓았습니다. 90번째에 놓일 수는 어떤 수인지 구하시오.

| 1 2 3 4 3 2 1 1 2 3 4 3 2 1 1 2 3 4 …… |

(   )

6-3 다음과 같이 글자를 일정한 규칙에 따라 늘어놓았습니다. 74번째 놓이는 글자와 84번째 놓이는 두 글자를 차례로 이어 쓰시오.

| 나 가 오 파 이 지 나 가 오 파 이 지 나 가 오 파 …… |

(   )

MATH TOPIC 7

심화유형

나눗셈을 활용한 교과통합유형

STE Am형
■■ ● ▲

수학+음악

건반악기는 손가락으로 건반을 두드려 소리를 내는 악기로 피아노, 오르간 등이 있습니다. 일반적인 피아노의 건반 수는 88개로 검은 건반은 36개, 음계인 흰 건반은 52개 있습니다. 음계의 각 음에 주어진 이름을 계이름이라 하며 도, 레, 미, 파, 솔, 라, 시라고 부릅니다. 도에서 다음 도까지를 1옥타브라고 할 때, 일반적인 피아노는 몇 옥타브입니까?

● 생각하기   흰 건반이 음계를 나타내므로 전체 흰 건반의 수가 나누어지는 수이고 1옥타브에 들어가는 흰 건반의 수가 나누는 수입니다.

● 해결하기   **1단계** 나누어지는 수와 나누는 수를 찾아 나눗셈식 세우기

음계는 도, 레, 미, 파, 솔, 라, 시, 도가 한 옥타브이고, 계이름은 도, 레, 미, 파, 솔, 라, 시로 ☐개의 흰 건반이 반복되는 것과 같습니다.

전체 흰 건반이 52개이므로 나눗셈식을 세우면 ☐ ÷ ☐ 입니다.

2단계 나눗셈을 하여 답 구하기

☐ ÷ ☐ = ☐ …3이므로 일반적인 피아노는 도, 레, 미, 파, 솔, 라, 시가 ☐ 번 반복되고 흰 건반이 ☐개 남습니다. 따라서 일반적인 피아노는 ☐옥타브입니다.

답 ☐옥타브

수학+과학

7-1

지구 주위를 돌고 있는 달은 지구에서 약 38만 km 떨어진 곳에 있으며 지구의 크기의 $\frac{1}{4}$입니다. 또, 달에는 공기가 없어 낮과 밤의 온도 차가 크고, *중력이 지구의 $\frac{1}{6}$밖에 되지 않아 어떤 물체의 달에서의 무게는 지구에서의 $\frac{1}{6}$정도 밖에 되지 않습니다. 지구에서의 무게가 216 kg인 사자가 달에서 잰 무게는 몇 kg입니까?

*중력: 지구가 물체를 지구의 중심 방향으로 끌어당기는 힘

(   )

문제풀이 동영상

1 보기 의 수 중에서 □÷4의 나머지가 될 수 <u>없는</u> 수는 모두 몇 개입니까?

> 보기
>
> 1 2 3 4 5 6 7 8

( )

2 □ 안에 알맞은 수를 써넣으시오.

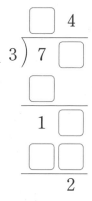

3 다음 나눗셈이 나누어떨어질 때, 1부터 9까지의 자연수 중에서 □ 안에 들어갈 수 있는 수를 모두 구하시오.

> 7□÷6

( )

4 어떤 수를 4로 나누어야 할 것을 잘못하여 3으로 나누었더니 몫이 19, 나머지가 2가 되었습니다. 바르게 계산했을 때의 몫과 나머지를 각각 구하시오.

몫 ( ), 나머지 ( )

5 77개의 구슬이 들어 있는 상자에서 한 번에 4개씩 구슬을 꺼내려고 합니다. 구슬을 모두 꺼내려면 몇 번을 꺼내야 합니까?

(   )

6 ㉠에 들어갈 수 있는 수 중 가장 큰 수를 구하시오.

$$㉠ \div 5 = 17 \cdots \square$$

(   )

수학+과학

STEAM형 7 물속에 잠겨 보이지 않는 빙산의 부피가 99 L일 때 이 빙산의 전체 부피는 몇 L입니까?

*빙하가 깨져서 생긴 빙산은 남극 근처의 바다를 항해하는 선박들에게는 언제나 위협이 된다. 오늘날에는 전자 장비를 이용하여 커다란 빙산이 선박에 접근하기 전에 알 수 있다. 그럼에도 불구하고 물속에 잠겨 보이지 않는 빙산의 *부피는 물 위로 보이는 빙산의 부피의 9배나 되기 때문에 빙산은 여전히 항해하는 선박들에게는 위협이 된다.

*빙하: 눈이 오랫동안 쌓여 다져져 육지의 일부를 덮고 있는 얼음층
*부피: 물건이 차지하고 있는 공간의 크기

(   )

8 오이가 87개 있습니다. 이 오이를 한 봉지에 7개씩 담았더니 몇 개가 남았습니다. 남는 오이가 없도록 한 봉지에 더 담으려면 오이는 몇 개가 더 필요합니까?

(   )

9 다음과 같이 수를 일정한 규칙에 따라 늘어놓았습니다. 132번째에 놓이는 수는 무엇입니까?

5 4 3 2 1 1 2 3 4 5 4 3 2 1 1 2 3 4 5 4 3 2 1 ……

(   )

서술형 **10** 가★나를 다음과 같이 약속할 때, (60★3)−(84★7)의 값을 구하는 풀이 과정을 쓰고 답을 구하시오. (단, ( ) 안에 있는 식을 먼저 계산한 후 더합니다.)

가★나＝(가÷나)＋(가÷4)

풀이

답

11 철사 160 cm를 잘라서 똑같은 정사각형 모양 3개를 만들었더니 4 cm가 남았습니다. 철사로 만든 정사각형의 한 변의 길이는 몇 cm입니까?

(   )

12 다음 조건 을 만족하는 세 자연수 가, 나, 다가 있습니다. 다÷나의 값을 구하시오.

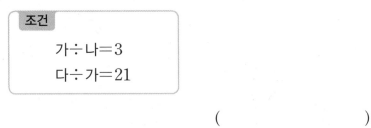

조건
가÷나=3
다÷가=21

(   )

13 다음 수 카드를 한 번씩 사용하여 나눗셈식 □□÷□를 만들었을 때 나누어떨어지지 않는 나눗셈식은 모두 몇 가지입니까?

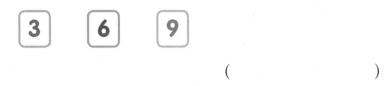

3   6   9

(   )

14 똑같은 정사각형 5개를 그림과 같이 3 cm씩 겹쳐지도록 붙여서 직사각형을 만들었더니 직사각형의 가로가 48 cm가 되었습니다. 정사각형의 한 변의 길이는 몇 cm입니까?

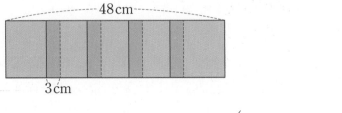

(   )

경시기출문제 15 어떤 수에서 58을 뺀 다음 그 수의 반을 7번 더하면 98입니다. 어떤 수를 구하시오.

(   )

서술형 16 운동장에 한 변의 길이가 84 m인 정사각형 모양의 선을 긋고 그 위에 6 m 간격으로 빨강 깃발을 꽂은 다음, 빨강 깃발 사이에 파랑 깃발을 한 개씩 꽂으려고 합니다. 정사각형의 네 꼭짓점에는 모두 빨강 깃발을 꽂는다고 할 때, 필요한 빨강 깃발과 파랑 깃발은 모두 몇 개인지 풀이 과정을 쓰고 답을 구하시오.

풀이 ....

....

....

....

답 ....

17 다음 조건 을 만족하는 두 자리 수를 구하시오.

> 조건
> ㉠ 7로 나누면 나누어떨어지는 수입니다.
> ㉡ 5로 나누면 2가 남습니다.
> ㉢ 일의 자리 수와 십의 자리 수가 같습니다.

(   )

문제풀이 동영상

1 다음 조건을 만족하는 두 자연수 가와 나의 합을 구하시오.

> **조건**
> ㉠ 가×나＝729
> ㉡ 가÷나＝9

(   )

서술형 2 7로 나누면 나머지가 3이 되는 두 자리 수와 9로 나누면 나머지가 7이 되는 두 자리 수의 개수의 차를 구하는 풀이 과정을 쓰고 답을 구하시오.

풀이 ....

....

....

....

답 ....

3 네 변의 길이의 합이 96 cm인 정사각형을 다음과 같은 규칙으로 잘라서 크기가 같은 정사각형이 여러 개가 되도록 만들었습니다. 여섯 번째에 만든 가장 작은 정사각형 한 개의 네 변의 길이의 합을 구하시오.

  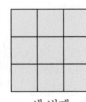 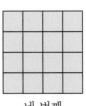

첫 번째   두 번째   세 번째   네 번째

(   )

4 운동장에 있는 학생들을 한 줄에 6명씩 세우면 2명이 남고, 한 줄에 7명씩 세우면 1명이 남습니다. 운동장에 있는 학생이 30명보다 많고 60명보다 적다고 한다면 모두 몇 명입니까?

( )

5 다음 수 카드 4장 중에서 2장을 사용하여 두 자리 수를 만들었습니다. 4로 나누어떨어지는 수 중에서 가장 큰 수를 ㉠, 9로 나누어떨어지는 수 중에서 가장 큰 수를 ㉡이라고 할 때, ㉠+㉡의 값을 구하시오.

| 6 | 2 | 5 | 3 |

( )

6 공을 5개, 6개, 7개씩 담을 수 있는 세 종류의 상자가 있습니다. 공 1009개를 이 상자에 모두 나누어 담으려고 합니다. 세 종류의 상자를 1개씩은 반드시 사용하고 상자 수는 가장 적게 하여 공을 담으려면 필요한 상자는 모두 몇 개입니까? (단, 공은 상자에 주어진 개수만큼 담아야 합니다.)

( )

수학＋사회

STEAM형 **7**

'구장산술'은 옛날 중국에서 전해오던 수학책으로 264개의 문제가 9장으로 엮어져 있습니다. 각 장마다 문제가 주어지고 풀이와 답이 있습니다. 다음은 구장산술의 제7장 영부족(많거나 부족한 것)에 나온 문제입니다. 물건값이 50전보다 많고 55전보다 적다고 할 때, 사람 수와 물건값을 구하시오.

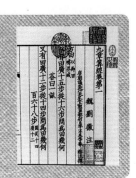

> 지금 공통으로 어떤 물건을 구입한다고 할 때, 각 사람들이 8전씩 내면 3전이 남고, 각 사람이 7전씩 내면 4전이 부족하다고 한다. 사람 수와 물건값은 각각 얼마인가?

(,   )

경시기출문제 **8**

1부터 200까지의 자연수 중에서 2, 3, 5의 어느 수로도 나누어떨어지지 않는 수는 모두 몇 개인지 구하시오.

(   )

경시기출문제 **9**

다음 조건 을 만족시키는 네 자리 수 ㉠㉡㉢㉣을 모두 구하시오.

> **조건**
> • 두 자리 수 ㉠㉡의 4배는 두 자리 수 ㉢㉣의 3배와 같습니다.
> • ㉢㉣ － ㉠㉡은 5로 나누어떨어집니다.

(   )

원

아름다운
원 이야기

가장 완전한 도형 원

원은 자연과 인간이 만들 수 있는 가장 실용적이고 효율적인 공간을 나타냅니다. 모든 모양 중에서 최소의 길이로 최대의 공간을 가둘 수 있는 것도 원입니다. 태양이나 달과 같은 자연계의 대부분은 원의 형태를 지니고 있으며 주변 곳곳에서도 원을 발견할 수 있습니다.

원의 지름과 원의 둘레의 관계

3월 14일이라고 하면 어떤 날이 떠오르나요? 대부분의 학생들은 화이트 데이라고 대답할 것입니다. 하지만 유럽이나 미국에서는 3월 14일을 '파이 데이'라고 하여 3.14를 발견한 것을 기념하고 있습니다. 그럼 3.14란 무엇일까요?

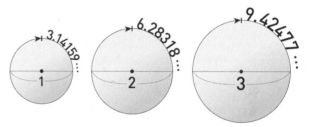

프랑스의 한 수학자가 원의 지름과 원의 둘레의 길이의 비율이 일정하다는 것을 알아냈는데 이 일정한 비율이 바로 3.1415⋯⋯였습니다. 이 비율 3.1415⋯⋯를 원주율이라고 하고 3.1415⋯⋯는 소수점 아래 자리를 정확히 구할 수 없는 수이므로 'π'라는 문자를 사용하는데 이 문자 π를 '파이'라고 읽습니다.

$$\pi = 3.1415\cdots\cdots$$

중학교에서는 원주율 3.1415⋯⋯를 π로 사용하지만 초등학교에서는 어림한 수 3.14로 사용합니다.

1 원의 중심, 반지름, 지름

❶ 원의 중심, 반지름, 지름

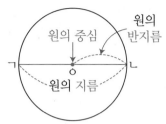

- 원: <u>한 점에서 일정한 거리에 있는 점들을 곡선으로 이어 만든 도형</u>
  └─ 원의 중심   └─ 원의 반지름

- 원의 중심: 원을 그릴 때 누름 못이 꽂혔던 점 ㅇ

- 원의 반지름: 원의 중심 점 ㅇ과 원 위의 한 점을 이은 선분 ㅇㄱ
  (선분 ㅇㄴ)

- 원의 지름: 원 위의 두 점을 이은 선분 중 원의 중심을 지나는 선분 ㄱㄴ

❷ 원의 성질

- 한 원에서 중심은 1개입니다.
- 원의 지름은 원을 똑같이 둘로 나눕니다.
- 한 원에서 반지름과 지름은 무수히 많고, 그 길이는 각각 모두 같습니다.
- (원의 지름)＝(원의 반지름)×2

❸ 원 그리기

   ➡      ➡

원의 중심이 되는 점 ㅇ를   컴퍼스를 원의 반지름만큼   컴퍼스의 침을 점 ㅇ에
정합니다.   벌립니다.   꽂고 원을 그립니다.
                                                   └─ 반지름의 길이에 따라
                                                      원의 크기가 달라집니다.

연결 개념

─ 원의 넓이 ─

❶ 원주율

- 원주: 원의 둘레의 길이
- 원주율: 원의 둘레를 원의 지름으로 나눈 값

$$(원주율)＝(원의 둘레)÷(지름)$$

사고력 개념

❶ 맨홀 뚜껑이 원 모양인 이유

대부분의 맨홀 뚜껑은 원 모양입니다. 만약 삼각형이거나 사각형일 경우 비스듬히 세우면 뚜껑이 빠질 수 있습니다. 하지만 원은 지름이 어느 방향으로나 같기 때문에 뚜껑을 돌리거나 비스듬히 세워도 구멍으로 빠지지 않습니다.

1 원의 반지름과 지름을 나타내는 선분을 모두 찾아 쓰시오.

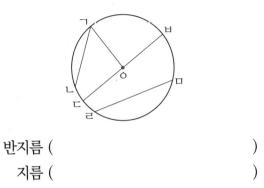

반지름 (   )

지름 (   )

2 원의 지름과 반지름은 각각 몇 cm입니까?

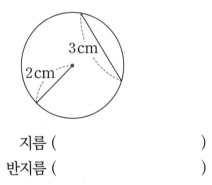

지름 (   )

반지름 (   )

3 그림과 같이 정사각형 안에 가장 큰 원을 그렸습니다. 원의 반지름은 몇 cm입니까?

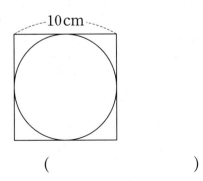

(   )

4 그림과 같이 세 개의 원이 있습니다. 가장 큰 원의 지름은 몇 cm입니까?

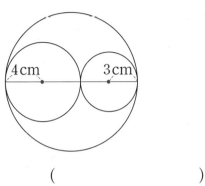

(   )

5 다음 중 바르게 설명한 것을 모두 찾아 기호를 쓰시오.

> ㉠ 반지름이 3 cm인 원의 지름은 6 cm입니다.
>
> ㉡ 한 원에서 원의 지름은 1개뿐입니다.
>
> ㉢ 지름은 반지름의 2배입니다.
>
> ㉣ 한 원에서 반지름의 길이는 모두 다릅니다.

(   )

6 그림과 같이 네 개의 원이 있습니다. 가장 큰 원의 지름은 원 다의 지름의 몇 배입니까?

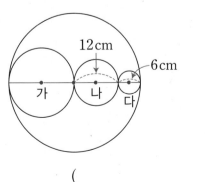

(   )

2 여러 가지 모양 그리기

① 원을 이용하여 여러 가지 모양 그리기

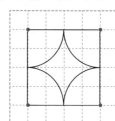

① 정사각형을 그립니다.

② 정사각형의 각각의 꼭짓점을 원의 중심으로 하는 원의 일부분을 4개 그립니다. 이때 원의 지름은 정사각형의 한 변의 길이와 같습니다.

원의 중심이 될 수 있는 곳을 먼저 찾고 모양을 그려 봅니다.

② 규칙에 따라 원 그리기

원의 반지름은 같고 중심이 변하는 규칙	중심은 같고 반지름이 변하는 규칙	원의 중심과 반지름이 변하는 규칙

실전개념

① 원의 지름과 반지름의 관계 활용하기

• 선분 ㄱㄴ의 길이 구하기

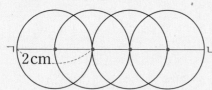

원 한 개의 지름은 2 cm이므로 반지름은 1 cm입니다.
선분 ㄱㄴ의 길이는 한 원의 반지름의 5배이므로
(선분 ㄱㄴ)=1×5=5(cm)입니다.

② 원의 지름을 이용하여 직사각형의 둘레 알아보기

└─ 도형을 둘러싸고 있는 테두리의 길이

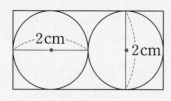

직사각형의 가로는 원의 지름의 2배이므로
(가로)=2×2=4(cm)입니다.
직사각형의 세로는 원의 지름과 같으므로 (세로)=2 cm입니다.
➡ (직사각형의 둘레)=4+2+4+2=12(cm)

③ 반지름을 이용하여 삼각형의 둘레 구하기

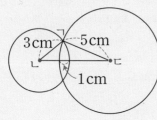

(선분 ㄴㄷ)=3+5−1=7(cm)
(삼각형의 둘레)=(선분 ㄱㄴ)+(선분 ㄴㄷ)+(선분 ㄷㄱ)
=3+7+5=15(cm)

1 직사각형의 가로는 몇 cm입니까?

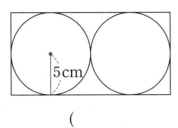

( )

2 다음과 같은 모양을 그릴 때 컴퍼스의 침을 꽂아야 할 곳에 표시하시오.

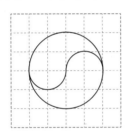

3 규칙에 따라 원을 1개 더 그려 보시오.

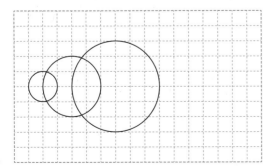

4 컴퍼스를 이용하여 다음과 같이 원을 그렸습니다. 그림에서 원의 중심은 모두 몇 개입니까?

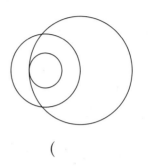

( )

5 어떤 규칙이 있는지 원의 중심과 반지름을 이용하여 설명하시오.

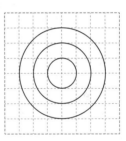

규칙 ....

....

6 반지름의 길이가 6 cm인 원 4개를 그림과 같이 서로 중심이 지나도록 겹쳐 놓았습니다. 선분 ㄱㄴ의 길이는 몇 cm입니까?

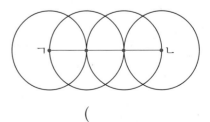

( )

심화유형 1 원의 중심의 개수 구하기

오른쪽 그림에서 찾을 수 있는 원의 중심은 모두 몇 개입니까?

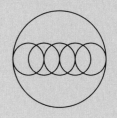

● 생각하기 중심이 같은 원을 찾아봅니다.

● 해결하기 **1단계** 원의 개수로 원의 중심의 개수 알아보기

원의 개수가 6개이므로 원의 중심의 개수도 6개 필요합니다.

2단계 찾을 수 있는 원의 중심의 개수 구하기

원의 중심이 같은 원의 개수: 2개

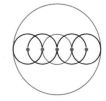

➡ (원의 중심의 개수)=(원의 개수)−(중심이 같은 원의 개수)+1

=6−2+1=5(개)

답 5개

1-1 여러 개의 원과 원의 일부를 이용하여 만든 모양입니다. 원의 중심은 모두 몇 개입니까?

(   )

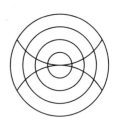

1-2 정사각형과 원을 이용하여 만든 모양입니다. 원의 중심은 모두 몇 개입니까?

(   )

1-3 여러 가지 크기의 원을 이용하여 만든 모양입니다. 가 모양과 나 모양의 원의 중심의 개수의 합은 몇 개입니까?

가 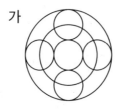 나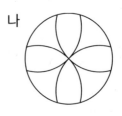

(   )

MATH TOPIC 2

심화유형

원의 지름과 반지름의 관계

다음 중 가장 큰 원의 기호를 쓰시오.

> ㉠ 지름이 12 cm인 원 ㉡ 반지름이 9 cm인 원
> ㉢ 지름이 20 cm인 원 ㉣ 반지름이 15 cm인 원

● **생각하기** 한 원에서 지름은 반지름의 2배입니다.

● **해결하기** **1단계** 각 원의 반지름의 길이 구하기

㉠ 12÷2=6(cm) ㉡ 9 cm ㉢ 20÷2=10(cm) ㉣ 15 cm

2단계 반지름의 길이를 비교하여 가장 큰 원 찾기

반지름이 가장 긴 원이 가장 큰 원입니다. 15>10>9>6이므로 가장 큰 원은 ㉣입니다.

답 ㉣

2-1 다음 중 가장 작은 원의 기호를 쓰시오.

> ㉠ 지름이 10 cm인 원 ㉡ 반지름이 16 cm인 원
> ㉢ 반지름이 8 cm인 원 ㉣ 지름이 24 cm인 원

( )

2-2 주어진 원과 크기가 같은 원의 기호를 모두 쓰시오.

> ㉠ 지름이 15 cm인 원 ㉡ 반지름이 10 mm인 원
> ㉢ 지름이 200 mm인 원 ㉣ 반지름이 10 cm인 원

( )

2-3 다음 중 가장 큰 원과 가장 작은 원의 반지름의 차는 몇 mm입니까?

> ㉠ 지름이 9 cm인 원
> ㉡ 원의 중심과 원 위의 한 점을 이은 선분의 길이가 80 mm인 원
> ㉢ 원 위의 두 점을 이은 선분 중에서 가장 긴 선분의 길이가 18 cm인 원

( )

MATH TOPIC 3 심화유형

원의 지름 또는 반지름 구하기

오른쪽과 같이 지름이 24 cm인 원 안에 크기가 같은 원 4개를 이어 붙여서 그렸습니다. 작은 원의 반지름은 몇 cm입니까?

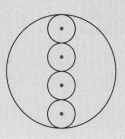

● 생각하기 (원의 반지름)＝(원의 지름)÷2

● 해결하기 **1단계** 큰 원의 반지름 구하기

→ (작은 원의 지름)×2

(큰 원의 반지름)＝24÷2＝12(cm)

2단계 작은 원의 반지름 구하기

(작은 원의 지름)＝12÷2＝6(cm)이므로 (작은 원의 반지름)＝6÷2＝3(cm)입니다.

답 3 cm

3-1 오른쪽과 같이 반지름이 8 cm인 원 안에 크기가 같은 원 3개를 중심이 지나도록 겹쳐서 그렸습니다. 작은 원의 반지름은 몇 cm입니까?

(   )

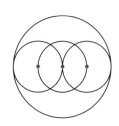

3-2 오른쪽과 같이 큰 원 안에 크기가 같은 작은 원 2개를 그렸습니다. 큰 원의 반지름이 10 cm일 때, 작은 원의 반지름은 몇 cm입니까?

(   )

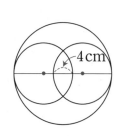

3-3 반지름이 15 cm인 원 안에 그림과 같이 작은 원을 규칙적으로 그려 넣었습니다. 네 번째 모양에 있는 작은 원의 반지름은 몇 cm입니까? (단, 각각의 원 안에 들어 있는 작은 원의 크기는 같습니다.)

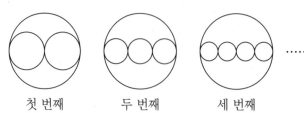

첫 번째   두 번째   세 번째

(   )

MATH TOPIC 4

심화유형

원의 중심을 이어서 만든 도형의 변의 길이 구하기

반지름이 4 cm인 원 3개를 오른쪽과 같이 원의 중심에서 겹치도록 그렸습니다. 각 원의 중심을 이어서 만든 삼각형 ㄱㄴㄷ의 세 변의 길이의 합은 몇 cm입니까?

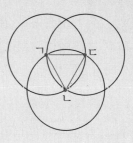

● 생각하기 원의 중심을 이어서 만든 삼각형 ㄱㄴㄷ의 세 변의 길이는 모두 같습니다.

● 해결하기 **1단계** 삼각형 ㄱㄴㄷ의 변과 원의 반지름의 관계 알아보기

삼각형 ㄱㄴㄷ의 세 변인 변 ㄱㄴ, 변 ㄴㄷ, 변 ㄷㄱ은 모두 원의 반지름으로 길이가 같습니다.

2단계 삼각형 ㄱㄴㄷ의 세 변의 길이의 합 구하기

(변 ㄱㄴ)=(변 ㄴㄷ)=(변 ㄷㄱ)=4 cm이므로
삼각형 ㄱㄴㄷ의 세 변의 길이의 합은 4×3=12(cm)입니다.

답 12 cm

4-1 반지름이 7 cm인 원 4개를 오른쪽과 같이 원의 중심에서 겹치도록 그렸습니다. 각 원의 중심을 이어서 만든 사각형 ㄱㄴㄷㄹ의 네 변의 길이의 합은 몇 cm입니까?

(   )

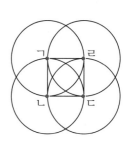

4-2 크기가 같은 원 3개를 오른쪽과 같이 원의 중심에서 겹치도록 그렸습니다. 각 원의 중심을 이어서 만든 삼각형 ㄱㄴㄷ의 세 변의 길이의 합이 30 cm일 때, 한 원의 지름은 몇 cm입니까?

(   )

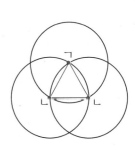

4-3 오른쪽과 같이 반지름의 길이가 다른 세 원을 겹쳐서 그렸습니다. 색칠한 도형의 네 변의 길이의 합은 몇 cm입니까?

(   )

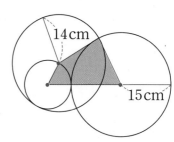

원의 지름과 반지름을 이용하여 선분의 길이 구하기

오른쪽과 같이 반지름의 길이가 2 cm, 3 cm인 원이
놓여 있습니다. 선분 ㄱㄹ의 길이는 몇 cm입니까?

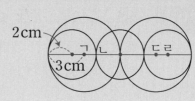

● **생각하기** (선분 ㄱㄹ의 길이)＝(선분 ㄱㄴ의 길이)＋(작은 원의 반지름)×3

● **해결하기** **1단계** 선분 ㄱㄴ의 길이 구하기

(선분 ㄱㄴ의 길이)＝(작은 원의 지름)－3＝4－3＝1(cm)

2단계 선분 ㄱㄹ의 길이 구하기

(선분 ㄱㄹ의 길이)＝(선분 ㄱㄴ의 길이)＋(작은 원의 반지름)×3
＝1＋2×3＝7(cm)

답 7 cm

5-1 오른쪽 그림에서 각 점은 원의 중심입니다. 선분 ㄱㄴ의
길이는 몇 cm입니까?

(   )

5-2 오른쪽은 크기가 같은 원 3개를 일정하게 겹치도록 그린 것입
니다. 원의 반지름이 5 cm일 때 선분 ㄱㄴ의 길이는 몇 cm입
니까?

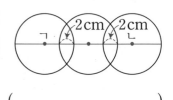

(   )

5-3 크기가 같은 원 12개를 일정하게 겹치도록 그렸습니다. 원의 반지름이 9 cm일 때 선분
ㄱㄴ의 길이는 몇 cm입니까?

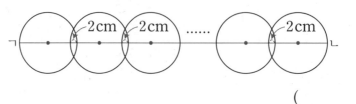

(   )

원의 반지름과 지름 활용하기

심화유형 6

가로가 10 cm, 세로가 8 cm인 직사각형 모양의 종이에 반지름이 1 cm인 원 모양의 붙임 딱지를 겹치지 않게 이어 붙이려고 합니다. 붙일 수 있는 붙임 딱지는 최대 몇 개 입니까?

● **생각하기** (직사각형의 가로)＝(원의 지름)×(원의 개수)

　　　　　└─ 지름이 2 cm인 원 5개일 때 ⟨OOOOO⟩ |←─10 cm─→|

● **해결하기** **1단계** 붙임 딱지의 지름 알아보기

붙임 딱지의 반지름이 1 cm이므로 지름은 1×2＝2(cm)입니다.

2단계 붙일 수 있는 붙임 딱지의 개수 구하기

10÷2＝5, 8÷2＝4이므로 붙임 딱지를 종이의 가로에 5개, 세로에 4개씩 붙일 수 있습니다. 따라서 붙일 수 있는 붙임 딱지는 최대 5×4＝20(개)입니다.

답 20개

6-1 가로가 12 cm, 세로가 8 cm인 직사각형 모양의 상자 바닥에 반지름이 2 cm인 원 모양의 초콜릿을 겹치지 않게 넣으려고 합니다. 상자의 바닥에 놓을 수 있는 초콜릿은 최대 몇 개입니까?

(　　　　　　　)

6-2 진호는 도화지에 크기가 같은 원을 이용하여 오른쪽과 같은 모양을 그렸습니다. 선분 ㄱㄴ의 길이가 28 cm일 때 도화지의 네 변의 길이의 합은 몇 cm입니까?

(　　　　　　　)

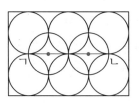

6-3 길이가 104 mm인 종이의 위쪽에 구멍을 뚫으려고 합니다. 양쪽 옆에 5 mm씩을 남겨두고 반지름이 2 mm인 원 모양의 구멍을 5 mm 간격으로 뚫는다고 할 때, 구멍을 모두 몇 번 뚫어야 합니까?

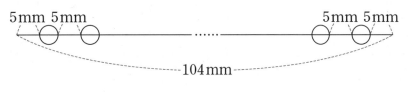

(　　　　　　　)

MATH TOPIC 7 원을 활용한 교과통합유형

심화유형

S T E A M형 ■ ● ▲

수학+사회

다식(茶食)은 밤가루, 콩가루, 녹말가루, 참깨가루, 송화가루 등을 꿀에 반죽하여 무늬가 새겨진 다식판에 찍어낸 우리나라 고유의 음식입니다. 다음과 같은 다식판으로 만들 수 있는 다식 모양 한 개의 지름은 몇 mm입니까? (단, 간격은 모두 2 cm이고, 모양의 크기도 모두 같습니다.)

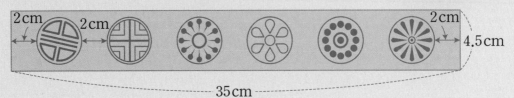

2cm 2cm 2cm 4.5cm 35cm

● 생각하기   (모양 6개의 지름)＋(간격 사이의 거리)＝(다식판의 가로의 길이)

● 해결하기   **1단계** 모양 6개의 지름의 합 구하기

35 cm＝[ ] mm, 2 cm＝[ ] mm

모양 6개의 지름의 합은 다식판의 가로의 길이에서 모든 간격을 뺀 것과 같으므로

350－20－20－20－20－20－20－20＝[ ](mm)입니다.

2단계 모양 한 개의 지름 구하기

모양 한 개의 지름은 [ ]÷6＝[ ](mm)입니다.

답 [ ] mm

7-1

수학+사회

절편과 같이 문양이 있는 떡을 찍는 도구를 떡살이라고 합니다. 왼쪽 원 모양 떡살로 오른쪽 직사각형 모양 절편에 겹치지 않도록 문양을 찍으려고 합니다. 떡살로 문양을 최대 몇 개까지 찍을 수 있습니까?

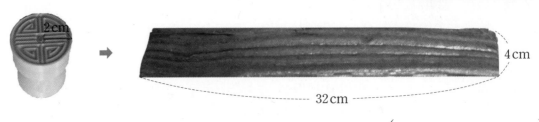

2cm 4 cm 32cm

(   )

1 반지름은 같고 원의 중심을 옮겨가며 그린 모양을 찾아 기호를 쓰시오.

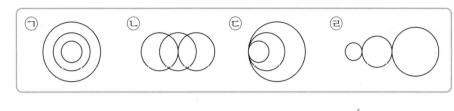

(   )

2 다음 조건 을 만족하는 세 원 가, 나, 다 중에서 가장 큰 원을 찾아 기호를 쓰고 가장 큰 원의 반지름을 구하시오.

> 조건
> • (나의 지름)＝10 cm
> • (가의 반지름)＝(나의 반지름)×2
> • (다의 반지름)＝(가의 지름)＋(나의 반지름)

(,   )

3 오른쪽과 같이 점 ㄴ, ㄹ, ㅁ을 중심으로 반지름이 2 cm인 3개의 원을 겹치도록 그렸습니다. 점 ㅂ에서 거리가 4 cm인 점을 모두 찾아 기호로 쓰시오.

(   )

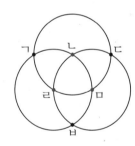

4 세로의 길이가 8 cm인 직사각형 안에 크기가 같은 원 두 개를 그렸습니다. 직사각형의 네 변의 길이의 합은 몇 cm입니까?

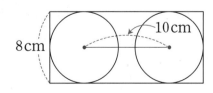

(   )

5 크기가 다른 원 가와 나가 있습니다. 원 가의 반지름이 원 나의 반지름의 2배입니다. 원 가의 지름이 40cm일 때, 원 나의 반지름은 몇 cm입니까?

(   )

수학+과학

STEAM형 6 곡물을 일정한 방향으로 눕혀서 위에서 보았을 때 어떤 무늬가 만들어지는 것을 미스터리 서클 혹은 크롭 서클이라 합니다. 미스터리 서클은 밀이나 옥수수밭에서 많이 발견되며 우리나라 에서도 2008년 충청남도에서 발견되었습니다. 이런 미스터리 서클이 생기는 원인은 아직 밝혀지지 않았습니다. 오른쪽 미스 터리 서클의 규칙을 원의 중심과 반지름을 이용하여 설명하시오.

▲ 미스터리 서클

규칙 ....

서술형 7 가로가 18 cm이고, 세로가 3 cm인 직사각형 안에 될 수 있는대로 큰 원을 겹치지 않게 그 려 넣으려고 합니다. 그릴 수 있는 원은 최대 몇 개인지 풀이 과정을 쓰고 답을 구하시오.

풀이 ....

....

....

답 ....

8 다음 그림과 같은 크기의 상자 바닥에 원 모양의 쿠키를 넣으려고 합니다. 쿠키와 쿠키 사이에 칸막이를 넣어 쿠키 50개를 넣으려면 칸막이 한 개의 두께는 몇 cm입니까? (단, 상자의 두께는 생각하지 않습니다.)

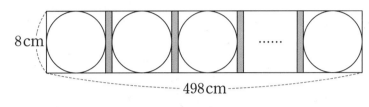

(   )

수학+사회

STEAM형 9

피시스(Piscis) 문양은 물고기를 뜻하는 라틴어인 피시스에서 유래되어 바닥에서 위를 향해 뻗어간 기둥들이 천장에서 서로 만나 생기는 문양으로 성당 같은 건축물에 사용합니다. 자와 컴퍼스를 사용하여 지름이 30 cm인 원으로 그린 아래의 피시스 문양에서 삼각형 ㄱㄴㄷ의 세 변의 길이의 합을 구하시오.

▲ 명동 성당

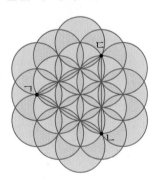

(   )

10 반지름이 5 cm인 원을 이용하여 오른쪽과 같은 그림을 완성하였습니다. 빨간색 선의 길이는 몇 cm입니까?

(   )

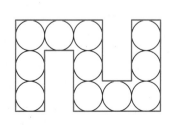

11 지름의 길이가 2배씩 커지는 원을 반으로 나누어 오른쪽과 같이 붙여놓았습니다. 원 라의 반지름이 16 cm일 때 원 가의 지름을 구하시오.

(   )

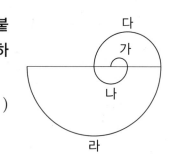

12 땅 위에 그림과 같이 직사각형 모양을 그린 다음 변 위에 1 m 간격으로 점을 찍고 그 점을 원의 중심으로 하여 반지름이 30 cm인 원을 그리려고 합니다. 그릴 수 있는 원은 모두 몇 개입니까? (단, 직사각형의 꼭짓점 부분에도 모두 점을 찍습니다.)

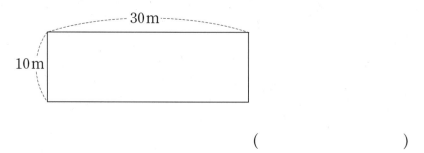

(   )

13 오른쪽 그림에서 삼각형 ㄱㄴㄷ의 세 변의 길이의 합이 31 cm일 때, 세 원의 반지름의 합은 몇 cm입니까?

(   )

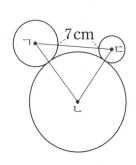

14 오른쪽 그림과 같이 반지름이 33 cm인 큰 원 안에 크기가 같은 원이 중심을 지나도록 그렸습니다. 큰 원 안에 그린 작은 원의 개수가 10개일 때, 작은 원의 지름은 몇 cm입니까?

(   )

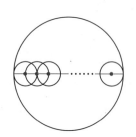

경시 기출 문제 15

오른쪽 그림과 같이 원의 중심이 한 직선 위에 있고 반지름의 길이가 2 cm씩 길어지는 원 3개를 그렸습니다. 이와 같은 방법으로 반지름이 1 cm인 원부터 차례로 원 10개를 그릴 때, 양 끝에 놓인 원의 중심을 연결한 선분은 몇 cm입니까?

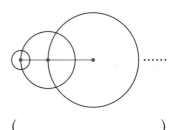

(   )

서술형 16

점 ㄴ, 점 ㄹ, 점 ㅂ을 각각 원의 중심으로 하는 원 3개가 겹쳐져 있습니다. 사각형 ㄱㄴㄷㄹ과 사각형 ㄹㅁㅂㅅ의 둘레의 차는 몇 cm인지 풀이 과정을 쓰고 답을 구하시오.

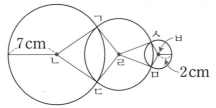

풀이 ....

....

....

답 ....

17

다음과 같은 규칙으로 반지름이 2 cm인 원을 이어 붙인 다음 원의 중심을 이어서 사각형을 만들었습니다. 일곱 번째에 만든 사각형의 네 변의 길이의 합은 몇 cm입니까?

첫 번째

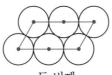

두 번째

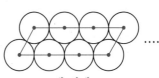

세 번째

(   )

문제풀이 동영상

1 지름이 18 cm인 원을 왼쪽 그림과 같이 잘라서 8개의 똑같은 삼각형을 만든 다음 오른쪽 그림과 같이 붙였습니다. 사각형 ㄷㄴㄹㅁ의 둘레의 길이와 선분 ㄱㅌ의 길이의 합은 몇 cm입니까?

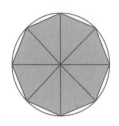 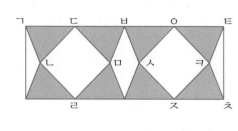

( )

서술형 2 오른쪽 그림과 같이 원의 중심을 지나는 원 4개를 겹쳐서 그렸을 때, 색칠한 사각형 3개의 둘레의 길이의 합은 몇 cm인지 풀이 과정을 쓰고 답을 구하시오.

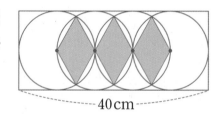

풀이 ....

....

....

답

3 가로가 18 cm, 세로가 10 cm인 직사각형의 둘레에 지름이 2 cm인 원을 겹치지 않게 이어 붙이려고 합니다. 이 원의 중심을 이어서 만든 직사각형의 둘레의 길이는 몇 cm입니까?

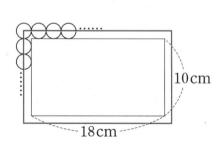

( )

4 반지름이 2 cm인 원을 이용하여 오른쪽과 같은 모양을 만들고 빨간색과 파란색 색연필로 그림을 그렸습니다. 빨간색 선의 길이와 파란색 선의 길이의 차는 몇 cm입니까?

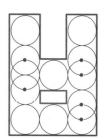

(   )

5 똑같은 고리 모양의 색종이 5장을 그림과 같이 이어 붙였습니다. 선분 ㄱㄴ의 길이가 68 cm일 때, 고리 모양을 이루고 있는 원 중에서 큰 원의 반지름은 몇 cm입니까?

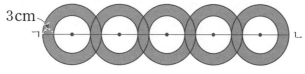

(   )

수학+미술

STEAM형 **6** 모래 예술가 짐 데네반은 미국 네바다 주에 있는 사막에 15일에 걸쳐 세계에서 가장 큰 그림인 아폴로니안 개스킷을 만들었습니다. 이 그림은 반지름이 약 2.4 km이고 둘레가 15 km가 넘는 원과 그 원 안에 원을 무려 1000개나 그려 완성되었습니다. 다음과 같은 방법으로 아폴로니안 개스킷을 그렸을 때 5단계 그림에 원은 모두 몇 개입니까?

1. 반지름의 길이가 같은 원 3개를 맞닿게 그립니다. (원은 모두 3개)
2. 1의 3개의 원과 모두 맞닿는 2개의 원을 그립니다. (원은 모두 5개)
3. 2의 5개의 원 중 3개를 선택하여 3개의 원과 모두 맞닿는 원 6개를 그립니다.
   (원은 모두 11개)
4. 3의 11개의 원 중 3개를 선택하여 선택한 3개의 원과 모두 맞닿는 원을 그립니다.
   같은 방법으로 계속하여 원을 그립니다.

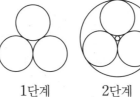  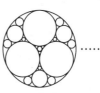

1단계   2단계   3단계   4단계

(   )

▶경시
기출▶ **7**
▶문제 다음과 같이 반지름의 길이가 1 cm인 원의 중심을 지나도록 겹치게 그리고, 원의 중심을 연결하여 정사각형을 그린 것입니다. 아홉 번째에 그려진 정사각형의 둘레는 몇 cm입니까?

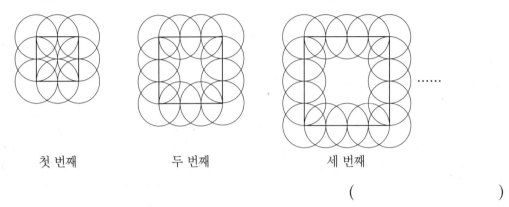

첫 번째   두 번째   세 번째

(   )

8 다음 그림과 같이 반지름의 길이가 5 cm인 원이 직사각형 안에 그려져 있습니다. 직사각형의 가로의 길이가 58 cm일 때, 크기가 같은 원을 겹치지 않게 최대한 많이 그린다면 몇 개까지 그릴 수 있습니까?

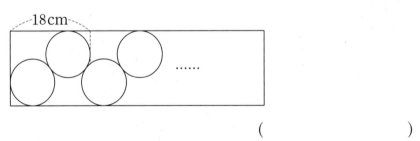

(   )

분수

분수의 이해

분수의 종류

분수는 한자로는 '分數'이고, 영어로는 '전체의 한 부분'을 뜻하는 'fraction'을 말합니다.

分數(나눌 분, 셈 수)의 뜻은 '나누어진 수'를 말하고, fraction은 '파편', '부수다'라는 뜻이 있습니다. 즉 어떤 하나의 덩어리가 쪼개어졌을 때 그 부서진 조각을 뜻합니다.

처음에 분수는 전체보다 작은 것을 나타냈습니다. 따라서 분자가 분모보다 항상 작았습니다. 그러나 분수가 널리 사용되면서 분자가 분모보다 큰 분수를 생각할 수 있게 되었습니다. 분자가 분모보다 작은 분수를 '진짜 분수'라고 하고, 분자가 분모보다 크거나 같은 분수를 '가짜 분수'라는 의미로 다음과 같이 이름을 붙였습니다.

> 진분수 ↔ 眞分數 ↔ proper fraction
>
> 가분수 ↔ 假分數 ↔ improper fraction

또 가분수를 자연수와 진분수의 합으로 표현할 수 있는데 이것은 '자연수와 같이 있는 분수'라는 의미로 다음과 같이 이름 붙였습니다.

> 대분수 ↔ 帶分數 ↔ mixed fraction

분수의 의미

분수를 이용하여 전체와 부분, 자연수로 나타낼 수 없는 값, 나눗셈의 몫 등을 표현할 수 있습니다.

전체와 부분

분수는 전체의 양 또는 수 중에서 부분이 차지하는 양 또는 수를 가리킵니다.

아래 사진의 컵 속에 들어있는 우유의 양은 전체를 똑같이 4로 나눈 것 중의 3입니다. 전체가 4이고 부분이 3일 때, 들어있는 우유의 양은 전체의 $\frac{3}{4}$입니다.

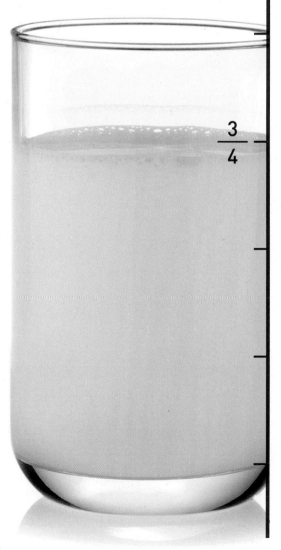

자연수로 나타낼 수 없는 값

사람들은 물체의 양을 표현하는 것이 정확하지 못하다는 것을 알게 되었습니다. 그래서 정확한 표현을 위해 분수를 사용하였습니다.

복숭아는 $1\frac{1}{2}$개로 표현할 수 있습니다.

나눗셈의 몫

$\frac{(분자)}{(분모)}$ 는 (분자)÷(분모)로 쓸 수 있고 이것은 나눗셈의 몫을 나타냅니다.

예를 들어 $\frac{3}{4}$ 는 3÷4의 몫입니다.

피자 3판을 4명에게 똑같이 나누어 주기 위해 피자를 각각 똑같이 4등분합니다.

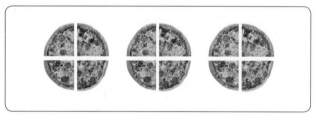

이때 한 사람에게 나누어주는 피자는 $\frac{1}{4}$씩 3조각이므로 한 판의 $\frac{3}{4}$이 됩니다.

1 분수로 나타내기

① 분수로 나타내기

➡ 6은 6묶음 중 3묶음이므로 전체의 $\dfrac{3}{6}$ 입니다.

➡ 6은 2묶음 중 1묶음이므로 전체의 $\dfrac{1}{2}$ 입니다.

묶음 수에 따라 같은 값을 나타내는
분수의 표현이 달라집니다.

② 전체에 대한 분수만큼 구하기

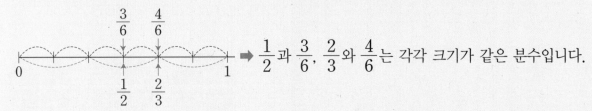

10의 $\dfrac{2}{5}$ 는 10의 $\dfrac{1}{5}$ 이 2개이므로 4입니다.

└➡ 10을 똑같이 5묶음으로 나눈 것 중의 1 ➡ $10 \div 5 = 2$

10의 $\dfrac{1}{2}$ 은 10의 $\dfrac{1}{2}$ 이 1개이므로 5입니다.

└➡ 10을 똑같이 2묶음으로 나눈 것 중의 1 ➡ $10 \div 2 = 5$

| 0 | 2 | 4 | 6 | 8(cm) |

➡ 8 cm의 $\dfrac{3}{4}$ 은 8 cm를 똑같이 4로 나눈 것 중 3이므로

└➡ $8 \div 4 = 2$

6 cm입니다.

실전 개념

① 분수의 수직선에서의 표현

- 큰 눈금 한 칸을 똑같이 ■칸으로 나누면 작은 눈금 한 칸은 $\dfrac{1}{■}$ 입니다.

- 기준이 되는 큰 눈금을 몇 칸으로 나누는지에 따라 같은 양에 대한 분수 표현이 달라집니다.

$$\dfrac{3}{6} \quad \dfrac{4}{6}$$
$$0 \qquad\qquad\qquad\qquad 1$$
$$\dfrac{1}{2} \quad \dfrac{2}{3}$$

➡ $\dfrac{1}{2}$ 과 $\dfrac{3}{6}$, $\dfrac{2}{3}$ 와 $\dfrac{4}{6}$ 는 각각 크기가 같은 분수입니다.

사고력 개념

① 분모와 분자가 0인 분수

분모가 0인 분수	분자가 0인 분수
$\dfrac{2}{0}$ 는 전체를 똑같이 0등분 한 것 중 2개를 의미하므로 이와 같은 값은 존재하지 않습니다.	$\dfrac{0}{2}$ 은 전체를 똑같이 2등분 한 것 중 0개를 의미하므로 분수의 값은 0입니다.

1 색칠한 부분을 분수로 나타내시오.

(1)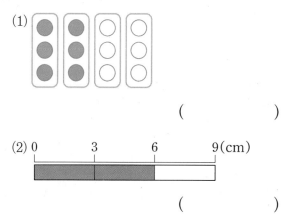

(   )

(2) 0   3   6   9(cm)

(   )

2 보기 의 분수를 수직선 위에 나타내고 크기가 같은 분수를 찾아 쓰시오.

보기

$$\frac{3}{6} \quad \frac{4}{6} \quad \frac{2}{3} \quad \frac{1}{3} \quad \frac{5}{6}$$

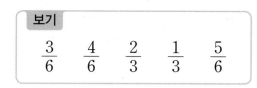
0   1

(   )

3 사탕 56개를 한 묶음에 8개씩 모두 묶었습니다. 사탕 24개는 전체 묶음의 몇 분의 몇입니까?

(   )

4 주어진 분수를 나타내도록 그림을 알맞게 나누어 보시오.

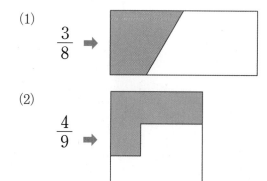

(1) $\frac{3}{8}$ ➡

(2) $\frac{4}{9}$ ➡

5 ㉠과 ㉡에 알맞은 수를 각각 구하시오.

• 8은 ㉠의 $\frac{2}{9}$입니다.

• ㉡은 12의 $\frac{5}{6}$입니다.

㉠ (   )

㉡ (   )

6 어떤 끈의 $\frac{1}{2}$은 8 m입니다. 이 끈의 $\frac{3}{4}$은 몇 m입니까?

(   )

2 분수의 종류와 크기 비교하기

❶ 진분수, 가분수, 대분수 알아보기

- 진분수: 분자가 분모보다 작은 분수 ⑩ $\frac{1}{4}$, $\frac{2}{4}$, $\frac{3}{4}$

- 가분수: 분자가 분모와 같거나 분모보다 큰 분수

  ⑩ $\frac{4}{4}$, $\frac{5}{4}$, $\frac{6}{4}$

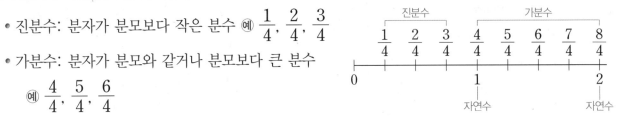

- 자연수: 1, 2, 3……과 같은 수

- 대분수: 자연수와 진분수로 이루어진 분수 ⑩ $1\frac{1}{2}$, $5\frac{3}{4}$, $11\frac{5}{8}$……

  → 1과 $\frac{1}{2}$, 1과 2분의 1이라고 읽습니다.

❷ 대분수를 가분수로, 가분수를 대분수로 나타내기

- 대분수 $2\frac{2}{3}$를 가분수로 나타내기

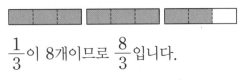

  $\frac{1}{3}$이 8개이므로 $\frac{8}{3}$입니다.

- 가분수 $\frac{9}{4}$를 대분수로 나타내기

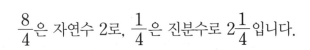

  $\frac{8}{4}$은 자연수 2로, $\frac{1}{4}$은 진분수로 $2\frac{1}{4}$입니다.

❸ 분모가 같은 분수의 크기 비교하기 ── 분모가 같을 때 가분수는 분자를 비교하고, 대분수는 자연수, 분자 순으로 비교합니다.

- $1\frac{3}{4}$과 $\frac{6}{4}$의 크기 비교

  방법1 가분수로 나타내어 크기 비교하기

  $1\frac{3}{4}=\frac{7}{4}$ ➡ $\frac{7}{4}>\frac{6}{4}$ ➡ $1\frac{3}{4}>\frac{6}{4}$

  방법2 대분수로 나타내어 크기 비교하기

  $\frac{6}{4}=1\frac{2}{4}$ ➡ $1\frac{3}{4}>1\frac{2}{4}$ ➡ $1\frac{3}{4}>\frac{6}{4}$

실전개념

❶ 자연수를 분수로 나타내기

- 자연수 1은 분모와 분자의 숫자가 같은 분수로 나타낼 수 있습니다.

  ⑩ $1=\frac{2}{2}=\frac{3}{3}=\frac{4}{4}=\frac{5}{5}$……

- 자연수 5를 분모가 3인 분수로 나타내기

  ⑩ $5=1+1+1+1+1=\frac{3}{3}+\frac{3}{3}+\frac{3}{3}+\frac{3}{3}+\frac{3}{3}=\frac{15}{3}$

❷ 분수의 합과 차 이용하기

- 분모가 같은 분수의 합과 차 구하기

  ⑩ $\frac{2}{6}+\frac{3}{6}=\frac{2+3}{6}=\frac{5}{6}$, $\frac{5}{7}-\frac{3}{7}=\frac{5-3}{7}=\frac{2}{7}$ ── 분모는 그대로 쓰고, 분자끼리 계산하여 씁니다.

대분수를 가분수로 나타내기	가분수를 대분수로 나타내기
$2\frac{2}{3}=2+\frac{2}{3}=\frac{6}{3}+\frac{2}{3}=\frac{8}{3}$	$\frac{9}{4}=\frac{8}{4}+\frac{1}{4}=2+\frac{1}{4}=2\frac{1}{4}$

1 다음 중에서 <u>잘못된</u> 것은 어느 것입니까?

( )

① $3\frac{2}{5} = \frac{17}{5}$ ② $\frac{14}{4} = 3\frac{2}{4}$

③ $5\frac{4}{7} = \frac{49}{7}$ ④ $\frac{72}{9} = 8$

⑤ $4\frac{1}{6} = \frac{25}{6}$

2 두 분수의 크기를 비교하여 ○ 안에 >, =, <를 알맞게 써넣으시오.

(1) $5\frac{5}{6}$ ◯ $\frac{35}{6}$

(2) $\frac{11}{3}$ ◯ $2\frac{1}{3}$

3 가, 나, 다 세 개의 쇠구슬의 무게를 재었더니 각각 $\frac{3}{20}$ kg, $\frac{12}{20}$ kg, $\frac{7}{20}$ kg이었습니다. 가장 가벼운 쇠구슬의 무게는 몇 kg입니까?

( )

4 크기가 큰 분수부터 차례로 기호를 쓰시오.

㉠ $6\frac{5}{7}$ ㉡ $\frac{65}{7}$ ㉢ $8\frac{2}{7}$ ㉣ $\frac{59}{7}$

( )

5 $5\frac{▲}{9}$인 대분수 중에서 분자가 가장 큰 대분수를 가분수로 나타내려고 합니다. ▲의 값을 구하고 가분수로 나타내시오.

(,)

6 분모가 5인 분수 중에서 5보다 작은 대분수는 모두 몇 개입니까?

( )

어떤 수의 분수만큼 구하기

어떤 수의 $\frac{3}{4}$은 12입니다. 어떤 수의 $\frac{1}{2}$은 얼마입니까?

● 생각하기　어떤 수의 $\frac{▲}{■}$는 ★입니다. ➡ 어떤 수의 $\frac{1}{■}$이 ▲개이면 ★입니다.

● 해결하기　**1단계** 어떤 수 구하기

어떤 수의 $\frac{3}{4}$이 12이므로 어떤 수의 $\frac{1}{4}$은 $12 \div 3 = 4$입니다.

따라서 어떤 수는 $4 \times 4 = 16$입니다.

2단계 어떤 수의 $\frac{1}{2}$ 구하기

16의 $\frac{1}{2}$은 $16 \div 2 = 8$입니다.

답 8

1-1　어떤 수의 $\frac{4}{5}$는 12입니다. 어떤 수의 $\frac{1}{3}$은 얼마입니까?

(　　　　　)

1-2　어떤 수의 $\frac{7}{9}$은 28입니다. 어떤 수의 $\frac{4}{6}$는 얼마입니까?

(　　　　　)

1-3　㉠의 $\frac{5}{8}$는 얼마입니까?

㉠의 $\frac{4}{7}$는 32입니다.

(　　　　　)

MATH TOPIC 2 분수만큼의 양 구하기

심화유형

우리 반 학생은 35명입니다. 이 중에서 국어를 좋아하는 학생은 전체의 $\frac{1}{5}$이고,

나머지 학생의 $\frac{3}{7}$은 수학을 좋아합니다. 수학을 좋아하는 학생은 몇 명입니까?

● 생각하기　·■의 $\frac{1}{●}$ ➡ ■÷●　　·■의 $\frac{▲}{●}$ ➡ ■의 $\frac{1}{●}$이 ▲개

● 해결하기　**1단계** 국어를 좋아하는 학생 수 구하기

(국어를 좋아하는 학생 수)＝35명의 $\frac{1}{5}$ ➡ 35÷5＝7(명)

2단계 나머지 학생 수 구하기

(나머지 학생 수)＝35－7＝28(명)

3단계 수학을 좋아하는 학생 수 구하기

(수학을 좋아하는 학생 수)＝28명의 $\frac{3}{7}$ ➡ 28의 $\frac{1}{7}$이 3개인 수＝4×3＝12(명)

답 12명

2-1 미현이는 구슬을 36개 가지고 있습니다. 그중에서 전체의 $\frac{1}{4}$은 빨간색 구슬이고, 나머지 구슬의 $\frac{5}{9}$는 파란색 구슬입니다. 파란색 구슬은 몇 개입니까?

(　　　　　　　)

2-2 여진이네 반 학생은 42명입니다. 이 중에서 축구를 좋아하는 학생은 전체의 $\frac{2}{6}$이고, 야구를 좋아하는 학생은 전체의 $\frac{3}{6}$입니다. 야구를 좋아하는 학생은 축구를 좋아하는 학생보다 몇 명 더 많습니까?

(　　　　　　　)

2-3 진영이는 하루 24시간 중에서 전체의 $\frac{1}{3}$은 잠을 자고, 전체의 $\frac{1}{4}$은 학교에서 보냅니다. 하루 중 잠을 자거나 학교에서 보내는 시간이 아닌 시간은 몇 시간입니까?

(　　　　　　　)

수 카드로 분수 만들기

수 카드를 한 번씩만 사용하여 만들 수 있는 분수를 모두 구하시오. (단, 분모와 분자가 0인 분수는 만들지 않습니다.)

$$\boxed{3} \quad \boxed{0} \quad \boxed{5}$$

● 생각하기 분모가 한 자리인 수, 두 자리인 수로 나누어 여러 가지 분수를 만들어 봅니다.

● 해결하기 [1단계] 만들 수 있는 분수의 분모가 될 수 있는 수 알아보기

만들 수 있는 분수의 분모는 3, 5, 30, 50입니다. — 분모가 35가 되면 분자가 0이 되어
분수를 만들 수 없습니다.

[2단계] 만들 수 있는 분수 모두 구하기

만들 수 있는 분수는 $\dfrac{5}{3}$, $\dfrac{50}{3}$, $\dfrac{3}{5}$, $\dfrac{30}{5}$, $\dfrac{5}{30}$, $\dfrac{3}{50}$ 입니다.

답 $\dfrac{5}{3}$, $\dfrac{50}{3}$, $\dfrac{3}{5}$, $\dfrac{30}{5}$, $\dfrac{5}{30}$, $\dfrac{3}{50}$

3-1 수 카드를 한 번씩만 사용하여 만들 수 있는 진분수는 모두 몇 개입니까?

$$\boxed{6} \quad \boxed{1} \quad \boxed{5}$$

(   )

3-2 수 카드를 한 번씩만 사용하여 만들 수 있는 가분수는 모두 몇 개입니까?

$$\boxed{2} \quad \boxed{5} \quad \boxed{9}$$

(   )

3-3 4장의 수 카드 중에서 3장을 뽑아 만들 수 있는 대분수는 모두 몇 개입니까?

$$\boxed{3} \quad \boxed{4} \quad \boxed{7} \quad \boxed{8}$$

(   )

분모와 분자의 합과 차 이용하기

심화유형 **4**

분모와 분자의 합이 33이고, 차가 9인 진분수를 구하시오.

● 생각하기   진분수는 분모가 더 큰 분수입니다.

● 해결하기   **1단계** 합이 33이고 차가 9인 두 수 찾기

표를 이용하여 분모와 분자의 합이 33이고, 차가 9인 수를 찾아봅니다.

분모	30	29	28	27	26	25	24	23	22	21
분자	3	4	5	6	7	8	9	10	11	12
(분모)−(분자)	27	25	23	21	19	17	15	13	11	9

2단계 조건에 맞는 진분수 구하기

합이 33이고 차가 9인 두 수는 21과 12입니다.

따라서 분모는 21, 분자는 12이므로 진분수는 $\dfrac{12}{21}$입니다.

다른 풀이 | 구하려는 진분수를 $\dfrac{●}{■}$(●<■)라고 하면 ■+●=33, ■−●=9이므로 ■+●+■−●=33+9,
■+■=42에서 42=21+21이므로 ■=21, ●=33−21=12입니다. ➡ $\dfrac{12}{21}$ **답** $\dfrac{12}{21}$

4-1   분모와 분자의 합이 24이고, 차가 10인 진분수를 구하시오.

(   )

4-2   분모와 분자의 합이 12인 가분수를 모두 구하시오. (단, 분모는 1보다 큽니다.)

(   )

4-3   자연수 부분이 6이고, 분모와 분자의 합이 7인 대분수는 모두 몇 개입니까?

(   )

가분수와 대분수의 관계

분모와 분자의 합이 65인 가분수를 대분수로 나타내었더니 자연수 부분이 9가 되었습니다. 이 가분수를 대분수로 나타내시오.

● 생각하기 $9\dfrac{\blacktriangle}{\blacksquare}=9+\dfrac{\blacktriangle}{\blacksquare}=\dfrac{9\times\blacksquare}{\blacksquare}+\dfrac{\blacktriangle}{\blacksquare}=\dfrac{9\times\blacksquare+\blacktriangle}{\blacksquare}$

● 해결하기 **1단계** 분모와 분자의 합을 식으로 나타내기

자연수 부분이 9인 대분수를 $9\dfrac{\blacktriangle}{\blacksquare}$라고 하면 $9\dfrac{\blacktriangle}{\blacksquare}=\dfrac{9\times\blacksquare+\blacktriangle}{\blacksquare}$이므로

(분모)+(분자)=$\blacksquare+(9\times\blacksquare+\blacktriangle)=10\times\blacksquare+\blacktriangle$입니다.

2단계 $10\times\blacksquare+\blacktriangle=65$가 될 수 있는 ■와 ▲ 구하기

■=5이면 ▲=15이므로 분수 부분이 가분수가 되므로 조건에 맞지 않습니다.

■=6이면 ▲=5이므로 조건에 맞습니다.

■=7이면 합이 65보다 커지므로 조건에 맞지 않습니다.

3단계 대분수로 나타내기

■=6, ▲=5이므로 대분수로 나타내면 $9\dfrac{5}{6}$입니다.

답 $9\dfrac{5}{6}$

5-1 분자가 4이고, 자연수 부분이 5인 대분수 중에서 가장 큰 대분수를 찾아 가분수로 나타내시오.

( )

5-2 분자를 분모 6으로 나누었더니 몫이 4이고 나머지가 3이 되었습니다. 이 분수보다 작고 분모가 6인 가분수는 모두 몇 개입니까?

( )

5-3 ㉠이 10보다 크고 30보다 작은 자연수일 때, ㉡이 될 수 있는 자연수를 모두 쓰시오.

$$\dfrac{㉠}{8}=㉡\dfrac{3}{8}$$

( )

MATH TOPIC 6

심화유형

분수의 크기 비교를 이용하여 구하기

□ 안에 같은 자연수를 넣어서 만들 수 있는 대분수는 모두 몇 개입니까?

$$\frac{165}{13} > \square\frac{\square}{13}$$

● 생각하기   분모가 13이므로 분자는 13보다 작은 수 1, 2, 3……10, 11, 12입니다.

● 해결하기   **1단계** $\frac{165}{13}$ 를 대분수로 나타내기

$\frac{165}{13} = \frac{156}{13} + \frac{9}{13} = 12 + \frac{9}{13} = 12\frac{9}{13}$ 입니다.

2단계 대분수의 크기를 비교하여 만들 수 있는 대분수의 개수 구하기

$\square\frac{\square}{13}$ 는 $12\frac{9}{13}$ 보다 작고, 자연수 부분과 분자가 같으므로 □ 안에 들어갈 수 있는 자연수는 12보다 작아야 합니다.

따라서 만들 수 있는 대분수는 $1\frac{1}{13}$, $2\frac{2}{13}$, $3\frac{3}{13}$……$10\frac{10}{13}$, $11\frac{11}{13}$ 로 모두 11개입니다.

답 11개

6-1 $\frac{16}{5}$ 보다 크고 $\frac{37}{6}$ 보다 작은 자연수를 모두 구하시오.

(   )

6-2 □ 안에 들어갈 수 있는 가장 큰 자연수를 구하시오.

$$\frac{\square}{11} < 2\frac{2}{11}$$

(   )

6-3 □ 안에 들어갈 수 있는 자연수를 모두 구하시오.

$$3\frac{7}{12} < \frac{\square}{12} < 4\frac{1}{12}$$

(   )

조건에 맞는 분수 구하기

조건을 모두 만족하는 분수를 구하시오.

> • 가분수입니다.
> • 분자는 분모의 3배보다 2 작습니다.
> • 분모와 분자의 합은 18입니다.

● 생각하기　조건을 그림이나 식으로 나타내어 알아봅니다.

● 해결하기　**1단계** 조건을 식으로 나타내기

(분자)＝(분모)×3－2 … ①

(분모)＋(분자)＝18 … ②

2단계 조건을 만족하는 분수 구하기

②에서 (분자) 대신 ①을 넣으면 (분모)＋(분모)×3－2＝18
(분모)가 4개인 것과 같습니다.

➡ (분모)×4－2＝18, (분모)×4＝18＋2＝20, (분모)＝20÷4＝5,

(분자)＝5×3－2＝13

따라서 조건을 만족하는 분수는 $\dfrac{13}{5}$입니다.

답 $\dfrac{13}{5}$

7-1　조건을 모두 만족하는 분수를 구하시오.

> • 가분수입니다.
> • 분모와 분자의 합은 49입니다.
> • 분자는 분모의 5배보다 1 큽니다.

(　　　　　　　　　　)

7-2　조건을 모두 만족하는 분수를 구하시오.

> • 진분수입니다.
> • 분모를 분자로 나누면 몫은 2이고 나머지는 3입니다.
> • 분모와 분자의 합은 24입니다.

(　　　　　　　　　　)

분수를 활용한 교과통합유형

심화유형

수학+사회

다음은 비만 관련 질환을 줄이기 위해서는 허리둘레 관리가 중요하다는 내용의 기사입니다. 허리둘레가 90 cm인 여성이 기사를 읽고 허리둘레를 줄였더니 표준보다 5 cm 더 줄었습니다. 이 여성의 허리둘레는 처음보다 몇 분의 몇만큼 줄었습니까?

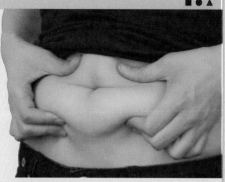

비만 관련 질환을 줄이려면 허리둘레를 조절해야

여느 대학 연구소에서는 비만을 측정하는 일반적인 방법인 체질량지수나 몸무게보다 허리둘레가 비만 관리에 더 중요하다고 발표했다. 한국인이 비만 관련 질환을 줄이기 위해서는 표준 허리둘레는 성인 남성은 90 cm 이내, 성인 여성은 85 cm 이내를 유지해야 한다고 설명했다. 허리둘레가 늘어나면서 여러 성인병으로 이어질 수 있으므로 허리둘레를 적극적으로 관리할 필요가 있다고 조언했다.

● 생각하기　●의 $\dfrac{1}{▲}$ 은 ●를 똑같이 ▲묶음으로 나눈 것 중의 한 묶음입니다.

● 해결하기　**1단계** 줄인 후 허리둘레 알아보기

표준 허리둘레 85 cm보다 5 cm 더 줄었으므로 줄인 후 허리둘레는 ☐ cm입니다.

2단계 처음 허리둘레의 몇 분의 몇만큼 줄었는지 구하기

허리둘레 90 cm에서 ☐ cm가 되었으므로 허리둘레는 ☐ cm만큼 줄었습니다.

☐ cm는 90 cm의 ☐ 이므로 ☐ 만큼 줄었습니다.

답 ☐

8-1

수학+과학

우리가 살고 있는 행성인 지구는 육지와 바다로 되어 있습니다. 지구를 본떠 만든 모형인 지구본을 돌려 보면 파란색으로 된 바다가 갈색으로 된 육지보다 훨씬 넓다는 것을 알 수 있습니다. 지구 표면적은 510100000 km²이고 바다가 지구 표면적의 $\dfrac{3}{4}$ 일 때, 바다와 육지의 면적의 차는 몇 km²입니까?

(　　　　　　　　)

1 그림과 같이 정사각형 모양의 종이를 접었습니다. 가 삼각형은 정사각형의 $\frac{1}{\bigcirc}$일 때 ㉠은 얼마입니까?

(   )

2 다음 수직선의 ㉠과 ㉡에 알맞은 분수를 각각 구하시오.

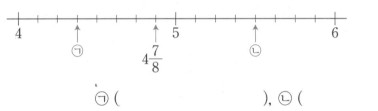

㉠ (   ), ㉡ (   )

3 자연수 4보다 작으면서 분모가 3인 가분수는 모두 몇 개입니까?

(   )

4 수 카드 1 , 3 , 5 를 한 번씩 모두 사용하여 만들 수 있는 분수는 모두 몇 개입니까? (단, 분모가 1인 가분수는 만들지 않습니다.)

(   )

수학＋사회

STEAM형 5

인쇄를 할 때 사용하는 용지는 가장 큰 A0 용지를 자른 횟수에 따라 이름을 붙입니다. 예를 들어 A4 용지는 A0 용지를 4번 잘랐다는 뜻입니다. 다음과 같이 A0 용지를 선을 따라 잘랐을 때 A4 용지는 A1 용지의 몇 분의 몇인지 구하시오.

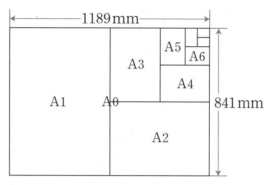

(   )

6 □ 안에 들어갈 수 있는 자연수는 모두 몇 개입니까?

$$\frac{21}{5} < \square\frac{1}{5} < \frac{52}{5}$$

(   )

서술형 7 주연이가 가지고 있는 구슬의 $\frac{7}{12}$ 은 파란색이고, $\frac{5}{12}$ 는 빨간색으로 45개입니다. 주연이가 가지고 있는 파란색 구슬은 빨간색 구슬보다 몇 개 더 많은지 풀이 과정을 쓰고 답을 구하시오.

풀이

답

8 준희와 유빈이는 똑같은 쿠키를 한 개씩 가지고 있습니다. 준희는 쿠키의 $\frac{1}{4}$을 먹었고, 유빈이는 쿠키의 $\frac{1}{2}$을 먹었을 때, 두 친구가 먹고 남은 쿠키를 합한 양은 한 사람이 가지고 있던 쿠키의 몇 분의 몇입니까?

( )

수학+사회

STEAM형 9 물건을 세는 고유의 단위가 있습니다. 다음은 순우리말로 된 고유의 단위입니다. 청어 2두름의 $\frac{5}{8}$를 팔았다면 남은 청어는 몇 마리입니까?

고유 단위	수량
쌈	바늘 24개
우리	기와 2000장
접	감, 마늘 100개
손	고등어 2마리
톳	김 100장
두름	조기, 청어 20마리
거리	가지, 오이 50개
쾌	북어 20마리

( )

10 다음과 같이 분모가 같은 두 분수가 있습니다. 두 분수의 크기가 같을 때, □ 안에 알맞은 수를 구하시오.

$$4\frac{5}{\square} \qquad \frac{37}{\square}$$

( )

11 분모가 10인 어떤 대분수를 가분수로 나타내면 분모와 분자의 합이 67입니다. 어떤 대분수를 구하시오.

(   )

서술형 **12** 미현이의 몸무게는 $32\frac{5}{11}$ kg이고, 재호의 몸무게는 $\frac{360}{11}$ kg, 예준이의 몸무게는 $33\frac{2}{11}$ kg입니다. 세 사람 중에서 누가 가장 가벼운지 풀이 과정을 쓰고 답을 구하시오.

풀이 ....

....

....

답 ....

13 대분수 $●\dfrac{★}{◆}$에서 ●＋★＋◆＝10인 가장 큰 대분수를 구하시오.

(   )

14 다음 가분수를 대분수로 나타낼 때, 분자가 5인 대분수는 모두 몇 개인지 구하시오.

$$\frac{7}{7} \qquad \frac{8}{7} \qquad \frac{9}{7} \qquad \frac{10}{7} \cdots\cdots \frac{297}{7}$$

(   )

15 자연수 ㉮, ㉯가 다음 조건을 모두 만족할 때, ㉯에 알맞은 수를 모두 구하시오.

$$\frac{㉮1}{6} = \frac{㉯}{6} \ (2 < ㉮ < 7인 \ 자연수)$$

(   )

16 다음과 같이 계산했을 때 $56 \odot ㉠ = 59$입니다. ㉠을 구하시오.

$$가 \odot 나 = (가의 \ \frac{5}{8}) + (나의 \ \frac{2}{5})$$

(   )

17 다음과 같은 규칙으로 분수를 늘어놓았습니다. 100번째에 놓일 분수를 구하시오.

$$\frac{1}{7} \quad \frac{2}{7} \quad \frac{3}{7} \quad \frac{4}{7} \quad \frac{5}{7} \quad \frac{6}{7} \quad 1\frac{1}{7} \quad 1\frac{2}{7} \quad 1\frac{3}{7} \quad 1\frac{4}{7} \quad 1\frac{5}{7} \quad 1\frac{6}{7} \quad 2\frac{1}{7} \cdots\cdots$$

(   )

18 유빈이는 위인전을 읽고 있습니다. 첫째 날은 전체의 $\frac{1}{3}$을 읽고, 둘째 날은 나머지의 $\frac{2}{5}$를 읽었더니 78쪽이 남았습니다. 유빈이가 읽는 위인전은 전체 몇 쪽입니까?

(   )

문제풀이 동영상

1 수학+사회

고대 이집트인들은 분자가 1인 단위분수의 합으로 분수를 나타내었습니다. 단위분수는 다음과 같이 입 모양(〇) 문자 아래에 숫자를 나타내는 방식으로 표기했는데 예외적으로 단위분수가 아닌 $\frac{2}{3}$도 분수로 나타내어 사용했습니다. 고대 이집트인들의 분수 표기법을 보고 오른쪽 문제의 답을 구하시오.

�12	�12	�12	�12	�12
$\frac{1}{3}$	 $\frac{1}{4}$	 $\frac{1}{5}$	 $\frac{1}{6}$	 $\frac{1}{7}$
 �12	 �12	�12	�12	�12
$\frac{1}{8}$	$\frac{1}{9}$	$\frac{1}{10}$	$\frac{1}{2}$	$\frac{2}{3}$

한 봉지에 12개씩 들어 있는 사과 2봉지와 배 48개가 있습니다. 사과의 ꊣꊣ을 상자에 담고, 배의 ꊣꊣ을 상자에 담았을 때, 남은 과일은 어느 것이 몇 개 더 많습니까?

(,   )

2 오른쪽과 같은 분수가 있습니다. ㉠과 ㉡에는 1부터 10까지의 자연수가 들어갈 수 있을 때 만들 수 있는 분수 중에서 가장 작은 분수를 구하시오. (단, ㉠, ㉡은 서로 다른 수입니다.)

$$\frac{㉠-㉡}{㉠\times㉡}$$

(   )

3 어떤 가분수의 분자를 8로 나누었더니 몫이 2이고, 나머지가 2보다 급니다. 이 가분수의 분모를 3으로 나누었더니 몫이 1이고, 나머지가 있습니다. 이 가분수 중에서 4보다 작은 가분수를 구하시오.

(   )

>경시
>기출 **4**
>문제

포도 무게의 $\dfrac{3}{4}$은 물이고, 포도를 건조한 건포도 무게의 $\dfrac{1}{4}$은 물입니다. 포도 540 kg을 건조한 건포도는 몇 kg이 됩니까? (단, 포도를 건조하면 물이 줄어들고 나머지 성분은 그대로 유지됩니다.)

(   )

서술형 **5**

다음과 같은 규칙으로 분수를 늘어놓았습니다. 100번째에 놓일 분수는 얼마인지 풀이 과정을 쓰고 답을 구하시오.

$$\dfrac{8}{9} \qquad 1\dfrac{1}{9} \qquad \dfrac{12}{9} \qquad 1\dfrac{5}{9} \qquad \dfrac{16}{9} \qquad 2 \qquad \dfrac{20}{9}\cdots$$

풀이 ....

....

....

....

답 ....

6

가 과일가게에 있는 귤 수의 $\dfrac{1}{3}$과 나 과일가게에 있는 귤 수의 $\dfrac{3}{5}$이 같고 두 가게에 있는 귤 수의 차는 576개입니다. 두 과일가게에 있는 귤의 개수는 모두 몇 개입니까?

(   )

경시 7 기출 문제
재호는 가지고 있던 우표의 $\frac{3}{4}$을 우진이에게 주고, 우진이에게 주고 남은 우표의 $\frac{4}{9}$를 주연이에게 주었더니 30장이 남았습니다. 재호가 처음에 가지고 있던 우표는 모두 몇 장인지 구하시오.

(   )

경시 8 기출 문제
길이가 6 m보다 짧은 막대를 그림과 같이 막대의 양 끝에서 각각 3 m 떨어진 곳을 찾아 ㄱ, ㄴ이라고 표시했습니다. 선분 ㄱㄴ의 길이가 막대 길이의 $\frac{1}{14}$일 때, 이 막대의 길이는 몇 cm입니까?

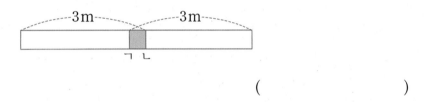

(   )

경시 9 기출 문제
진분수 $\frac{\text{㉠}}{8}$보다 크고 대분수 $\text{㉡}\frac{\text{㉢}}{8}$보다 작은 분수 중에서 분모가 8인 분수가 모두 15개 있을 때, ㉠×㉡×㉢의 값 중 가장 작은 값을 구하시오. (단, 자연수가 되는 경우는 생각하지 않습니다.)

(   )

연필 없이 생각 톡

아래 그림과 같이 물고기가 있습니다. 3개의 성냥개비를 움직여서
물고기가 오른쪽으로 헤엄치게 해보세요.
오른쪽으로 헤엄치는 물고기는 왼쪽으로 헤엄치는 물고기를
거울에 비친 모습과 같습니다.

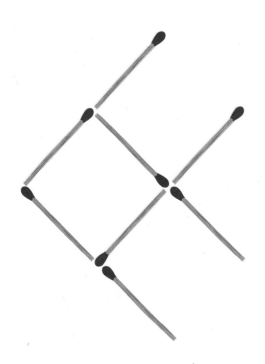

들이와 무게

옛날의
들이와 무게

옛날 들이의 단위

들이란 통이나 그릇 따위의 안에 넣을 수 있는 물건 부피의 최댓값을 말하는 것으로 주로 액체의 양을 재는 단위로 사용됩니다. 과거 우리나라에서는 곡식 등의 가루나 술 같은 액체의 부피를 잴 때 홉, 되, 말, 섬 등의 들이 단위를 사용했습니다.

홉은 성인 두 손을 모아 오므린 다음 그 속에 들어갈 수 있는 양으로 약 180 mL입니다.

되는 주로 사각형 모양의 나무로 되어 있으며 그 양은 한 홉의 10배인 약 1.8 L입니다.

말은 나무나 쇠붙이를 이용하여 원기둥 모양을 만들며 한 말은 한 되의 10배인 약 18 L입니다.

섬은 한 말의 10배로 약 180 L입니다.

홉 ──10배→ **되** ──10배→ **말** ──10배→ **섬**
(약 180 mL)　(약 1.8 L)　　(약 18 L)　　(약 180 L)

지금도 되나 말을 사용하기도 하지만 현재 들이를 나타내는 단위로 사용하는 것은 L, mL 등입니다.

되 1.8 L

옛날 무게의 단위

무게란 지구가 물체를 끌어당기는 힘을 말합니다. 그래서 무게는 지구의 서로 다른 장소에서 다르게 나타날 수 있습니다. 또 달에서 무게를 재면 지구 무게의 $\frac{1}{6}$이 된다고 합니다.

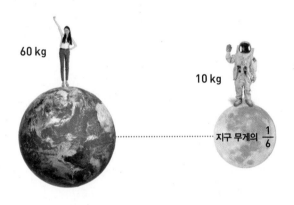

과거 우리나라에서는 돈, 냥, 근, 관 등의 무게 단위를 상황에 따라 다르게 사용하였습니다.

돈이나 **냥**은 금, 은, 한약재의 무게 단위를 나타내는 것으로 한 돈은 약 4g, 한 냥은 약 40g입니다.

근은 고기나 채소의 무게 단위를 나타내는 것으로 한 근은 고기의 경우 약 600g, 채소의 경우 약 400g입니다.

관은 채소의 무게 단위를 나타내는 것으로 한 관은 약 4kg과 같습니다.

돈	→	냥	→	근	→	관
(약 4 g)		(약 40 g)		(약 400 g, 약 600 g)		(약 4 kg)

지금도 일부 시골에서는 물건을 거래할 때 이와 같은 단위를 사용하고 있지만 현재 우리나라에서 무게를 측정하는 단위는 g, kg, t 등입니다.

1 들이 알아보기

❶ 들이의 단위

┌ 주전자와 물병 같은 그릇 안쪽 공간의 크기
- 들이의 단위에는 리터와 밀리리터가 있습니다.
- 1 리터는 1 L, 1 밀리리터는 1 mL라고 씁니다.

$$1L \quad 1mL \qquad \boxed{1\,L=1000\,mL}$$

- 1 리터보다 200 mL 더 많은 들이를 1 L 200 mL라 쓰고 1 리터 200 밀리리터라고 읽습니다

$$\boxed{1\,L\,200\,mL=1\,L+200\,mL=1000\,mL+200\,mL=1200\,mL}$$

❷ 들이 어림하고 재기

- 들이를 어림하여 말할 때에는 약 □L 또는 약 □mL라고 합니다.
- 들이를 어림할 때에는 1 L 또는 100 mL와 같이 쉽게 알 수 있는 들이를 기준으로 어림합니다.

❸ 들이의 합과 차

┌ 600＋800＝1400(mL)이므로
↓ 1000 mL를 1 L로 받아올림합니다.

$$\begin{array}{c|r}
 & 1 \\
 & 4\,L\ \ 600\,mL \\
+ & 3\,L\ \ 800\,mL \\
\hline
 & 8\,L\ \ 400\,mL
\end{array}$$

┌ 600－800은 계산할 수 없으므로
↓ 1 L를 1000 mL로 받아내림합니다.

$$\begin{array}{c|r}
 & 3 \quad 1000 \\
 & \cancel{4}\,L\ \ 600\,mL \\
- & 3\,L\ \ 800\,mL \\
\hline
 & \quad\ \ 800\,mL
\end{array}$$

연결 개념 직육면체의 겉넓이와 부피

❶ 부피의 단위

- 부피: 한 모서리가 1 cm인 정육면체의 부피를 $1\,cm^3$라 하고, 1세제곱센티미터라고 읽습니다.

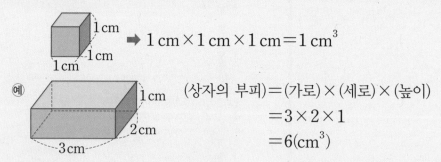

$$\Rightarrow 1\,cm \times 1\,cm \times 1\,cm = 1\,cm^3$$

(예)

(상자의 부피)＝(가로)×(세로)×(높이)
$$=3 \times 2 \times 1$$
$$=6(cm^3)$$

❷ 들이와 부피

	들이	부피
뜻	안에 담을 수 있는 양의 크기	겉으로 드러나는 양의 크기
단위	mL, L	cm^3, m^3
관계	$1\,mL=1\,cm^3$, $1\,L=1000\,cm^3$	

1 세 사람이 각자의 컵으로 똑같은 주전자에 가득 채워진 물을 각각 덜어냈습니다. 덜어낸 횟수가 다음과 같을 때 누구의 컵의 들이가 가장 많습니까?

이름	지우	혜연	성민
덜어낸 횟수(회)	9	4	7

( )

2 들이가 적은 것부터 차례로 기호를 쓰시오.

㉠ 4 L 200 mL	㉡ 4020 mL
㉢ 4 L	㉣ 4 L + 350 mL

( )

3 그림과 같이 비커에 물이 들어 있습니다. 물을 얼마나 더 넣어야 1000 mL가 됩니까?

( )

4 들이를 비교하여 ○ 안에 >, =, <를 알맞게 써넣으시오.

(1) 1500 mL ◯ $\dfrac{1}{2}$ L

(2) $\dfrac{1}{5}$ L ◯ $\dfrac{3}{4}$ L

5 파란색 페인트 2 L 400 mL와 노란색 페인트 2 L 300 mL를 섞어서 초록색 페인트를 만들었습니다. 초록색 페인트는 몇 L 몇 mL입니까?

( )

6 식용유가 5 L 200 mL 들어 있는 통에서 식용유를 사용했더니 2 L 800 mL가 남았습니다. 사용한 식용유는 몇 L 몇 mL입니까?

( )

2 무게 알아보기

❶ 무게의 단위

┌ 사물의 무겁고 가벼운 정도

• <u>무게</u>의 단위에는 그램과 킬로그램, 톤이 있습니다.

• 1 그램은 $1\,g$, 1 킬로그램은 $1\,kg$, 1 톤은 $1\,t$이라고 씁니다.

$1g \quad 1kg \quad 1t$

$1\,kg=1000\,g,\ 1\,t=1000\,kg$

• $1\,kg$보다 $500\,g$ 더 무거운 무게를 $1\,kg\,500\,g$이라 쓰고 1 킬로그램 500 그램이라고 읽습니다

$1\,kg\,500\,g=1\,kg+500\,g=1000\,g+500\,g=1500\,g$

❷ 무게 어림하고 재기

• 무게를 어림하여 말할 때에는 약 $\square\,kg$ 또는 약 $\square\,g$이라고 합니다.

• 무게를 어림할 때에는 $1\,kg$ 또는 $100\,g$과 같이 쉽게 알 수 있는 무게를 기준으로 어림합니다.

❸ 무게의 합과 차

┌ $600+800=1400(g)$이므로
$1000\,g$을 $1\,kg$으로 받아올림합니다.

```
   1
   3 kg | 600 g
 + 2 kg | 800 g
 ─────────────
   6 kg | 400 g
```

┌ $600-800$은 계산할 수 없으므로
$1\,kg$을 $1000\,g$으로 받아내림합니다.

```
   3    1000
   4 kg | 600 g
 - 2 kg | 800 g
 ─────────────
   1 kg | 800 g
```

[직육면체의 겉넓이와 부피]

❶ 물의 부피, 들이, 무게 사이의 관계

• $1\,cm^3=1\,mL=1\,g$

•
| $1000\,cm^3$ | = | $1\,L$ $=1000\,mL$ | = | $1\,kg$ $=1000\,g$ |

---

❶ $\square$개의 무게 구하기

• 사과 2개의 무게가 $300\,g$일 때, 사과 5개의 무게 구하기

사과 1개의 무게 구하기	사과 5개의 무게 구하기
사과 2개의 무게가 $300\,g$이므로 (사과 1개의 무게) $=300 \div 2=150(g)$	(사과 5개의 무게) $=$(사과 1개의 무게)$\times$(개수) $=150 \times 5=750(g)$

1 사과, 오렌지, 배의 무게를 비교하려고 합니다. 무게가 무거운 순서대로 쓰시오.

(단, 같은 과일끼리는 무게가 같습니다.)

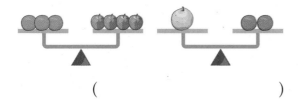

(   )

2 무게가 무거운 것부터 차례로 기호를 쓰시오.

> ㉠ 80 kg   ㉡ 7990 kg
>
> ㉢ 8 t 10 kg   ㉣ $\frac{1}{2}$ t

(   )

3 ㉮와 ㉯의 무게의 합과 차는 각각 몇 kg 몇 g인지 구하시오.

> ㉮ 43200 g   ㉯ 21 kg 800 g

합 (   )

차 (   )

4 여러 가지 물건의 무게를 어림하고 재어 보았습니다. 실제 무게에 가장 가깝게 어림한 물건을 찾아 기호를 쓰시오.

	어림한 무게	실제 무게
㉠	약 2 kg 200 g	2 kg 20 g
㉡	약 1650 g	1 kg 700 g
㉢	약 3 kg 800 g	4 kg

(   )

5 경민이네 과수원에서는 사과를 1 t 650 kg을 땄고, 진주네 과수원에서는 포도를 2785 kg을 땄습니다. 두 과수원에서 딴 과일은 모두 몇 t 몇 kg입니까?

(   )

6 저울에 무게를 재어 보니 연필 6자루의 무게는 연필 3자루와 풀 2개의 무게의 합과 같았습니다. 연필 한 자루의 무게가 100 g일 때, 풀 한 개의 무게는 몇 g입니까?

(단, 같은 물건끼리는 무게가 같습니다.)

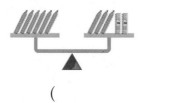

(   )

들이 비교하기

성진이, 세호, 명수는 같은 크기의 수조 3개에 각각 물을 담고 있습니다. 서로 다른 그릇을 사용하여 성진이는 5번, 세호는 9번, 명수는 6번 부어 수조를 가득 채웠다면 누가 사용한 그릇의 들이가 가장 적습니까?

● 생각하기   그릇으로 물을 부은 횟수가 많을수록 그릇의 들이가 적습니다.

● 해결하기   **1단계** 그릇으로 물을 부은 횟수를 이용하여 들이 비교하는 방법 알아보기

들이가 다른 그릇으로 크기가 같은 수조에 각각 물을 가득 채울 때에는 그릇으로 물을 부은 횟수가 많을수록 그릇의 들이가 적습니다.

2단계 사용한 그릇의 들이가 가장 적은 사람 찾기

그릇으로 물을 부은 횟수가 가장 많은 세호의 그릇의 들이가 가장 적습니다.

답 세호

1-1 들이가 다른 컵을 이용하여 크기가 같은 어항에 각각 물을 가득 채웠더니 부은 횟수가 다음과 같았습니다. 컵의 들이가 적은 것부터 차례로 기호를 쓰시오.

컵 종류	㉮	㉯	㉰
부은 횟수(회)	12	9	14

(   )

1-2 주전자, 물병, 냄비에 가득 들어 있는 물을 크기가 같은 컵에 가득 채워 모두 부었더니 주전자는 8컵이 되었고, 물병은 주전자보다 2컵이 적었으며, 냄비는 물병보다 3컵 많았습니다. 주전자, 물병, 냄비 중에서 어느 것의 들이가 가장 많습니까?

(   )

1-3 병에 가득 채워진 물을 ㉮ 그릇에 가득 채워 12번 덜어내면 물이 남지 않습니다. ㉯ 그릇의 들이가 ㉮ 그릇의 들이의 3배일 때, 똑같은 병에 가득 들어 있는 물을 ㉯ 그릇으로 가득 채워 모두 덜어내려면 몇 번 덜어내야 합니까?

(   )

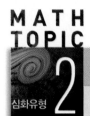
들이의 합과 차 활용하기

양동이에 들어 있는 물 13 L 200 mL 중 7 L 400 mL를 사용하고 9 L 800 mL를 다시 부었습니다. 양동이에 있는 물은 몇 L 몇 mL가 되었습니까?

● 생각하기   (처음 받은 물의 양)−(사용한 물의 양)+(더 부은 물의 양)=(양동이에 있는 물의 양)

● 해결하기   **1단계** 사용한 후의 물의 양 구하기

(처음 양동이에 들어 있던 물의 양)−(사용한 물의 양)

=13 L 200 mL−7 L 400 mL=5 L 800 mL

2단계 더 넣은 후 물의 양 구하기

(사용하고 남은 물의 양)+(더 넣은 물의 양)

=5 L 800 mL+9 L 800 mL=15 L 600 mL

답 15 L 600 mL

2-1 들이가 3 L 700 mL인 그릇에 물을 담아 빈 수조에 넣으려고 합니다. 그릇에 물을 가득 담아 3번 넣었다면 수조에 들어 있는 물은 몇 L 몇 mL입니까?

( )

2-2 우유 5 L 중 어제는 1 L 300 mL를 마셨고, 오늘은 1 L 900 mL를 마셨습니다. 남은 우유는 몇 mL입니까?

( )

2-3 물이 6 L 500 mL 들어 있는 그릇에 4 L 800 mL의 물을 더 넣었습니다. 이 중에서 청소를 하는데 사용하고 남은 물이 4 L 600 mL라면 청소를 하는 데 사용한 물은 몇 L 몇 mL입니까?

( )

MATH
TOPIC
심화유형 **3**

무게 단위 사이의 관계

전체 무게가 5 t보다 무거운 트럭은 지나갈 수 없는 다리가 있습니다. 빈 트럭의 무게가 1 t인 트럭이 이 다리를 건너려면 한 통에 20 kg인 물통을 최대 몇 개까지 실을 수 있습니까?

● 생각하기   1 t＝1000 kg으로 무게의 단위를 한 가지 단위로 통일하여 해결합니다.

● 해결하기   **1단계** 트럭에 실을 수 있는 전체 무게 구하기

5 t＝5000 kg, 1 t＝1000 kg이고 다리를 건너려면 5 t을 넘으면 안 되므로 트럭에 실을 수 있는 짐의 무게는 5000－1000＝4000(kg)입니다.

2단계 실을 수 있는 물통의 개수 구하기

트럭에 4000 kg까지 실을 수 있으므로

(실을 수 있는 물통의 수)＝(실을 수 있는 무게)÷(물통 하나의 무게)

＝4000÷20＝200(개)입니다.

└── 400÷2＝200과 같습니다.

답 200개

3-1　한 개의 무게가 500 g인 음료수를 한 상자에 8개씩 담았습니다. 이 음료수 535상자를 모두 옮기려면 1 t까지 실을 수 있는 트럭은 적어도 몇 대 있어야 합니까?

(   )

3-2　친구들이 슈퍼에서 말하는 내용을 보고 바르게 말한 사람을 찾아 쓰시오.

> 경수: 쌀 10 kg을 2개의 자루에 똑같이 나누어 담으면 쌀 1자루의 무게는 500 g이 되겠네.
> 소희: 300 g에 1500원인 딸기 1 kg 200 g의 가격은 6000원이겠구나.
> 은영: 쇠고기 1 kg 200 g이 9000원이니까 500 g은 4500원이네.

(   )

3-3　1 t까지 실을 수 있는 엘리베이터가 있습니다. 1층에서 한 명의 무게가 60 kg인 어른 6명과 35 kg짜리 상자 15개를 싣고 올라가다 3층에서 어른 2명이 상자 4개를 들고 내렸습니다. 3층부터 이 엘리베이터에 더 실을 수 있는 무게는 몇 kg까지입니까?

(   )

MATH TOPIC 4

심화유형

무게의 합과 차 활용하기

민주네 강아지의 무게는 4200 g이고, 고양이는 강아지보다 1400 g 더 무겁습니다. 민주, 강아지, 고양이가 함께 저울에 올라가 무게를 재어 보니 43 kg 200 g이었습니다. 민주의 몸무게는 몇 kg 몇 g입니까?

● **생각하기** (민주의 몸무게)＝(민주, 강아지, 고양이의 무게)−(강아지의 무게)−(고양이의 무게)

● **해결하기** **1단계** 고양이의 무게 구하기

(고양이의 무게)＝(강아지의 무게)＋1400 g
＝4200 g＋1400 g＝5600 g ➡ 5 kg 600 g

2단계 민주의 몸무게 구하기

강아지의 무게는 4200 g＝4 kg 200 g이고, 고양이의 무게는 5 kg 600 g이므로
(민주의 몸무게)＝43 kg 200 g−4 kg 200 g−5 kg 600 g
＝39 kg−5 kg 600 g＝33 kg 400 g

답 33 kg 400 g

4-1 ㉮, ㉯, ㉰ 농장에서 고구마를 캤습니다. ㉮ 농장에서는 3 t 672 kg을 캤고, ㉯ 농장에서는 4845 kg을 캤습니다. 세 농장에서 캔 고구마의 무게가 모두 11 t일 때, ㉰ 농장에서 캔 고구마는 몇 t 몇 kg입니까?

( )

4-2 채윤이의 몸무게는 32 kg 600 g입니다. 동생의 몸무게는 채윤이의 몸무게보다 4 kg 800 g 더 가볍고, 언니의 몸무게는 채윤이의 몸무게보다 7 kg 500 g 더 무겁습니다. 동생과 언니의 몸무게의 합은 몇 kg 몇 g입니까?

( )

4-3 선경이와 지희의 몸무게의 합은 78 kg 600 g이고, 차는 4 kg 800 g입니다. 선경이가 지희보다 더 무거울 때, 선경이와 지희의 몸무게는 각각 몇 kg 몇 g입니까?

선경 ( )
지희 ( )

저울이 수평을 이룰 때 무게 구하기

감 7개는 사과 8개와 무게가 같고, 사과 4개는 배 3개와 무게가 같습니다. 감 1개의 무게가 200 g이라면 배 6개의 무게는 몇 kg 몇 g입니까? (단, 같은 과일끼리는 무게가 같습니다.)

● 생각하기   저울이 수평을 이룰 때 저울 양쪽에 올려놓은 무게는 같습니다.

● 해결하기   **1단계** 세 과일의 무게 사이의 관계 알아보기

(감 7개의 무게)＝(사과 8개의 무게), (사과 4개의 무게)＝(배 3개의 무게)이므로
(사과 8개의 무게)＝(배 6개의 무게)입니다.

➡ (감 7개의 무게)＝(사과 8개의 무게)＝(배 6개의 무게)

2단계 배 6개의 무게 구하기

감 1개의 무게가 200 g이므로
(배 6개의 무게)＝(감 7개의 무게)＝200 g×7＝1400 g
따라서 배 6개의 무게는 1400 g＝1 kg 400 g입니다.

답 1 kg 400 g

5-1 지우개 5개는 풀 4개와 무게가 같고, 풀 2개는 가위 1개와 무게가 같습니다. 지우개 1개의 무게가 100 g일 때, 가위 1개의 무게는 몇 g입니까? (단, 같은 물건끼리는 무게가 같습니다.)

(   )

5-2 동화책 3권은 과학책 2권과 무게가 같고, 과학책 3권은 위인전 4권과 무게가 같습니다. 동화책 1권의 무게가 400 g일 때 위인전 8권의 무게는 몇 kg 몇 g입니까? (단, 같은 종류의 책끼리는 무게가 같습니다.)

(   )

5-3 자두 32개의 무게는 참외 3개와 사과 4개의 무게의 합과 같고, 사과 2개는 자두 6개와 참외 1개의 합과 같습니다. 사과 1개는 자두 몇 개의 무게와 같습니까? (단, 같은 과일끼리는 무게가 같습니다.)

(   )

MATH TOPIC 6

심화유형

여러 그릇을 이용한 물 담는 방법

들이가 300 mL인 그릇과 500 mL인 그릇을 이용하여 물 100 mL를 담는 방법을 설명하시오.

● **생각하기** 물을 채우고 덜어 내는 과정에서 물의 양의 차를 이용합니다.

● **해결하기** [1단계] 300과 500을 이용하여 100을 만드는 방법 알아보기

300＋300－500＝100임을 이용합니다.

[2단계] 물을 담는 방법 설명하기

① 300 mL 그릇에 물을 가득 채운 후 500 mL 그릇에 붓습니다.

② 다시 300 mL 그릇에 물을 가득 채운 후 500 mL 그릇에 물이 가득 채워질 때까지 부으면 300 mL 그릇에 남은 물은 100 mL입니다.

6-1 들이가 200 mL인 컵과 700 mL인 컵을 이용하여 물 300 mL를 담으려고 합니다. 어떻게 담아야 합니까?

방법 _____

_____

6-2 들이가 450 mL인 그릇으로 물을 가득 채워 4번 부으면 가득 차는 수조가 있습니다. 들이가 700 mL, 500 mL, 300 mL인 세 개의 물통으로 이 수조에 물을 가득 채울 수 있는 방법을 두 가지만 써 보시오.

방법1 _____

_____

_____

방법2 _____

_____

_____

6-3 들이가 3 L인 주전자에 1 L 700 mL의 물이 채워져 있습니다. 들이가 400 mL인 컵과 700 mL인 컵을 이용하여 주전자에 물을 가득 채우려면 어떻게 해야 합니까?

방법 _____

_____

_____

MATH
TOPIC
7
심화유형
정답과 풀이 **51**쪽

S T E
A M 형
■ ● ▲

들이와 무게를 활용한 교과통합유형

수학+사회

송편은 대표적인 추석 음식으로 멥쌀가루를 반죽하여 알맞
은 크기로 떼어낸 다음 소를 넣고 반달 모양으로 빚어 찐 떡
을 말합니다. 송편은 한 해의 수확을 감사하며 조상의 차례
상에 놓았던 명절떡이었으나 요즘에는 계절에 관계없이 먹
습니다. 쌀 9되로 송편을 만들려고 합니다. 멥쌀은 모두 몇
L 준비해야 합니까?

〈송편 재료(쌀 1되 사용시)〉

멥쌀 5컵, 소금 2 큰 술, 쑥 20 g, 끓는 물 1컵,
참기름 2 큰 술, 설탕 4 큰 술, 깨 1컵

〈송편 만드는 방법〉

1. 멥쌀가루에 소금, 쑥, 뜨거운 물을 넣어 반죽한다.
2. 깨와 설탕을 섞어 소를 만든다.
3. 떡 반죽을 밤알 크기로 떼어 둥글게 빚어 가운데에
   소를 넣고 빚는다.
4. 시루나 찜통에 솔잎을 펴 송편을 넣고 찐다.
* 계량 단위 — 1 큰 술 : 15 mL, 1컵 : 200 mL

● 생각하기 쌀 9되로 송편을 만들 때 필요한 멥쌀은 몇 컵인지 알아봅니다.

● 해결하기 1단계 필요한 멥쌀은 몇 컵인지 알아보기

쌀 9되는 쌀 1되의 9배이므로 멥쌀도 5컵의 9배인 [ ]컵이 필요합니다.

2단계 필요한 멥쌀은 몇 mL인지 구하기

1컵이 200 mL이므로 45컵은 200 × 45 = [ ](mL)입니다.

➡ [ ] mL = [ ] L

답 [ ] L

수학+사회

7-1

카카오나무는 초콜릿의 원재료가 되는 카카오 콩이 열리는 식물입
니다. 카카오나무는 4년 정도 자라면 열매를 맺고 한 그루당 30
개 정도의 카카오 콩을 수확할 수 있습니다. 이 카카오 콩의 크기는
20~25 cm정도이며 무게는 300~500 g정도입니다. 카카오 콩 한
개의 무게가 500 g일 때 카카오나무 한 그루에서 수확한 카카오 콩
의 무게는 몇 kg입니까?

( )

분제풀이 농영상

1

수학+과학

한 가지 물질이 다른 물질에 녹는 현상을 용해라고 합니다. 용해되기 전과 후의 무게는 변하지 않는데 이것을 질량 보존의 법칙이라고 합니다. 그림과 같이 물이 든 비커에 오른쪽 소금을 넣었을 때 이 소금물의 무게는 몇 kg 몇 g이 되겠습니까? (단, 저울에 나타난 무게는 물과 소금만의 무게입니다.)

(   )

2

물의 양이 많은 것부터 차례로 기호를 쓰시오.

> ㉠ 3 L 400 mL 그릇에 가득 담겨 있는 물을 900 mL만큼 덜어 냈습니다.
> ㉡ 300 mL 컵에 물을 가득 채워 7번 부었습니다.
> ㉢ 1 L의 물이 들어 있는 물통에 400 mL의 물을 3번 부었습니다.

(   )

3

민서와 친구들이 가지고 있는 과일의 무게를 나타낸 표입니다. 두 사람이 가지고 있는 과일을 함께 담아 3 kg짜리 과일 바구니를 만들려고 합니다. 어느 두 사람의 과일을 함께 담아야 3 kg에 가장 가깝게 담을 수 있습니까? (단, 바구니의 무게는 생각하지 않습니다.)

이름	민서	희진	소라	주영
과일의 무게	1 kg 400 g	2090 g	1900 g	980 g

(,   )

4 간장 2 L 400 mL가 들어 있는 통이 있습니다. 그중 900 mL를 사용하고 다시 1 L 600 mL를 부었다면 통에 들어 있는 간장은 모두 몇 mL입니까?

(   )

5 오른쪽과 같은 무게의 두 물건 ㉮와 ㉯가 있습니다. 무게가 750 g인 빈 상자에 ㉮ 3개, ㉯ 5개를 넣고 포장한다면 포장한 상자의 무게는 몇 kg 몇 g입니까?

(   )

6 2 t까지 실을 수 있는 트럭에 한 상자의 무게가 5 kg인 상자 263개를 실었습니다. 이 트럭에 더 실을 수 있는 상자는 몇 개입니까?

(   )

7 어머니께서 100 g에 800원인 돼지고기 한 근과 100 g에 600원인 시금치 한 근 반을 사 오셨습니다. 어머니께서 사 오신 돼지고기와 시금치의 가격은 모두 얼마입니까? (단, 돼지고기 한 근은 600 g, 시금치 한 근은 400 g입니다.)

(   )

수학+사회

STEAM형 8 ■●▲

칵테일은 술에 과즙 또는 음료 등 여러 가지 재료를 섞어 만든 혼합주입니다. 왼쪽의 재료를 모두 사용하여 준 벅(June Bug)이라는 칵테일을 만들어 잔에 담으려고 합니다. 오른쪽의 잔 중에서 준 벅을 담을 수 있는 잔은 모두 몇 가지입니까?

	리큐어 글라스 (84 mL)	올드 패션드 글라스 (168 mL)	마르가리타 글라스 (308 mL)
<준 벅 재료> 멜론 리큐어 30 mL 말리부 럼 15 mL 크렘 드 바나나 15 mL 레몬 주스 30 mL 파인애플 주스 60 mL	칵테일 글라스 (90 mL)	허리케인 글라스 (250 mL)	아이리시 커피 글라스 (230 mL)

(   )

경시기출문제 9

㉮, ㉯, ㉰, ㉱ 4개의 물통이 있습니다. ㉱에는 2 L 630 mL의 물이 들어 있고 ㉯에는 ㉱보다 870 mL 더 많이 들어 있고, ㉮보다 600 mL가 더 적게 들어 있습니다. ㉰에는 ㉯와 ㉱의 합보다 430 mL가 더 적게 들어 있습니다. 4개의 물통 중에서 물이 가장 많이 들어 있는 물통의 들이는 몇 L 몇 mL입니까?

(   )

10

무게가 150 g, 200 g, 250 g, 350 g인 추가 각각 한 개씩 있습니다. 추와 양팔 저울을 이용하여 무게를 잴 때, 잴 수 <u>없는</u> 물건은 어느 것입니까?

550g	600g	850g	700g
보조가방	도시락	백과사전	책가방

(   )

11 300 mL 컵과 700 mL 컵을 이용하여 물 200 mL를 담으려고 합니다. 어떻게 담아야 합니까?

방법

12 밀가루 한 봉지의 무게는 몇 g입니까? (단, 봉지의 무게는 생각하지 않습니다.)

> (쌀 1봉지)=(보리 2봉지)+400 g
> (보리 1봉지)=(밀가루 1봉지)+600 g
> (쌀 1봉지)=(밀가루 4봉지)+200 g

( )

13 서우, 동욱, 민아가 함께 저울에 올라가 몸무게를 재어 보니 92 kg 200 g이고, 서우와 동욱이가 함께 저울에 올라가 몸무게를 재어 보니 60 kg 400 g이었습니다. 동욱이가 민아보다 1 kg 100 g 더 무거울 때 서우의 몸무게는 몇 kg 몇 g입니까?

( )

경시기출문제 14 화분 1개의 무게는 각각 쇠구슬은 21개, 유리구슬은 35개의 무게와 같습니다. 같은 쇠구슬과 유리구슬로 화분 4개의 무게를 재어 보니 쇠구슬 39개와 유리구슬 몇 개의 무게의 합과 같았습니다. 유리구슬은 몇 개입니까?

(   )

15 1분에 1300 mL의 물이 나오는 수도가 있습니다. 이 수도로 1분에 300 mL씩 물이 새는 들이가 5 L 250 mL인 통에 물을 가득 채우려고 합니다. 이 통에 물을 가득 채우려면 몇 분 몇 초가 걸리겠습니까?

(   )

서술형 16 찬영이가 소포 2개를 보내려고 우체국에 갔습니다. 우체국 직원이 소포 2개의 무게를 더해야 하는데 잘못하여 빼었더니 5 kg 800 g이 되었습니다. 소포 한 개의 무게가 2 kg 600 g일 때, 소포 2개의 무게의 합은 얼마인지 풀이 과정을 쓰고 답을 구하시오.

풀이

답

1 들이가 다음과 같은 컵 3개가 있습니다. 각 컵에 물을 가득 채워 ㉮ 컵으로 4번, ㉯ 컵으로 6번, ㉰ 컵으로 1번 부었더니 물통에 물이 가득 찼습니다. 이 물통에 ㉮ 컵으로 5번, ㉰ 컵으로 3번 물을 가득 채워 부은 후 ㉯ 컵으로 몇 번을 더 부어야 물통에 물이 가득 차게 됩니까?

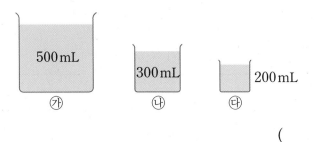

(   )

서술형 2 물통에 들이가 2 L인 그릇으로 물을 가득 채워 7번 부은 다음 들이가 1 L 300 mL 그릇으로 물을 가득 채워 4번 덜어 냈더니 물통에 물이 반이 남았습니다. 이 물통을 가득 채우려면 들이가 3 L인 그릇으로 물을 가득 채워 적어도 몇 번 더 부어야 하는지 풀이 과정을 쓰고 답을 구하시오.

풀이

답

3 양팔 저울과 무게가 1 kg, 3 kg, 9 kg인 추가 각각 하나씩 있습니다. 양팔 저울과 주어진 추들을 이용하여 잴 수 있는 무게는 모두 몇 가지입니까?

(   )

수학+과학

STEAM형 4

벌이 1 kg의 꿀을 얻기 위해서는 560만 개의 꽃을 찾아야 하는데 여왕벌이 사는 벌집 1통에서는 무려 10~13 kg의 꿀을 얻을 수 있습니다. 다음과 같이 벌집 1통에서 얻은 벌꿀을 3개의 병 ㉮, ㉯, ㉰에 나누어 담았습니다. 병 ㉮에 담겨 있는 벌꿀은 몇 kg입니까? (단, 병의 무게는 생각하지 않습니다.)

- ㉮, ㉯, ㉰ 3개의 병에 담겨 있는 꿀을 모두 합하면 12 kg 500 g입니다.
- ㉮ 병에 담겨 있는 꿀은 ㉯ 병보다 1 kg 500 g 더 많습니다.
- ㉯ 병에 담겨 있는 꿀은 ㉰ 병의 2배보다 500 g 더 많습니다.

(   )

5

한 병에 500 mL인 음료수가 있습니다. 음료수를 다 마신 빈 병을 3개 가져가면 새 음료수 1병으로 바꿔 주는 가게가 있습니다. 준영이가 음료수 21병을 살 수 있는 돈으로 마실 수 있는 음료수는 최대 몇 L 몇 mL입니까?

(   )

6

소금, 설탕, 밀가루가 한 봉지씩 있습니다. 이 중에서 두 개씩 저울에 달아 본 무게가 다음과 같았습니다. 소금, 설탕, 밀가루 한 봉지의 무게는 각각 몇 g입니까? (단, 봉지의 무게는 생각하지 않습니다.)

소금 (   ), 설탕 (   ), 밀가루 (   )

7 진수네 목장에는 말 6마리와 소 4마리가 있습니다. 아버지께서 진수에게 말과 소에게 내일 줄 풀을 모아놓으라고 하셨습니다. 말과 소가 먹는 양이 다음과 같을 때 진수가 준비해야 하는 풀의 양은 몇 kg입니까? (단, 말과 소는 하루에 1 kg 단위로 풀을 먹고, 말과 소가 먹는 풀의 양은 각각 일정합니다.)

> • 말 4마리와 소 6마리가 하루에 먹는 풀의 양은 42 kg입니다.
> • 말 7마리와 소 15마리가 하루에 먹는 풀의 양은 87 kg입니다.

(   )

8 다음 그림은 양팔 저울에 각각 강아지, 고양이, 거북을 올려놓고 수평을 맞춰놓은 것입니다. 강아지, 고양이, 거북 한 마리의 무게는 각각 추 몇 개의 무게와 같습니까? (단, 같은 동물끼리는 무게가 같습니다.)

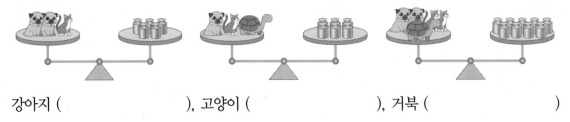

강아지 (   ), 고양이 (   ), 거북 (   )

자료의 정리

100'

70%

그래프의
이해

정보의 전달 방법과 인간의 기억에 관한 연구 결과에 따르면 사람들은 말로만 들었을 때는 100분이 지난 후 4%밖에 기억하지 못한다고 합니다. 하지만 그림으로 본 것은 100분이 지난 후 19%까지 기억할 수 있고, 그림을 보면서 말로 설명을 들은 것은 100분이 지난 후 70%까지 기억한다고 합니다. 자료의 특성에 알맞은 그래프의 선택이 얼마나 중요한지 알려주는 결과라 할 수 있습니다.

그래프를 배우는 이유

뉴스나 신문을 보면 국가의 경제와 사회적 통계, 여론 조사 결과, 의학적인 자료 보고, 산업적 혹은 재정 자료 보고 등이 많이 소개되어 있습니다. 이들 자료를 보면 단순히 숫자나 표로 나타나기도 하지만 그래프를 이용하여 자료를 나타내는 경우도 많이 볼 수 있습니다. 그래프로 나타내어진 자료들이 우리 일상생활에서 많이 사용되기 때문에 우리는 그래프가 전달하는 내용과 그 속에 담긴 의미를 해석할 줄 알아야 합니다. 왜냐하면 그래프 속에는 많은 정보가 들어 있고, 우리는 그 정보를 통해서 여러 가지 판단과 중요한 의사결정을 할 수 있기 때문입니다.

그림그래프란?

그림그래프는 조사한 수를 그림으로 나타낸 그래프인데 여러 가지 통계적 사실을 자료의 특성에 알맞게 나타낼 수 있어 편리합니다. 그러나 그림그래프는 2차원 또는 3차원 이상으로 나타내면 비율이 바르게 전달하지 못하는 단점이 있습니다.

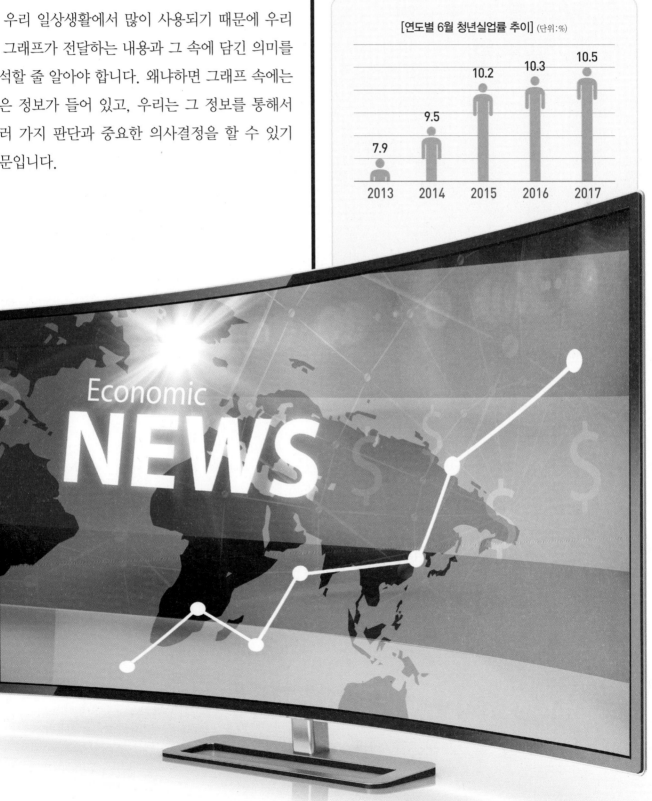

[연도별 6월 청년실업률 추이] (단위:%)

2013	2014	2015	2016	2017
7.9	9.5	10.2	10.3	10.5

1 자료 정리와 그림그래프

❶ 자료 정리하기

조사한 자료를 표로 정리합니다.

좋아하는 계절별 학생 수

봄	가을	여름	여름
가을	봄	봄	겨울
가을	봄	겨울	여름

좋아하는 계절별 학생 수

계절	봄	여름	가을	겨울	합계
학생 수(명)	4	3	3	2	12

표는 각 항목별로 조사한 수와 전체 합계를 알아보기 쉽습니다.

❷ 그림그래프 알아보기

• 그림그래프: 알고자 하는 수(조사한 수)를 그림으로 나타낸 그래프
• 자료의 수량을 자료의 특징에 알맞은 그림의 크기와 개수로 나타내므로 수량의 많고 적음을 쉽게 알 수 있습니다.

마을별 초등학생 수

마을	진달래	무궁화	장미	개나리	합계
학생 수(명)	20	32	16	22	90

마을별 초등학생 수

마을	학생 수
진달래	☺☺
무궁화	☺☺☺☺☺
장미	☺☺☺☺☺☺
개나리	☺☺☺☺

☺10명
☺ 1명

❸ 그림그래프 그리기

① 조사한 내용에 알맞은 그림을 정합니다.
② 단위에 따라 그림의 크기를 다르게 정합니다.　그림의 단위를 정할 때에는 수량이 너무 많아 그리기 불편하거나 비교하기에 어렵지 않도록 합니다.
③ 조사한 수에 알맞은 그림을 그립니다.
④ 그린 그림그래프에 알맞은 제목을 붙입니다.

연결 개념

막대그래프

❶ 막대그래프

• 막대그래프:
조사한 수를 막대로 나타낸 그래프

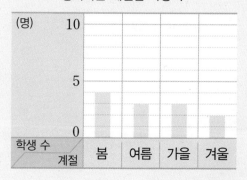

좋아하는 계절별 학생 수

• 막대그래프와 그림그래프의 비교

막대 그래프	•조사한 수를 막대의 길이로 나타냅니다. •항목별 조사한 수의 크기를 한눈에 비교할 수 있습니다.
그림 그래프	•수량의 많고 적음을 한눈에 알아보기 편리합니다. •양이 많은 자료를 나타내기 편리합니다.

BASIC TEST

[1~4] 해림이네 반 학생들이 좋아하는 동물을 조사한 자료입니다. 물음에 답하시오.

좋아하는 동물

사자	사자	코끼리	사자	코끼리
코끼리	사자	원숭이	원숭이	기린
사자	원숭이	코끼리	사자	원숭이
코끼리	기린	기린	사자	코끼리
원숭이	기린	사자	코끼리	원숭이

1 좋아하는 동물별 학생 수를 표로 나타내시오.

좋아하는 동물별 학생 수

동물	사자	원숭이	코끼리	기린	합계
학생 수(명)					

2 가장 많은 학생이 좋아하는 동물은 무엇입니까?

( )

3 혜림이네 반 전체 학생 수는 모두 몇 명입니까?

( )

4 좋아하는 동물별 학생 수를 알아보려고 할 때, 자료와 표 중 어느 것이 더 편리합니까?

( )

[5~7] 과수원별 사과 생산량을 나타낸 표입니다. 물음에 답하시오.

과수원별 사과 생산량

과수원	아름	사랑	열매	풍성	합계
생산량(상자)	120	230	150	300	800

5 표의 내용을 그림그래프로 나타내려고 할 때, 🍎와 🍏는 각각 몇 상자를 나타내는 것이 좋습니까?

🍎 ( )
🍏 ( )

6 각 과수원별 그림그래프에 나타낼 그림의 개수를 빈칸에 써넣으시오.

과수원별 사과 생산량

과수원	아름	사랑	열매	풍성
🍎의 수(개)				
🍏의 수(개)				

7 표를 보고 그림그래프를 완성하시오.

과수원별 사과 생산량

과수원	생산량
아름	
사랑	
열매	
풍성	

🍎 ☐ 상자 🍏 ☐ 상자

그림그래프 알아보기

은정이네 반 학생들이 좋아하는 운동을 조사하여 나타낸 그림그래프입니다. 가장 많은 학생이 좋아하는 운동의 학생 수가 13명일 때, 배구를 좋아하는 학생 수를 구하시오.

좋아하는 운동별 학생 수

운동	학생 수
야구	😊 ◎ ◎ ◎
축구	◎ ◎ ◎ ◎ 😊 ◎ ◎
농구	◎ ◎ ◎ 😊
수영	😊
배구	😊 ◎

😊 □ 명
◎ 1명

● 생각하기 가장 많은 학생이 좋아하는 운동을 찾아 😊이 나타내는 크기를 찾습니다.

● 해결하기 **1단계** 😊이 몇 명을 나타내는지 구하기

그림그래프에서 가장 많은 학생이 좋아하는 운동은 야구로 13명이고, 😊 1개와 ◎ 3개입니다. ◎은 1명을 나타내므로 😊은 10명을 나타냅니다.

2단계 배구를 좋아하는 학생 수 구하기

그림그래프에서 배구를 좋아하는 학생 수는 😊 1개와 ◎ 1개로 나타내었으므로 배구를 좋아하는 학생 수는 11명입니다.
10명 1명

🔲답 11명

1-1 동욱이네 반 학급 문고 149권의 책을 종류별로 조사하여 나타낸 그림그래프입니다. 과학 책이 23권일 때 가장 많은 책은 두 번째로 많은 책보다 몇 권 더 많습니까?

종류별 책의 수

종류	책의 수
동화책	
위인전	📗 📗
과학책	📗 📗 📘 📘 📘
백과사전	📗 📗 📗 📗 📗 📘
동시집	📗 📘 📘 📘 📘
잡지	📗 📘 📘 📘

📗 □ 권
📘 1권

(   )

표와 그림그래프 완성하기

우혁이네 마을의 출근 시간 때의 교통수단별 이용객 수를 조사하여 나타낸 표와 그림그래프입니다. 표와 그림그래프를 완성하시오.

교통수단별 이용객 수

교통 수단	승용차	버스	택시	전철	도보	합계
사람 수(명)	22			35	3	80

교통수단별 이용객 수

교통수단	승용차	버스	택시	전철	도보
사람 수			☺☺☺☺ ☺☺☺		

☺10명 ☺1명

● **생각하기** 표를 보고 그래프의 빈칸을, 그래프를 보고 표의 빈칸을 각각 채웁니다.

● **해결하기** **1단계** 그림그래프를 보고 표 완성하기

그림그래프에서 택시 이용객은 7명이므로 버스 이용객은
$80-(22+7+35+3)=80-67=13$(명)입니다.

2단계 표를 보고 그림그래프 완성하기

그림그래프에 승용차는 ☺ 2개, ☺ 2개, 버스는 ☺ 1개, ☺ 3개, 전철은 ☺ 3개, ☺ 5개, 도보는 ☺ 3개로 나타냅니다.

답 13, 7 /

교통수단	승용차	버스	택시	전철	도보
사람 수	☺☺ ☺☺	☺ ☺☺☺	☺☺☺☺ ☺☺☺	☺☺☺ ☺☺☺☺☺	☺☺☺

2-1 어느 학교의 안경을 쓴 학생 150명의 학년별 학생 수를 조사하여 나타낸 표와 그림그래프입니다. 표와 그림그래프를 완성하시오.

학년별 안경을 쓴 학생 수

학년	3학년	4학년	5학년	6학년	합계
학생 수(명)		40	43		150

학년별 안경을 쓴 학생 수

학년	3학년	4학년	5학년	6학년
학생 수	☺☺☺ ☺☺			

☺10명 ☺1명

그림그래프 해석하기

어느 학교 3학년 학생들의 요일별 도서관 방문 학생 수를 나타낸 그림그래프입니다.
다음 중 바르게 설명한 것을 모두 찾아 기호를 쓰시오.

요일별 도서관 방문 학생 수

남학생		여학생
👤	월	👤👤👤👤
👤👤👤👤👤👤👤👤	화	👤👤👤👤👤👤
👤👤👤👤👤👤👤👤👤	수	👤👤👤👤👤👤👤👤
👤👤👤	목	👤👤👤👤
👤👤👤👤👤👤	금	👤👤👤👤

👤10명 👤1명

> ㉠ 남학생이 가장 많이 방문한 요일은 목요일입니다.
> ㉡ 여학생보다 남학생이 도서관에 더 많이 방문했습니다.
> ㉢ 가장 많은 학생이 방문한 날은 금요일입니다.
> ㉣ 남학생이 여학생보다 더 많이 방문한 요일은 없습니다.

● 생각하기　요일별, 성별 방문한 학생 수를 알아봅니다.

● 해결하기　**1단계** 요일별, 성별로 각각 방문한 학생 수 구하기

	월	화	수	목	금	합계
남학생(명)	10	17	9	21	16	73
여학생(명)	21	16	26	14	24	101
합계	31	33	35	35	40	174

2단계 바르게 설명한 것 찾기

㉠ 남학생이 가장 많이 방문한 날은 21명이 방문한 목요일입니다.
㉡ 도서관을 방문한 남학생은 73명, 여학생은 101명으로 여학생이 더 많이 방문했습니다.
㉢ 가장 많은 학생이 방문한 날은 40명이 방문한 금요일입니다.
㉣ 화요일과 목요일에는 남학생이 여학생보다 더 많이 방문했습니다.
따라서 바르게 설명한 것은 ㉠, ㉢입니다.

답 ㉠, ㉢

3-1 위의 그림그래프를 보고 바르게 설명한 것을 찾아 기호를 쓰시오.

> ㉠ 가장 적은 학생이 방문한 날은 목요일입니다.
> ㉡ 금요일에 방문한 학생 수는 화요일에 방문한 학생 수보다 5명 더 많습니다.
> ㉢ 수요일에 방문한 남학생 수는 여학생 수보다 17명 더 적습니다.
> ㉣ 5일 동안 도서관에 방문한 학생 수는 174명입니다.

(　　　　　　)

MATH TOPIC 4 심화유형

여러 가지 단위로 나타내기

다음은 지훈이네 집에서 일주일 동안 사용한 물의 양을 나타낸 그림그래프입니다.
왼쪽 그림그래프를 보고 주어진 그림을 사용하여 오른쪽 그림그래프를 완성하시오.

(단, 그림을 가장 적게 사용하여 나타냅니다.)

지훈이네 물 사용량

사용한 곳	물 사용량
요리	○○○○○○○○○○
손 씻기	○○○○○○○
샤워	○○○○○○○○
빨래	○○○○○○○○○
화장실 청소	○○○○○

○10L ○1L

지훈이네 물 사용량

사용한 곳	물 사용량
요리	
손 씻기	
샤워	
빨래	
화장실 청소	

□20L △5L ☆2L

● **생각하기** 사용한 곳에 따른 물 사용량을 구합니다.

● **해결하기** **1단계** 사용한 곳에 따른 물 사용량 구하기

(요리)=28 L, (손 씻기)=7 L, (샤워)=35 L, (빨래)=45 L, (화장실 청소)=50 L

2단계 주어진 그림의 크기에 따라 그림그래프 그리기

단위를 다양하게 하여 최대한 간단하게
그림그래프를 그립니다.

답

사용한 곳	물 사용량
요리	□☆☆☆☆
손 씻기	△☆
샤워	□△△△
빨래	□□△
화장실 청소	□□△△

4-1

다음은 월별 손난로 판매량을 조사하여 서로 다른 단위로 나타낸 그림그래프입니다. 2월의
손난로 판매량은 12월보다 100개 더 많다고 할 때, 두 그림그래프 (가) (나)를 완성하시오.

(가) 월별 손난로 판매량

월	판매량
11	○○○○○ ○○
12	○○○○○
1	
2	

○50개 ○10개

(나) 월별 손난로 판매량

월	판매량
11	◉◉○○
12	
1	◉◉◉◉○○
2	

◉100개 ○50개 ○10개

조건에 맞는 그림그래프 그리기

다음은 어느 마을 사람들의 여가 활동을 조사하여 나타낸 그림그래프입니다. 조건에 맞게 그림그래프를 완성하시오.

여가 활동별 사람 수

순위	여가 활동	사람 수
1	TV 시청	
2	휴식	☺☺☺☺◦◦
3	운동	
4	컴퓨터	☺◦◦◦◦◦◦

☺10명 ◦1명

• 마을 전체 사람 수는 144명입니다.
• 여가 활동이 TV 시청인 사람 수는 휴식인 사람 수와 운동인 사람 수의 합과 같습니다.

● 생각하기   조건을 이용하여 여가 활동이 TV 시청과 운동인 사람 수를 구합니다.

● 해결하기   **1단계** □를 이용하여 여가 활동이 TV 시청인 사람 수 나타내기

여가 활동이 운동인 사람 수를 □라 하면 (TV 시청)=(휴식)+(운동)=42+□

2단계 여가 활동이 TV 시청과 운동인 사람 수 구하기

마을 전체 사람 수는 144명이므로 (42+□)+42+□+16=144,
□+□=144−42−42−16, □+□=44, □=22

따라서 여가 활동이 운동인 사람 수는 22명이고, TV 시청인 사람 수는
42+22=64(명)입니다.

답

순위	여가 활동	사람 수
1	TV 시청	☺☺☺☺☺☺◦◦◦◦
2	휴식	☺☺☺☺◦◦
3	운동	☺☺◦◦
4	컴퓨터	☺◦◦◦◦◦◦

5-1   다음은 우리나라 사람 한 명이 1년 동안 소비하는 고기의 양을 나타낸 그림그래프입니다. 조건에 맞게 그림그래프를 완성하시오.

1년 동안 소비하는 고기의 양

종류	고기의 양
닭	
돼지	□□□□
소	
오리	

□5kg □1kg

• 닭의 소비량은 돼지의 소비량의 $\frac{1}{2}$ 입니다.

• 소의 소비량은 닭의 소비량보다 $\frac{1}{10}$ 만큼 적습니다.

• 전체 고기의 소비량은 45 kg입니다.

그림그래프를 활용한 교과통합유형

수학+음악

오케스트라는 목관 악기, 금관 악기, 타악기, 현악기가 한데 모여 연주하는 형태입니다. 악기들은 종류에 따라 4개의 군으로 이루어져 있습니다. 제1군은 현악기군, 제2군은 목관 악기군, 제3군은 금관 악기군, 제4군은 타악기군으로 구성되어 있습니다. 다음은 어느 오케스트라의 편성입니다. 군으로 분류하여 나타낸 그림그래프를 보고 빈 곳에 놓일 첼로의 수를 구하시오.

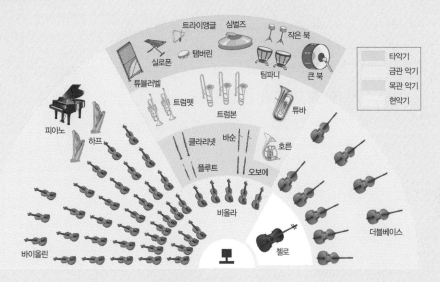

군별 악기 수

군	악기 수	
제1군	𝄞 𝄞 𝄞 𝄞 𝄞 𝄞 𝄞 𝄞 𝄞 𝄞 𝄞 𝄞	
제2군	𝄞 𝄞 𝄞 𝄞 𝄞 𝄞 𝄞 𝄞	𝄞 10개
제3군	𝄞 𝄞 𝄞 𝄞 𝄞 𝄞 𝄞	𝄞 1개
제4군	𝄞	

● 생각하기   첼로는 현악기군에 속하는 악기로 제1군인 현악기군의 전체 악기 수를 세어 봅니다.

● 해결하기   1단계 그림그래프에서 현악기군의 악기 수 알아보기

현악기군의 악기는 큰 그림이 5개, 작은 그림이 7개이므로 ☐개입니다.

2단계 첼로의 수 구하기

오케스트라의 편성에서 현악기군인 바이올린과 비올라, 더블베이스, 피아노, 하프의 수를 각각 세어 보면 바이올린 35개, 비올라 ☐개, 더블베이스 ☐개, 피아노 ☐개, 하프 ☐개입니다.

따라서 첼로는 ☐ − 35 − ☐ − ☐ − ☐ − ☐ = ☐ (개)입니다.

답 ☐개

[1~2] 지영이네 반 친구들이 좋아하는 과일을 조사하여 나타낸 그림그래프입니다. 물음에 답하시오.

과일별 좋아하는 학생 수

과일	학생 수
사과	☺ ☺ ☻
포도	☺ ☻ ☻ ☻
귤	☺ ☺ ☺ ☺ ☺ ☺ ☻
복숭아	☺

☺ ☐명
☻ 1명

1 그림그래프를 보고 표를 완성하시오.

과일별 좋아하는 학생 수

과일	사과	포도	귤	복숭아	합계
학생 수(명)		13			

2 가장 많은 학생이 좋아하는 과일과 두 번째로 많은 학생이 좋아하는 과일의 학생 수의 차는 몇 명입니까?

(   )

서술형 **3** 자료를 항목별로 수량의 많고 적음을 한눈에 비교하고 싶을 때 그림그래프와 표 중 무엇이 더 편리한지 쓰고 그 이유를 설명하시오.

(   )

이유

4 오른쪽은 마을별 소나무 수를 조사하여 나타낸 그림그래프입니다. 가와 나 마을의 소나무 수와 나, 라, 마 마을의 소나무 수는 같습니다. 라 마을의 소나무 수를 구하시오.

(   )

마을별 소나무 수

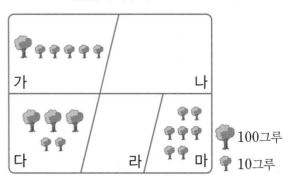

🌲100그루
🌲10그루

5 영수네 반 학생 34명이 좋아하는 색깔을 조사하여 나타낸 그림그래프입니다. 파란색을 좋아하는 학생은 주황색을 좋아하는 학생의 $\frac{2}{3}$일 때, 초록색을 좋아하는 학생은 몇 명입니까?

색깔별 좋아하는 학생 수

색깔	빨강색	주황색	파란색	초록색	보라색
학생 수	◎◉	◎◎◎			◎◎◉

◎3명 ◉1명

(   )

수학＋사회

6 우리나라 국민 1인당 하루 쌀 소비량을 연도별로 조사하여 나타낸 그림그래프입니다. 2010년의 1인당 하루 쌀 소비량이 2005년보다 22 g이 줄어들었을 때 2010년과 2012년의 1인당 하루 쌀 소비량의 차는 몇 g입니까?

1인당 하루 쌀 소비량 계속 줄어
통계청 조사 결과에 따르면 우리나라 국민의 2013년 1인당 하루 쌀 소비량은 184 g에 불과하며 전년도에 비해 7 g이 감소한 것이다. 이는 경제성장에 따른 식습관의 서구화로 밥에 대한 의존도가 떨어진 것이 쌀 소비량 감소에 영향을 준 것으로 보인다.

1인당 하루 쌀 소비량

연도	쌀 소비량
2000년	🍚🍚 🍚🍚🍚🍚🍚🍚🍚🍚🍚🍚
2005년	🍚🍚 🍚🍚🍚 🍚
2010년	
2012년	

🍚100g 🍚10g 🍚1g

(   )

7 다음은 유진이네 학교 3학년 1반과 2반의 체험학습 장소별 학생 수를 조사하여 나타낸 그림그래프입니다. 두 반의 전체 학생 수는 84명이고 2반이 1반보다 8명 더 많을 때, 각 반에서 더 많은 학생이 가는 체험학습 장소는 각각 어디입니까?

체험학습 장소별 학생 수

반	장소	학생 수
1반	박물관	
	민속촌	☺☺
2반	북한산	
	미술관	☺☺◦◦

☺10명
◦1명

1반 (   ), 2반 (   )

수학+과학

STEAM형
■●▲

[8~9] 지구의 기온이 점점 높아지는 지구온난화 현상의 원인에는 온실가스가 있습니다. 온실가스에는 이산화탄소, 메탄, 아산화질소, 기타가 있습니다. 전체 온실가스 배출량을 100이라 할 때, 온실가스별 배출량을 나타낸 표를 보고 물음에 답하시오.

온실가스별 배출량

온실가스	이산화탄소	메탄	아산화질소	기타	합계
배출량	77		8		100

8 온실가스별 배출량을 그림그래프로 나타내시오.

온실가스별 배출량

온실가스	배출량
이산화탄소	
메탄	
아산화질소	
기타	🌐

🌐10
🌐1

9 온실가스 배출량이 가장 많은 가스와 두 번째로 많은 가스의 배출량의 합은 얼마입니까?

(   )

10 화영이네 학교 3학년 학생들이 다니는 학원을 조사하여 나타낸 그림그래프입니다. 다음 중 바르게 설명한 것을 모두 찾아 기호를 쓰시오.

학원별 학생 수

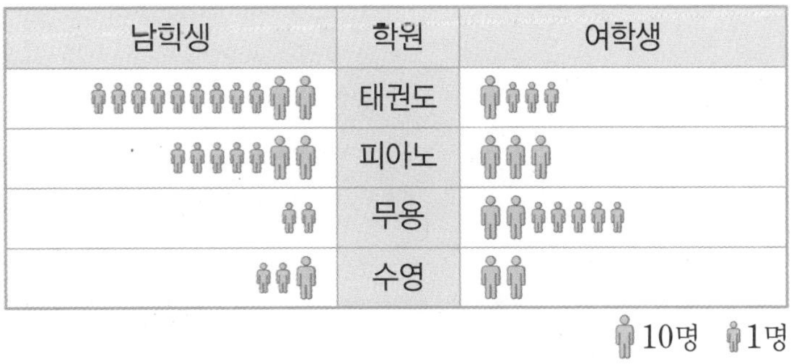
남학생
학원
여학생
태권도
피아노
무용
수영
10명
1명

㉠ 남학생은 태권도 학원을 여학생은 무용 학원을 가장 많이 다닙니다.
㉡ 남학생보다 여학생이 학원을 더 많이 다닙니다.
㉢ 여학생이 가장 적게 다니는 학원은 무용 학원입니다.
㉣ 가장 많은 학생이 다니는 학원은 피아노 학원입니다.

( )

[11~12] 종수네 동네 서점에 있는 책을 종류별로 조사하여 나타낸 그림그래프입니다. 물음에 답하시오.

종류별 책 수

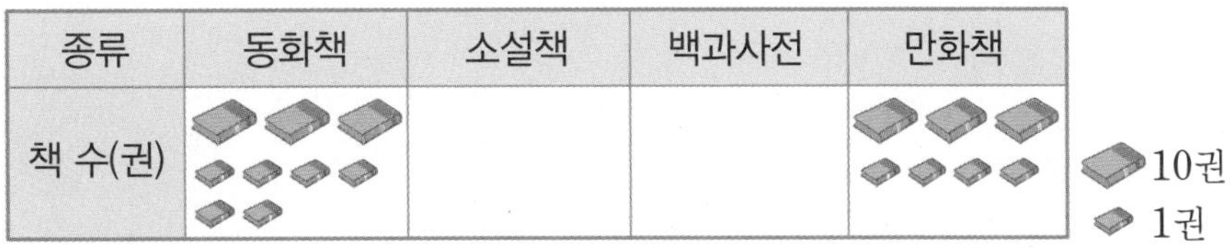
종류
동화책
소설책
백과사전
만화책
책 수(권)
10권
1권

11 소설책의 수는 동화책 수의 절반이고 백과사전의 수는 만화책 수의 2배보다 9권 적다고 합니다. 소설책과 백과사전은 각각 몇 권입니까?

소설책 ( ), 백과사전 ( )

12 네 종류의 책을 종류에 상관없이 5권씩 묶어 팔려고 합니다. 5권짜리 한 묶음은 10000원, 묶고 남은 책은 한 권에 2000원씩 받아 모두 팔았다면 판매 금액은 얼마입니까?

( )

[13~14] 어느 분식점의 요일별 팔린 김밥 수를 조사하여 나타낸 그림그래프입니다. 월요일에는 화요일 판매량의 $\frac{5}{9}$만큼 팔았고, 수요일에는 월요일과 화요일의 판매량을 합한 수의 $\frac{2}{7}$를 팔았습니다. 목요일의 판매량은 전체 판매량의 $\frac{1}{5}$일 때, 물음에 답하시오.

요일별 김밥 판매량

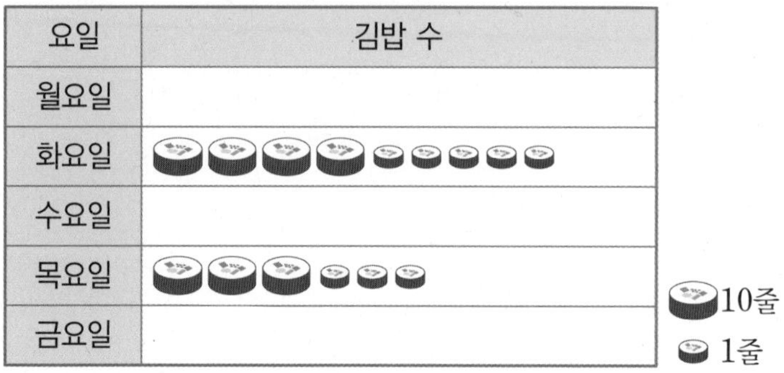

요일	김밥 수
월요일	
화요일	🍙🍙🍙🍙🍥🍥🍥🍥
수요일	
목요일	🍙🍙🍙🍥🍥🍥
금요일	

🍙 10줄
🍥 1줄

13 위의 그림그래프를 완성하시오.

서술형 **14** 이 분식점에서는 어느 요일에 김밥 재료를 가장 많이 준비하는 것이 좋을지 풀이 과정을 쓰고 답을 구하시오.

풀이 ....

....

....

답 ....

15 오른쪽은 어느 주스 가게의 종류별 주스 판매량을 나타낸 그림그래프입니다. 키위 주스를 210잔 팔았고 모든 주스의 가격이 1000원이라면 네 종류의 주스를 모두 판매한 가격은 얼마입니까?

(   )

종류별 주스 판매량

종류	판매량
딸기	🥤🥛🥛🥛🥛
키위	🥤🥛🥛🥛
오렌지	🥤🥛🥛🥛🥛
자몽	🥤🥛🥛🥛

문제풀이 동영상

1 어느 미술관에 하루 동안 방문한 학생 수를 학교별로 조사하여 나타낸 그림그래프입니다. 주어진 조건 에 맞도록 그림그래프를 완성하시오.

조건

㉠ 미술관을 방문한 유치원생은 160명입니다.

㉡ 미술관을 방문한 초등학생 수는 고등학생 수의 2배입니다.

㉢ 미술관을 방문한 학생은 모두 1340명입니다.

학교별 방문한 학생 수

학교	학생 수
유치원	
초등학교	
중학교	👤👤👤👤👤👤👤
고등학교	

👤100명 👤10명

2 다음 표에서 1가지 색깔을 좋아하는 학생은 5명, 2가지 색깔을 좋아하는 학생은 7명, 3가지 색깔을 좋아하는 학생은 8명, 4가지 색깔을 모두 좋아하는 학생은 6명입니다. 파란색을 좋아하는 학생은 몇 명입니까?

좋아하는 색깔별 학생 수

색깔	학생 수
노랑	😀 😀 🙂 🙂
빨강	😀 😀 😀 🙂 🙂 🙂
분홍	😀 😀 😀
파랑	

😀5명
🙂1명

( )

[3~4] 다음은 빵집별 식빵을 만드는 데 필요한 밀가루 사용량을 조사하여 나타낸 그림그래프입니다. 물음에 답하시오.

빵집별 밀가루 사용량

빵집	사용량
가	
나	
다	
라	

100 kg
10 kg
1 kg

3 밀가루 1 kg당 식빵 2개를 만든다면 라 빵집에서 만든 식빵의 수는 가 빵집에서 만든 식빵의 수보다 몇 개 더 많습니까?

( )

4 가, 나, 다, 라 빵집에서 밀가루를 가장 많이 사용하는 빵집과 가장 적게 사용하는 빵집의 밀가루 사용량의 차가 95 kg이라고 합니다. 네 빵집에서 사용하는 밀가루 양의 합이 가장 많을 때는 ■ kg, 가장 적을 때는 ▲ kg일 때, ■＋▲는 몇 t 몇 kg입니까?

( )

서술형 5

수아네 모둠 친구들이 각각 10개의 고리를 던졌을 때, 걸리지 않은 고리의 수를 조사하여 나타낸 그림그래프입니다. 걸린 고리는 한 개에 7점씩 주고, 걸리지 않은 고리는 한 개에 3점씩 감점할 때, 점수가 가장 높은 사람은 누구이고 몇 점인지 풀이 과정을 쓰고 답을 구하시오.

학생별 걸리지 않은 고리 수

이름	수아	성균	장호	민정	소라

◯ 5개
◎ 1개

풀이 ....

....

....

답 _____ , _____

6

가 마을과 나 마을의 나이대별 자전거를 타는 사람 수를 조사하여 나타낸 그림그래프입니다. 다음 중 바르게 설명한 것을 찾아 기호를 쓰시오.

가 마을에서 자전거를 타는 사람 수

나이	사람 수
10대	
20대	
30대	
40대	

나 마을에서 자전거를 타는 사람 수

나이	사람 수
10대	
20대	
30대	
40대	

😊100명 ◎10명

㉠ 가 마을보다 나 마을에 자전거를 타는 사람이 더 많습니다.

㉡ 20대에서 자전거를 타는 사람 수는 가 마을이 나 마을의 $\frac{1}{4}$ 입니다.

㉢ 30대와 40대에서 자전거를 타는 사람 수의 합은 가 마을보다 나 마을이 더 많습니다.

㉣ 각 나이대별 자전거를 타는 사람 수는 나 마을이 가 마을보다 더 많습니다.

(   )

연필 없이 생각 톡

아래 주어진 도형을 이용하여 각 세로줄과 가로줄에 주어진 도형이 1번씩만
나타나도록 나열한 것을 라틴 사각형 또는 라틴 방진이라고 합니다.
다음 주어진 라틴 사각형을 채워보세요.
(단, 대각선은 생각하지 않습니다.)

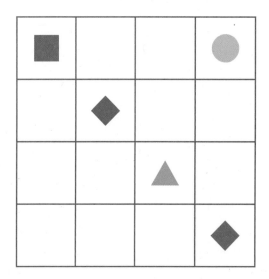

상위권의 기준
최상위
사고력

상위권을 위한
사고력
생각하는 방법도
최상위!

수능까지 연결되는 독해 로드맵

디딤돌 독해력은 수능까지 연결되는 체계적인 라인업을 통하여

수능에서 요구하는 핵심 독해 원리에 대한 이해는 물론,

단계 별로 심화되며 연결되는 학습의 과정을 통해

깊이 있고 종합적인 독해 사고의 능력까지 기를 수 있도록 도와줍니다.

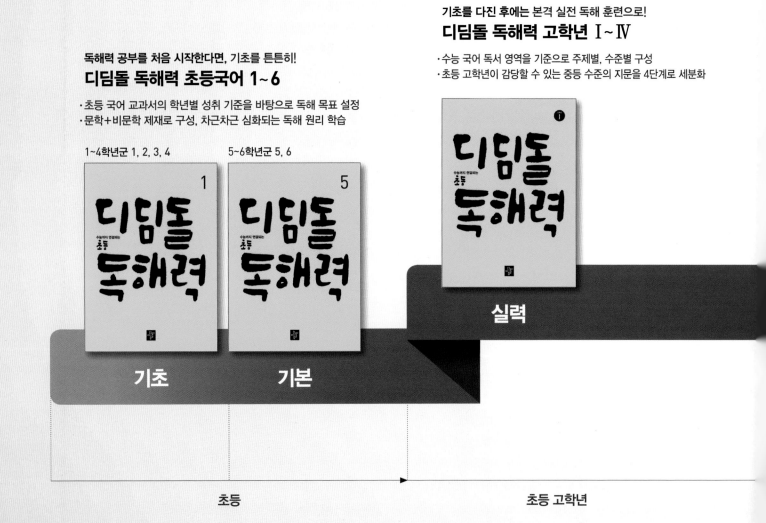

기초를 다진 후에는 본격 실전 독해 훈련으로!
디딤돌 독해력 고학년 I ~ IV

· 수능 국어 독서 영역을 기준으로 주제별, 수준별 구성
· 초등 고학년이 감당할 수 있는 중등 수준의 지문을 4단계로 세분화

독해력 공부를 처음 시작한다면, 기초를 튼튼히!
디딤돌 독해력 초등국어 1~6

· 초등 국어 교과서의 학년별 성취 기준을 바탕으로 독해 목표 설정
· 문학+비문학 제재로 구성, 차근차근 심화되는 독해 원리 학습

1~4학년군 1, 2, 3, 4   5~6학년군 5, 6

실력

기초   **기본**

초등   초등 고학년

정답과 풀이

3·2

상위권의 기준

최상위
수학

수학 좀 한다면

SPEED 정답 체크

1 곱셈

⊙ BASIC TEST

1 (세 자리 수)×(한 자리 수) |11쪽

1 $134×5=670$ / 670   **2** 684개

3 4053개   **4** (1) 6 (2) 9

5 910개   **6** $632×7=4424$ / 4424

2 (두 자리 수)×(두 자리 수) |13쪽

1 (위에서부터) 30, 10

2 (1) 4, 4, 280, 112, 392 (2) 8, 8, 280, 112, 392

 (3) 8, 4, 4, 8, 8, 4, 200, 80, 80, 32, 392

3 (위에서부터) 9, 6, 4, 5, 7, 6

4 1026   **5** 9   **6** 1786

MATH TOPIC 14~20쪽

1-1 1053개   **1-2** 204명   **1-3** 5050원

2-1 4500 m   **2-2** 504개   **2-3** 408 m

3-1 914 cm   **3-2** 2850 cm

4-1 6   **4-2** 26   **4-3** 22

5-1 3840   **5-2** 440   **5-3** 7

6-1 9, 6, 4   **6-2** 2, 8, 7 / 2, 8, 7

6-3 예 $60×42=2520$

심화**7** 60, 60, 8, 480, 2, 480, 480, 2, 960 / 960

7-1 924 kcal

⚡ LEVEL UP TEST 21~25쪽

1 252 cm   **2** 7   **3** 720 mm

4 1612권   **5** 약 770만 km^2 **6** 57

7 18, 19   **8** 80원   **9** 1024번

10 990   **11** 213개   **12** 1275

13 3076   **14** 426 L   **15** 4

16 2025번

⚡ HIGH LEVEL 26~28쪽

1 400   **2** 22번

3 11, 12, 13, 14, 15, 16   **4** 235

5 2926   **6** 481장   **7** 3000개

8 515

2 나눗셈

⊙ BASIC TEST

1 (몇십몇)÷(몇) (1) |33쪽

1 ④   **2** $2×24=48$

3 5   **4** $90÷6=15$ / 15개

5 23개   **6** 48자루

2 (몇십몇)÷(몇) (2) |35쪽

1 ㉢

2
$$
\begin{array}{r}
1\,3 \\
6\,\overline{)\,8\,2} \\
6 \\
\hline
2\,2 \\
1\,8 \\
\hline
4 \\
\end{array}
$$

3 □÷5에 ○표

4 1, 2, 3, 4, 5   **5** 2개   **6** 13명, 2개

3 (세 자리 수)÷(한 자리 수), 나눗셈의 활용 |37쪽

1 27 / 6 / $7×27+6=195$ **2** 38 cm

3 40개   **4** 197

5 23 cm   **6** 3, 8

7 154장

MATH TOPIC　　　38~44쪽

1-1 78, 84　　**1-2** 3개　　**1-3** 2개

2-1 21　　**2-2** 3 / 4　　**2-3** 1 / 3

3-1 13개　　**3-2** 10그루　　**3-3** 66명

4-1 5자루　　**4-2** 12개　　**4-3** 20일

5-1 4가지　　**5-2** 4가지　　**5-3** 36

6-1 흰 바둑돌　　**6-2** 2　　**6-3** 가지

심화**7**　7, 52, 7, 52, 7, 7, 7, 3, 7/ 7

7-1 36 kg

LEVEL UP TEST　　　45~49쪽

1 5개　　　　　**2** (위에서부터) 2, 4, 6, 4, 1, 2

3 2, 8　　　　**4** 14 / 3　　　　**5** 20번

6 89　　　　　**7** 110 L　　　　**8** 4개

9 1　　　　　**10** 2　　　　　**11** 13 cm

12 63　　　　**13** 2가지　　　**14** 12 cm

15 86　　　　**16** 112개　　　**17** 77

HIGH LEVEL　　　50~52쪽

1 90　　　　　**2** 3개　　　　　**3** 16 cm

4 50명　　　　**5** 119　　　　　**6** 145개

7 7명, 53전　　**8** 54개

9 1520, 3040, 4560, 6080

3 원

🔘 BASIC TEST

1 원의 중심, 반지름, 지름　　　57쪽

1 선분 ㅇㄱ, 선분 ㅇㄷ, 선분 ㅇㅂ / 선분 ㄷㅂ

2 4 cm / 2 cm　**3** 5 cm　　　**4** 14 cm

5 ㉠, ㉢　　　　**6** 6배

2 여러 가지 모양 그리기　　　59쪽

1 20 cm

4 2개

5 예) 원의 중심은 같고, 반지름이 모눈 1칸씩 늘어나는 규칙입니다.

6 18 cm

MATH TOPIC　　　60~66쪽

1-1 3개　　　**1-2** 5개　　　**1-3** 10개

2-1 ㉠　　　　**2-2** ㉢, ㉣　　**2-3** 45 mm

3-1 4 cm　　　**3-2** 6 cm　　　**3-3** 3 cm

4-1 28 cm　　**4-2** 20 cm　　**4-3** 58 cm

5-1 11 cm　　**5-2** 16 cm　　**5-3** 194 cm

6-1 6개　　　**6-2** 140 cm　　**6-3** 11번

심화**7**　350, 20, 210, 210, 35 / 35

7-1 8개

LEVEL UP TEST　　　67~71쪽

1 ㉡　　　　　**2** 다, 25 cm　　**3** 점 ㄱ, 점 ㄷ

4 52 cm　　　**5** 10 cm

6 예) 원의 중심이 변하고 원의 반지름이 점점 커지는 규칙입니다.

7 6개　　　　**8** 2 cm　　　　**9** 135 cm

10 240 cm　　**11** 4 cm　　　**12** 80개

13 12 cm　　　**14** 12 cm　　　**15** 99 cm

16 10 cm　　　**17** 64 cm

1 72 cm   **2** 96 cm   **3** 64 cm

4 56 cm   **5** 8 cm   **6** 83개

7 40 cm   **8** 7개

4 분수

◎ BASIC TEST

1 분수로 나타내기   79쪽

1 (1) $\dfrac{2}{4}$ (2) $\dfrac{2}{3}$

2 $\dfrac{1}{3}$ $\dfrac{2}{3}$, $\dfrac{2}{3}$, $\dfrac{4}{6}$

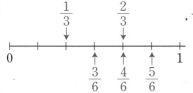

$\dfrac{3}{6}$ $\dfrac{4}{6}$ $\dfrac{5}{6}$

3 $\dfrac{3}{7}$

4 (1) 예  (2) 예

5 ㉠ 36, ㉡ 10   **6** 12 m

2 분수의 종류와 크기 비교하기   81쪽

1 ③   **2** (1) = (2) >   **3** $\dfrac{3}{20}$ kg

4 ㉡, ㉣, ㉢, ㉠   **5** 8, $\dfrac{53}{9}$ **6** 16개

MATH TOPIC   82~89쪽

1-1 5   **1-2** 24   **1-3** 35

2-1 15개   **2-2** 7명   **2-3** 10시간

3-1 9개   **3-2** 9개   **3-3** 12개

4-1 $\dfrac{7}{17}$ **4-2** $\dfrac{10}{2}$, $\dfrac{9}{3}$, $\dfrac{8}{4}$, $\dfrac{7}{5}$, $\dfrac{6}{6}$

4-3 3개

5-1 $\dfrac{29}{5}$ **5-2** 21개   **5-3** 1, 2, 3

6-1 4, 5, 6   **6-2** 23

6-3 44, 45, 46, 47, 48

7-1 $\dfrac{41}{8}$ **7-2** $\dfrac{7}{17}$

심화8 80, 80, 10, 10, $\dfrac{10}{90}$($\dfrac{1}{9}$), $\dfrac{10}{90}$($\dfrac{1}{9}$) / $\dfrac{10}{90}$($\dfrac{1}{9}$)

8-1 255050000 km²

⚡ LEVEL UP TEST   90~94쪽

1 16   **2** ㉠ $4\dfrac{3}{8}$, ㉡ $5\dfrac{4}{8}$ **3** 9개

4 13개   **5** $\dfrac{1}{8}$ **6** 6개

7 18개   **8** $\dfrac{5}{4}$ (또는 $1\dfrac{1}{4}$)   **9** 15마리

10 8   **11** $5\dfrac{7}{10}$ **12** 미현

13 $7\dfrac{1}{2}$ **14** 41개

15 19, 25, 31, 37   **16** 60   **17** $16\dfrac{4}{7}$

18 195쪽

⚡ HIGH LEVEL   95~97쪽

1 사과, 5개   **2** $\dfrac{1}{90}$ **3** $\dfrac{19}{5}$

4 180 kg   **5** $22\dfrac{8}{9}$ **6** 2016개

7 216장   **8** 560 cm   **9** 6

5 들이와 무게

◎ BASIC TEST

1 들이 알아보기   103쪽

1 혜연   **2** ㉢, ㉡, ㉠, ㉣   **3** 300 mL

4 (1) >   (2) <   **5** 4 L 700 mL   **6** 2 L 400 mL

2 무게 알아보기   105쪽

1 배, 오렌지, 사과   **2** ㉢, ㉡, ㉣, ㉠

3 합 65 kg, 차 21 kg 400 g   **4** ㉡

5 4 t 435 kg   **6** 150 g

MATH TOPIC   106~112쪽

1-1 ㉲, ㉮, ㉯   **1-2** 냄비   **1-3** 4번

2-1 11 L 100 mL   **2-2** 1800 mL

2-3 6 L 700 mL

3-1 3대   **3-2** 소희   **3-3** 375 kg

4-1 2 t 483 kg   **4-2** 67 kg 900 g

4-3 41 kg 700 g / 36 kg 900 g

5-1 250 g   **5-2** 3 kg 600 g   **5-3** 5개

6-1 예 700 mL 컵에 가득 채운 물을 200 mL 컵으로 가득 따라 2번 덜어냅니다. 그러면 700 mL 컵에 남은 물이 300 mL입니다.

6-2 예 수조의 들이는 $450 \times 4 = 1800$(mL)입니다.
$700 + 500 + 300 + 300 = 1800$이므로 각 물통에 물을 가득 채워 700 mL 물통으로 1번, 500 mL 물통으로 1번, 300 mL 물통으로 2번 붓습니다.
예 수조의 들이는 $450 \times 4 = 1800$(mL)입니다.
$500 + 500 + 500 + 300 = 1800$이므로 각 물통에 물을 가득 채워 500 mL 물통으로 3번, 300 mL 물통으로 1번 붓습니다.

6-3 예 ① 주전자의 물을 700 mL 컵으로 가득 채워 버리면 주전자에 남은 물은 1 L입니다.
② 주전자에 물 2 L를 더 부어야 가득차므로 400 mL 컵으로 가득 채워 주전자에 5번 붓습니다.

심화7 45, 9000, 9000, 9 / 9

7-1 15 kg

✕ LEVEL UP TEST   113~117쪽

1 1 kg 50 g   **2** ㉠, ㉢, ㉡   **3** 희진, 주영

4 3100 mL   **5** 10 kg 200 g   **6** 137개

7 8400원   **8** 4가지   **9** 5 L 700 mL

10 백과사전

11 예 300 mL 컵에 물을 가득 채운 후 700 mL 컵에 2번 붓습니다. 다시 300 mL 컵에 물을 가득 채운 후에 700 mL 컵에 가득 채워질 때까지 부으면 300 mL 컵에 200 mL의 물이 남습니다.

12 700 g   **13** 27 kg 500 g   **14** 75개

15 5분 15초   **16** 11 kg

◤◢ HIGH LEVEL   118~120쪽

1 3번   **2** 3번   **3** 13가지

4 6 kg   **5** 15 L 500 mL

6 650 g, 800 g, 1280 g   **7** 48 kg

8 2개, 1개, 3개

6 자료의 정리

◎ BASIC TEST

1 자료 정리와 그림그래프   125쪽

1 (왼쪽에서부터) 8, 6, 7, 4, 25

2 사자   **3** 25명

4 표   **5** 100상자 / 10상자

6 (위에서부터) 1, 2, 1, 3 / 2, 3, 5, 0

7

과수원별 사과 생산량

과수원	생산량
아름	🍎🍏🍏
사랑	🍎🍎🍏🍏🍏
열매	🍎🍏🍏🍏🍏🍏
풍성	🍎🍏🍏

🍎 100 상자 🍏 10 상자

1-1 6권

2-1 (왼쪽에서부터) 32, 35

학년별 안경을 쓴 학생 수

학년	3학년	4학년	5학년	6학년
학생 수	☺☺☺ ☺☺	☺☺☺ ☺	☺☺☺ ☺☺☺	☺☺☺ ☺☺☺☺

☺10명 ☺1명

3-1 ㉢, ㉣

4-1 (가) 월별 손난로 판매량

월	판매량
11	○○○○○○
12	○○○○○
1	○○○○○○○○○○
2	○○○○○○○

○50개 ○10개

(나) 월별 손난로 판매량

월	판매량
11	◎◎◎○○
12	◎◎○
1	◎◎◎◎◎○○
2	◎◎◎◎○

◎100개 ○50개 ○10개

5-1 1년간 소비하는 고기의 양

종류	고기의 양
닭	☐☐
돼지	☐☐☐☐
소	☐☐☐☐☐
오리	☐☐

☐5kg ☐1kg

심화6 57, 5, 9, 1, 2, 57, 5, 9, 1, 2, 5 / 5

1 (왼쪽에서부터) 21, 7, 10, 51 **2** 8명

3 그림그래프 **4** 80그루 **5** 8명

6 8 g **7** 민속촌 / 북한산

8 온실가스별 배출량

온실가스	배출량
이산화탄소	🌐🌐🌐🌐🌐🌐☺☺☺☺☺☺
메탄	🌐☺☺☺☺
아산화질소	☺☺☺☺☺☺☺
기타	☺

🌐10 ☺1

9 91 **10** ㉡, ㉣ **11** 18권 / 59권

12 294000원

13 요일별 김밥 판매량

요일	김밥 수
월요일	🍙🍙🍘🍘🍘🍘
화요일	🍙🍙🍙🍙🍘🍘🍘🍘🍘
수요일	🍙🍙
목요일	🍙🍙🍙🍘🍘🍘
금요일	🍙🍙🍘🍘🍘

🍙10줄 🍘1줄

14 화요일 **15** 840000원

1 학교별 방문한 학생 수

학교	학생 수
유치원	👤👤👤👤👤👤👤
초등학교	👤👤👤👤👤👤👤👤👤👤
중학교	👤👤👤👤👤
고등학교	👤👤👤👤👤👤👤👤👤👤👤

👤100명 👤10명

2 22명 **3** 178개 **4** 1 t 609 kg

5 장호, 50점 **6** ㉡

교내 경시 문제

1. 곱셈
1~2쪽

01 (위에서부터) 5, 4, 2, 6	**02** 2700개
03 902개	**04** 1250원	**05** 1920개
06 124권	**07** 2240 cm	**08** 8개
09 800개	**10** 810분	**11** 1728 cm
12 8상자	**13** 5307	**14** 18
15 3696 m	**16** 5	**17** 72
18 48	**19** 912	
20 오전 8시 53분 20초		

2. 나눗셈
3~4쪽

01 15	**02** 7	**03** 108권
04 2개	**05** 23, 3	**06** 30
07 89	**08** 170개	**09** 16팀
10 45	**11** 21	**12** 흰색
13 5자루	**14** 16 cm	**15** 36
16 108 cm	**17** 6	**18** 58명, 214장
19 13개	**20** 12 m	

3. 원
5~6쪽

01 3개	**02** 9 cm	**03** 24 cm
04 18	**05** 18 cm	**06** 6 cm
07 ㉡, 4 cm	**08** 25 cm	**09** 28 cm
10 256 cm	**11** 364 cm	**12** 5개
13 160 cm	**14** 32 cm	**15** 840 cm
16 28 cm	**17** 4 cm	**18** 96 cm
19 80 cm	**20** 5 cm	

4. 분수
7~8쪽

01 35	**02** 38시간	**03** 3, 4, 5, 6
04 40살	**05** 15	**06** 36 kg
07 288 g	**08** 330 mL	**09** 15개
10 45 cm	**11** 3개	**12** 14시간
13 18명	**14** $\frac{12}{5}$	**15** $3\frac{2}{3}$
16 30자루	**17** $5\frac{7}{8}$	**18** 20째
19 12개	**20** 42	

5. 들이와 무게
9~10쪽

01 (왼쪽에서부터) 3, 15		
02 7 L 590 mL	**03** 24배	**04** 480 mL
05 3 L 750 mL	**06** ㉡	**07** 7개
08 4 kg 700 g	**09** 2 kg 200 g	**10** 300 g
11 8 L 565 mL	**12** 8일 후	**13** 130 g
14 6 cm	**15** 48분	**16** 4 L 360 mL
17 600 g	**18** 750 g	**19** 400 g
20 선규, 800원		

6. 자료의 정리
11~12쪽

01 9, 7	**02** 4명	**03** 350명
04 가 학교	**05** 30명	**06** 68명
07 8명, 12명	**08** 48명	**09** 3200마리
10 6명	**11** 피구	**12** 18명
13 122명		

14

봉사활동에 참여한 사람 수

연령대	사람 수
10대	◉◉◉◉□
20대	◉◉◉□△
30대	◉□△△△
40대	◉◉△△△

◉ 10명
□ 5명
△ 1명

15 57개

16 57, 42, 84, 67 /

판매한 과일 수

과일	과일 수
귤	○○○○○ ○○○○○
포도	○○○○ ○○
사과	○○○○○ ○○○○ ○○○○
감	○○○○○ ○○○○ ○○○○

○10개 ○1개

17 120걸음　　**18** 50 cm　　**19** 1671명

20 405가마

수능형 사고력을 기르는 2학기 TEST

01 5, 6, 7　　**02** ㉠, ㉢　　**03** $\dfrac{1}{12}$

04 4350원　　**05** 0, 6　　**06** 34

07 16 t 290 kg　　**08** 27명　　**09** 29, 27, 59

10

수학 경시대회에 참가한 학생 수

학년	학생 수
3학년	☺☺ ☺ ⊙⊙⊙⊙⊙
4학년	☺☺ ☺ ⊙⊙
5학년	☺☺☺☺ ☺
6학년	☺☺☺☺☺ ☺ ⊙⊙⊙⊙

☺10명
☺5명
⊙1명

11 3424 L　　**12** 23　　**13** 3

14 5군데　　**15** 4 cm　　**16** 3 L 640 mL

17 70 m　　**18** 28　　**19** 20개

20 16 cm

01 27, 2　　**02** 진우, 우진, 세영

03 48　　**04** 25분　　**05** 13 cm

06 $\dfrac{22}{15}$ kg　　**07** 10 cm　　**08** 15초

09 6　　**10** 7　　**11** 10 cm

12 41 t

13

2017년 사과 수확량

월	수확량
3월	◉○○○○○○
4월	◉◉◉◉○○
5월	◉◉◉○○○
6월	◉◉◉◉◉◉

◉10t ○1t

2018년 사과 수확량

월	수확량
3월	◉○○
4월	◉◉◉◉○
5월	◉◉◉◉◉○○○○
6월	◉◉◉◉○

◉10t ○5t ○1t

14 10 cm　　**15** $\dfrac{29}{8}$

16 750 g, 250 g, 300 g

17

고구마 수확량

밭	수확량
수연이네	▱▱▱
지원이네	▱▱▱▱ ▱▱▱
현수네	▱▱▱▱▱
경민이네	▱▱▱▱▱ ▱▱

▱10kg ▱1kg

18 504 cm　　**19** 21 m　　**20** 164 cm

정답과 풀이

1 곱셈

1 (세 자리 수)×(한 자리 수)
11쪽

1 $134 \times 5 = 670$ / 670	**2** 684개
3 4053개	**4** (1) 6 (2) 9
5 910개	**6** $632 \times 7 = 4424$ / 4424

1 134를 5번 더한 것이므로 곱셈식으로 나타내면 134×5입니다.

$134 \times 5 = (100 + 30 + 4) \times 5$
$\qquad\quad = (100 \times 5) + (30 \times 5) + (4 \times 5)$
$\qquad\quad = 500 + 150 + 20 = 670$

$$\begin{array}{r} {\scriptstyle 1\ \ 2} \\ 1\ 3\ 4 \\ \times \qquad 5 \\ \hline 6\ 7\ 0 \end{array}$$

2 귤 상자가 모두 6개이므로 상자에 들어 있는 귤은 모두 $114 \times 6 = 684$(개)입니다.

3 일주일은 7일이므로
(일주일 동안 만든 토끼 인형의 수)
$= 579 \times 7 = 4053$(개)입니다.

4 (1)
$$\begin{array}{r} 7\ 8\ \text{㉠} \\ \times \qquad 4 \\ \hline 3\ 1\ 4\ 4 \end{array}$$
㉠$\times 4 = \square 4$이므로 ㉠은 1, 6이 될 수 있습니다.
㉠$= 1$일 때 $781 \times 4 = 3124(\times)$
㉠$= 6$일 때 $786 \times 4 = 3144(\bigcirc)$

(2)
$$\begin{array}{r} 7\ \text{㉡}\ 5 \\ \times \qquad 4 \\ \hline 3\ 1\ 8\ 0 \end{array}$$
일의 자리 계산에서 2를 올림하였으므로 ㉡$\times 4 + 2 = \square 8$,
㉡$\times 4 = \square 6$에서 ㉡$= 4$, 9가 될 수 있습니다.
㉡$= 4$일 때 $745 \times 4 = 2980(\times)$
㉡$= 9$일 때 $795 \times 4 = 3180(\bigcirc)$

해결 전략
(1) 어떤 수에 4를 곱해서 일의 자리 수가 4가 되는 수를 알아봅니다.
(2) 일의 자리에서 올림한 수를 알아봅니다.

5 $2 \times \square = 14$에서 $\square = 7$이므로 상자는 7개입니다.

따라서 처음 상자에 있던 구슬은 모두 $130 \times 7 = 910$(개)입니다.

6 ㉠㉡㉢$\times$㉣에서 ㉣에 가장 큰 수를 놓고, 남은 수 카드로 가장 큰 세 자리 수를 만들면 곱이 가장 큽니다.
➡ $632 \times 7 = 4424$

2 (두 자리 수)×(두 자리 수)
13쪽

1 (위에서부터) 30, 10	
2 (1) 4, 4, 280, 112, 392 (2) 8, 8, 280, 112, 392	
(3) 8, 4, 4, 8, 8, 4, 200, 80, 80, 32, 392	
3 (위에서부터) 9, 6, 4, 5, 7, 6	
4 1026	**5** 9
6 1786	

1
$$58 \times 3 = \overset{\overbrace{\qquad 10\text{배} \qquad}}{174} \Rightarrow 58 \times 30 = \underset{\underbrace{\qquad 10\text{배} \qquad}}{1740}$$

2 (1) 14를 10과 4로 나누어 각각을 28과 곱합니다.
(2) 28을 20과 8로 나누어 각각을 14와 곱합니다.
(3) 28을 20과 8로 나누고, 14를 10과 4로 나누어 각각을 곱하여 더합니다.

보충 개념
$(\bullet + \blacktriangle) \times (\blacksquare + \star)$
$= \bullet \times \blacksquare + \bullet \times \star + \blacktriangle \times \blacksquare + \blacktriangle \times \star$

지도 가이드
분배법칙을 이용한 문제입니다. 분배법칙은 두 수의 합에 다른 수를 곱한 값은 두 수에 다른 수를 각각 곱한 값의 합과 같다는 것으로 분배법칙이라는 용어에 집중하기 보다 그 원리를 이해할 수 있도록 지도합니다.

3 3장의 수 카드로 만들 수 있는 식은
$4 \times 69 = 276$, $4 \times 96 = 384$, $6 \times 49 = 294$,
$6 \times 94 = 564$, $9 \times 46 = 414$, $9 \times 64 = 576$입니다.
따라서 곱이 가장 큰 곱셈식은 $9 \times 64 = 576$입니다.

다른 풀이
(한 자리 수)×(두 자리 수)의 곱을 가장 크게 만들려면 한 자리 수에 가장 큰 수를 놓고 남은 수로 가장 큰 두 자리 수를 만들면 됩니다. 따라서 곱이 가장 큰 곱셈식은 $9 \times 64 = 576$입니다.

4 ◆의 규칙은 앞의 수와 뒤의 수를 곱한 다음 뒤의 수를 더한 것입니다.

➡ $26◆38=26×38+38$
$=988+38=1026$

5 $6×72=432$, $7×72=504$, $8×72=576$,
$9×72=648……$이므로 □ 안에 들어갈 수 있는
수는 9, 10, 11……이고 가장 작은 수는 9입니다.

6 어떤 수를 □라고 하면
$□+47=85$, $□=85-47=38$
따라서 바르게 계산하면 $38×47=1786$입니다.

MATH TOPIC   14~20쪽

1-1 1053개	**1-2** 204명	**1-3** 5050원
2-1 4500 m	**2-2** 504개	**2-3** 408 m
3-1 914 cm	**3-2** 2850 cm	
4-1 6	**4-2** 26	**4-3** 22
5-1 3840	**5-2** 440	**5-3** 7
6-1 9, 6, 4	**6-2** 2, 8, 7 / 2, 8, 7	
6-3 예) $60×42=2520$		

심화7 60, 60, 8, 480, 2, 480, 480, 2, 960 / 960

7-1 924 kcal

1-1 (나누어 준 초콜릿 수)
$=6×173=173×6=1038$(개)
➡ (처음에 있던 초콜릿 수)
$=$(나누어 준 초콜릿 수)$+$(남은 초콜릿 수)
$=1038+15=1053$(개)

1-2 (줄을 선 학생 수)$=15×13=195$(명)
(운동장에 있는 3학년 학생 수)
$=$(줄을 선 학생 수)$+$(남은 학생 수)
$=195+9=204$(명)

1-3 일주일은 7일이므로
(성재가 일주일 동안 모은 돈)
$=650×7=4550$(원)이고,

어머니께서 500원을 더 주셨으므로 성재가 가진
돈은 모두 $4550+500=5050$(원)입니다.

2-1 (가) 지점부터 시작되어 500 m마다 푯말이 한 개씩
모두 10개가 세워져 있으므로 (가)~(나) 지점까지
는 500 m 구간이 9개입니다.
따라서 (가)~(나) 지점까지의 거리는
$500×9=4500$(m)입니다.

> **해결 전략**
> 푯말이 2개일 때 500 m 구간은 1개, 푯말이 3개일 때
> 500 m 구간은 2개, 푯말이 4개일 때 500 m 구간은 3
> 개……이므로 푯말이 10개일 때 500 m 구간은
> $10-1=9$(개)입니다.
>
>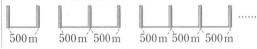

2-2 한 변에 말뚝을 2개씩 세울 때 필요한 말뚝의 수는
$2×4=8$에서 꼭짓점이 겹치므로 $8-4=4$(개)
입니다. 따라서 (필요한 말뚝의 수)$=$(한 변에 박
는 말뚝의 수)$×$(변의 수)$-$(꼭짓점의 수)입니다.
➡ $127×4-4=508-4=504$(개)

2-3 나무와 나무 사이의 간격 수는 나무의 수와 같으므로
(호수의 둘레)
$=$(간격 한 곳의 길이)$×$(나무와 나무 사이의 간격 수)
$=3×136=136×3=408$(m)입니다.

> **해결 전략**
> 원 모양의 경우 처음과 끝에 심은 나무가 같으므로
> (나무와 나무 사이의 간격 수)$=$(나무의 수)입니다.

3-1 색 테이프 1장의 길이는 30 cm이고, 두 번째 색
테이프부터는 색 테이프 길이에서 겹쳐진 부분의
길이를 뺀 $30-4=26$(cm)씩 길어집니다.
따라서 색 테이프 35장을 이으면 전체의 길이는
$30+(26×34)=30+884=914$(cm)가 됩니다.

> **다른 풀이**
> (색 테이프 35장의 길이)$=30×35=1050$(cm),
> (겹쳐진 부분의 길이의 합)$=4×34=136$(cm)
> ➡ (이어 붙인 색 테이프 전체의 길이)
> $=1050-136=914$(cm)

> **해결 전략**
> 색 테이프 2장을 이어 붙이면 겹친 부분이 1군데, 3장을
> 이어 붙이면 겹친 부분이 2군데, 4장을 이어 붙이면 겹친
> 부분이 3군데……이므로 35장을 이어 붙이면 겹친 부분
> 이 $35-1=34$(군데)입니다.

3-2 (색 테이프 50장의 길이)

$=64 \times 50 = 3200$(cm)

색 테이프의 겹쳐진 부분이 50군데이므로 (겹쳐진 부분의 길이의 합)$=7 \times 50 = 350$(cm)입니다.

(이어 붙인 색 테이프 전체 길이)

$=$(색 테이프 50장의 길이)

$\quad -$(겹쳐진 부분의 길이의 합)

$=3200 - 350 = 2850$(cm)

다른 풀이

색 테이프 1장의 길이는 64 cm이고 7 cm씩 겹쳐지므로 50장을 이어 붙인 색 테이프 전체 길이는

$(64 - 7) \times 50 = 57 \times 50 = 2850$(cm)입니다.

해결 전략

처음과 끝이 만나도록 원 모양으로 이어 붙였으므로 겹쳐진 부분은 색 테이프의 장수와 같은 50군데입니다.

4-1 일의 자리에서 $4 \times \square$의 일의 자리 수가 4이므로 $\square = 1, 6$입니다.

$\square = 1$일 때 $194 \times 1 = 194$(×),

$\square = 6$일 때 $694 \times 6 = 4164$(○)이므로 $\square$ 안에 공통으로 들어갈 수 있는 수는 6입니다.

4-2 $57 \times 4 = 228$이므로 $\bigcirc = \textcircled{ㄹ} = 8$입니다.

$57 \times \bigcirc 0 = 28 \textcircled{ㄷ} 0$이므로 $57 \times 50 = 2850$에서 $\bigcirc = 5$, $\textcircled{ㄷ} = 5$입니다.

➡ $\bigcirc + \textcircled{ㄴ} + \textcircled{ㄷ} + \textcircled{ㄹ} = 5 + 8 + 5 + 8 = 26$

4-3 $64 \times \bigcirc = 38 \textcircled{ㄴ}$이므로 $64 \times 6 = 384$에서 $\bigcirc = 6$, $\textcircled{ㄴ} = 4$입니다. $64 \times 70 = 4480$이므로 $\textcircled{ㄷ} = 4$이고, $384 + 4480 = 4864$이므로 $\textcircled{ㄹ} = 4$, $\textcircled{ㅁ} = 4$입니다.

➡ $\bigcirc + \textcircled{ㄴ} + \textcircled{ㄷ} + \textcircled{ㄹ} + \textcircled{ㅁ}$

$\quad = 6 + 4 + 4 + 4 + 4 = 22$

5-1 ㉮ 대신에 10을, ㉯ 대신에 6을 넣어 규칙에 따라 식을 만들어 봅니다.

$10 \star 6 = (10 \times 6) \times (10 + 6) \times (10 - 6)$

$\qquad = 60 \times 16 \times 4$

$\qquad = 960 \times 4 = 3840$

5-2 ㉠ 대신에 5를, ㉡ 대신에 7을 넣어 5◉7을 먼저 계산합니다.

$(5 ◉ 7) = 5 + (5 \times 7) = 5 + 35 = 40$

$(5 ◉ 7) = 40$이므로

$(5 ◉ 7) ◉ 10 = 40 ◉ 10 = 40 + (40 \times 10)$

$\qquad\qquad\qquad = 40 + 400 = 440$입니다.

5-3 $8 \blacklozenge \square = (8 + \square) \times (8 + \square) = 225$이므로 같은 두 수를 곱하여 일의 자리 수가 5가 되는 경우는 $5 \times 5 = 25$, $15 \times 15 = 225$ 등입니다.

따라서 $15 \times 15 = 225$에서 $8 + \square = 15$, $\square = 7$입니다.

6-1
$$\begin{array}{r} 1\,\textcircled{ㄱ}\,\textcircled{ㄴ} \\ \times \qquad \textcircled{ㄷ} \\ \hline 7\ 8\ 4 \end{array}$$

계산 결과의 백의 자리 수가 7이므로 $\textcircled{ㄷ}$은 6 또는 4입니다.

$\textcircled{ㄷ} = 6$이면 $149 \times 6 = 894$(×),

$194 \times 6 = 1164$(×)입니다.

$\textcircled{ㄷ} = 4$이면 $\textcircled{ㄴ}$은 6이어야 하므로 $196 \times 4 = 784$입니다.

따라서 $1 \square \square \times \square = 196 \times 4$입니다.

6-2 두 수를 $\textcircled{ㄱ}4\textcircled{ㄴ}$, $\textcircled{ㄷ}$이라 하면 $\textcircled{ㄱ}4\textcircled{ㄴ} + \textcircled{ㄷ} = 255$에서 받아올림이 없으므로 $\textcircled{ㄱ} = 2$입니다.

$24\textcircled{ㄴ} + \textcircled{ㄷ} = 255$에서 $\textcircled{ㄴ} + \textcircled{ㄷ} = 15$이므로 $\textcircled{ㄴ}$과 $\textcircled{ㄷ}$은 7 또는 8입니다.

$\textcircled{ㄴ} = 7$, $\textcircled{ㄷ} = 8$이면 $247 \times 8 = 1976$(×)이고

$\textcircled{ㄴ} = 8$, $\textcircled{ㄷ} = 7$이면 $248 \times 7 = 1736$(○)입니다.

따라서 두 수는 248과 7입니다.

6-3 곱이 가장 큰 $\textcircled{ㄱ}\textcircled{ㄴ} \times \textcircled{ㄷ}\textcircled{ㄹ}$의 $\textcircled{ㄱ}$에는 가장 큰 수 6, $\textcircled{ㄷ}$에는 두 번째로 큰 수 4, $\textcircled{ㄴ}$에는 가장 작은 수 0, $\textcircled{ㄹ}$에는 남은 수 2를 놓으면 곱이 가장 큰 $60 \times 42 = 2520$이 됩니다.

해결 전략

곱셈에서 곱하는 두 수를 바꾸어 곱해도 결과는 같으므로 $60 \times 42 = 42 \times 60 = 2520$입니다.

7-1 100 g당 열량이 22 kcal이므로 200 g의 열량은 $22 \times 2 = 44$(kcal)입니다.

따라서 일주일 동안 먹은 200 g인 토마토는 $3 \times 7 = 21$(개)이므로 먹은 토마토의 열량은 $44 \times 21 = 924$(kcal)입니다.

1
접근» 굵은 선으로 표시한 부분이 정사각형 한 변의 몇 배인지 알아봅니다.

굵은 선으로 표시한 부분은 정사각형 한 변의 14배와 같으므로 18×14＝252(cm)
입니다.

해결 전략

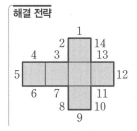

2
17쪽 4번의 변형 심화 유형
접근» □×6이 2인 경우를 알아봅니다.

□×6의 일의 자리 수가 2이므로 □는 2 또는 7입니다.

□＝2일 때 322×6＝1932(×), □＝7일 때 327×6＝1962(○)이므로 □＝7
입니다.

해결 전략
계산 결과의 일의 자리 수를
보고 □ 안에 알맞은 수를 구
해 봐요.

다른 풀이
32□×6은 320×6과 □×6의 합으로 구할 수 있습니다.
320×6＋□×6＝1962에서 1920＋□×6＝1962, □×6＝42, □＝7입니다.

3
접근» 먼저 머리카락이 일 년 동안 자라는 길이를 구해 봅니다.

머리카락은 한 달에 10 mm 정도 자라며 일 년은 12달이므로 머리카락은 일 년에
10×12＝120(mm)정도 자랍니다.
따라서 6년 동안 자라는 머리카락의 길이는 120×6＝720(mm) 정도입니다.

해결 전략
1달 → 10 mm
×12 ⌇ 1년 → 10 mm×12
×6 ⌇ 6년 → 10 mm×12×6

4
접근» 먼저 동화책과 위인전의 권수를 각각 구해 봅니다.

(동화책의 수)＝46×28＝1288(권), (위인전의 수)＝25×24＝600(권)
도서관에는 3500권의 책이 있으므로 동화책과 위인전을 뺀 나머지 책은
3500－1288－600＝2212－600＝1612(권)입니다.

해결 전략
곱셈으로 동화책과 위인전의 권수를
구하여 전체 책의 권수에서 빼요.

5
접근» 미국의 면적과 알래스카의 면적 사이의 관계를 알아봅니다.

미국 면적의 $\frac{1}{5}$이 알래스카의 면적이므로 알래스카의 면적의 5배가 미국의 면적입
니다. 따라서 미국의 면적은 약 154만×5＝770만(km²)입니다.

해결 전략
$$\frac{1}{5}$$
미국 면적 ⟶ 알래스카
5배   면적

6 접근 ≫ 54×75를 먼저 계산해 봅니다.

54×75=4050입니다. 70×60=4200이므로 □ 안에 60보다 작은 수를 넣어 봅니다. 70×59=4130, 70×58=4060, 70×57=3990이므로 □ 안에 들어갈 수 있는 가장 큰 수는 57입니다.

해결 전략
□ 안에 계산하기 쉬운 (몇십)을 넣어 보고 4050에 가까운 수를 찾아봐요.

서술형
7 접근 ≫ ㉯의 십의 자리 수를 먼저 구해 봅니다.

㉠ 20×20=400이므로 ㉯의 십의 자리 수는 1입니다.
십의 자리 수가 1인 어떤 수를 두 번 곱하여 3□□인 수를 구하면
17×17=289, 18×18=324, 19×19=361이므로 ㉯가 될 수 있는 수는 18, 19입니다.

채점 기준	배점
㉯의 십의 자리 수를 찾았나요?	2점
㉯가 될 수 있는 수를 모두 찾았나요?	3점

해결 전략
20×20=400인데 ㉮는 백의 자리 수가 3인 세 자리 수이므로 ㉯가 될 수 있는 수는 20보다 작은 두 자리 수예요.

8 접근 ≫ 구입한 과자의 금액과 사탕의 금액을 구해 봅니다.

(구입한 과자의 금액)=750×4=3000(원),
(구입한 사탕의 금액)=90×12=1080(원)
따라서 정은이가 내야 할 돈은 3000+1080=4080(원)인데 4000원을 냈으므로 정은이가 더 내야 할 돈은 4080-4000=80(원)입니다.

해결 전략
곱셈으로 구입한 과자의 금액과 사탕의 금액을 구하고, 덧셈과 뺄셈으로 더 내야 하는 돈을 구해요.

9 접근 ≫ 날마다 한 줄넘기 횟수의 규칙을 찾아봅니다.

표를 만들어 알아봅니다.

날(일)	1	2	3	4	5	6	7	8	9	10
횟수(번)	2	4	8	16	32	64	128	256	512	1024

따라서 10일째 되는 날은 줄넘기를 512×2=1024(번)을 해야 합니다.

다른 풀이
첫째 날 2번을 하고, 날마다 전날의 2배만큼 하여 10일째 되는 날 줄넘기를 한 횟수를 구하는 문제이므로 2를 10번 곱하면 됩니다. 2×2×2×······×2×2×2=1024
10번
따라서 10일째 되는 날 줄넘기를 1024번을 해야 합니다.

10 접근 ≫ 연속된 세 자연수를 구해 봅니다.

⑩ 연속된 세 자연수를 ㉮, ㉯, ㉰라 하고, 이 중에서 가장 작은 수 ㉮를 예상하여 보면 ㉮=10이면 10+11+12=33>30, ㉮=9이면 9+10+11=30입니다. 따라서 연속된 세 자연수는 9, 10, 11이므로 곱은 $9 \times 10 \times 11 = 990$입니다.

다른 풀이
세 수의 합이 30이므로 가운데 수는 $30 \div 3 = 10$입니다.
$10-1$, 10, $10+1$이 되어 연속된 세 자연수는 9, 10, 11입니다.
따라서 세 수의 곱은 $9 \times 10 \times 11 = 990$입니다.

채점 기준	배점
연속된 세 자연수를 구했나요?	3점
연속된 세 자연수의 곱을 구했나요?	2점

보충 개념
연속된 세 자연수 중의 가운데 수를 □라 하면 세 자연수는 (□−1), □, (□+1)로 나타낼 수 있어요.

11
14쪽 1번의 변형 심화 유형
접근 ≫ 바구니에 담긴 전체 사탕의 수를 먼저 구합니다.

(바구니에 담긴 전체 사탕 수)$=50 \times 16 + 37 = 800 + 37 = 837$(개)
50명에게 21개씩 나누어 주려면 사탕이 $50 \times 21 = 1050$(개)가 필요하므로 사탕은 $1050 - 837 = 213$(개)가 더 필요합니다.

해결 전략
■명에게 ●개씩 나누어 준 사탕 (■×●)개에 남은 사탕 ▲개를 더해요.
(전체 사탕 수)=■×●+▲

12 접근 ≫ ㉮의 십의 자리 수와 일의 자리 수를 바꾼 수를 먼저 구합니다.

㉮의 십의 자리 수와 일의 자리 수를 바꾼 수를 □라고 하면

□×6=342에서 $50 \times 6 = 300$, $7 \times 6 = 42$이므로 □=57입니다.
따라서 ㉮=75이므로 $㉮ \times 17 = 75 \times 17 = 1275$입니다.

해결 전략
• □의 십의 자리 수와 일의 자리 수의 곱을 나누어 생각해요.
• □×6=342이고 $50 \times 6 = 300$, $60 \times 6 = 360$이므로 □는 십의 자리 수가 5인 두 자리 수예요.

13
19쪽 6번의 변형 심화 유형
접근 ≫ 곱이 가장 크게 또는 가장 작게 되도록 식을 만들어 봅니다.

⑩ (두 자리 수)×(두 자리 수)를 ㉠㉡×㉢㉣이라고 하여
• 곱을 가장 크게 하려면 ㉠에는 가장 큰 수인 5를, ㉢에는 두 번째로 큰 수인 4를, ㉡에는 가장 작은 수인 2를 놓고 남은 3을 ㉣에 놓습니다. ➡ $52 \times 43 = 2236$
• 곱을 가장 작게 하려면 ㉠에는 가장 작은 수인 2를, ㉢에는 두 번째로 작은 수인 3을, ㉡에는 세 번째로 작은 수인 4를 놓고 남은 5를 ㉣에 놓습니다. ➡ $24 \times 35 = 840$
따라서 두 곱의 합은 $2236 + 840 = 3076$입니다.

채점 기준	배점
가장 큰 곱을 구했나요?	2점
가장 작은 곱을 구했나요?	2점
가장 큰 곱과 가장 작은 곱의 합을 구했나요?	1점

해결 전략
십의 자리에 큰 수를 놓을수록 곱은 커지고, 십의 자리에 작은 수를 놓을수록 곱은 작아져요.

14

접근 ≫ ㉮, ㉯ 수도꼭지에서 60분 동안 나오는 물의 양을 각각 구합니다.

$4 \times 15 = 60$에서 60분은 4분의 15배이므로 ㉮ 수도꼭지에서 60분 동안 받는 물의 양은 $14 \times 15 = 210$(L)입니다. $5 \times 12 = 60$에서 60분은 5분의 12배이므로 ㉯ 수도꼭지에서 60분 동안 받는 물의 양은 $18 \times 12 = 216$(L)입니다.

따라서 두 수도꼭지에서 60분 동안 받는 물의 양은 $210 + 216 = 426$(L)입니다.

주의
14 L와 18 L는 1분 동안 나오는 물의 양이 아니므로 14 L와 18 L에 각각 60을 곱하면 안 돼요.

해결 전략

㉮: 4분 ⟶ 14 L   ㉯: 5분 ⟶ 18 L
$\downarrow \times 15$ $\downarrow \times 15$ $\downarrow \times 12$ $\downarrow \times 12$
60분 ⟶ (14×15) L   60분 ⟶ (18×12) L

15

17쪽 4번의 변형 심화 유형

접근 ≫ ◆, ♠, ■, ▲ 중에서 가장 먼저 구할 수 있는 모양을 찾아봅니다.

```
  3 ◆ ♠ 7          일의 자리 계산에서 7 + ■ = 13, ■ = 6입니다.
+ 4 8 9 ■     ➡    백의 자리 계산에서 1 + ◆ + 8 = 12, ◆ = 3입니다.
  8 2 ♠ 3
```

```
    5 ▲           5 ▲       ▲ × 6의 일의 자리 숫자가 ▲인 경우는
  ×   ◆ ■    ➡  ×   3 6     ▲ = 2, 4, 6, 8입니다.
  1 9 4 ▲       1 9 4 ▲
```

▲ = 2일 때 $52 \times 36 = 1872$(×), ▲ = 4일 때 $54 \times 36 = 1944$(○),
▲ = 6일 때 $56 \times 36 = 2016$(×), ▲ = 8일 때 $58 \times 36 = 2088$(×)입니다.
따라서 ▲ = 4입니다.

해결 전략
· ■, ◆에 알맞은 수를 구한 다음 ▲에 알맞은 수를 구해요.
· ◆, ♠, ■, ▲는 서로 다른 수이고, ■ = 6이므로 ▲ = 6인 경우는 계산하지 않아도 돼요.

주의
♠에 알맞은 수를 구하지 않아도 돼요.

16

15쪽 2번의 변형 심화 유형

접근 ≫ 작은 톱니바퀴가 1분 동안 도는 횟수를 구해 봅니다.

작은 톱니바퀴가 돌아가는 횟수는 큰 톱니바퀴의 3배입니다.
큰 톱니바퀴가 1분에 9번 돌면 작은 톱니바퀴는 1분에 $9 \times 3 = 27$(번) 돕니다.
따라서 1시간 15분 = 75분이므로 작은 톱니바퀴가 75분 동안 도는 횟수는
$27 \times 75 = 2025$(번)입니다.

다른 풀이
1시간 15분 = 75분
(큰 톱니바퀴가 75분 동안 도는 횟수) = $75 \times 9 = 675$(번)
(작은 톱니바퀴가 75분 동안 도는 횟수) = $675 \times 3 = 2025$(번) $\times 3$

해결 전략
작은 톱니바퀴가 1분 동안 도는 횟수를 구하여 답을 구할 수 있고, 큰 톱니바퀴가 75분 동안 도는 횟수를 구하여 답을 구할 수도 있어요.

| **1** 400 | **2** 22번 | **3** 11, 12, 13, 14, 15, 16 | **4** 235 | **5** 2926 |
| **6** 481장 | **7** 3000개 | **8** 515 | | |

1

22쪽 7번의 변형 심화 유형

접근 >> ㉠, ㉡, ㉢에 알맞은 수를 구해 봅니다.

(가)와 (나)에서 ㉠×㉡×㉢=8이고 ㉠<㉡<㉢인 경우는 $1×2×4=8$뿐이므로 ㉠=1, ㉡=2, ㉢=4입니다. (다)에서 $4×㉣×㉤=200$이므로 ㉣×㉤=50이며 ㉢<㉣<㉤이므로 ㉣=5, ㉤=10입니다.
             4

따라서 ㉠×㉡×㉢×㉣×㉤=$1×2×4×5×10=400$입니다.

> **해결 전략**
> $50=2×5×5$이고, ㉣<㉤이므로 ㉣=5, ㉤=10이에요.

> **다른 풀이**
> (가)와 (나)에서 ㉠×㉡×㉢=8이므로 ㉠=1, ㉡=2, ㉢=4입니다.
> (다)에서 ㉢×㉣×㉤=200이므로 ㉠×㉡×㉢×㉣×㉤=$1×2×200=400$입니다.

2

접근 >> 성은이가 가위바위보를 하여 진 횟수를 먼저 알아봅니다.

준수는 12번 이겼으므로 성은이는 12번 졌습니다.

지면 10점을 잃으므로 성은이는 $12×10=120$(점)을 잃었습니다. 이기면 25점을 얻으므로 성은이가 이긴 횟수를 □라고 하여 성은이의 점수를 식으로 나타내면 $25×□-120=130$, $25×□=130+120=250$입니다. $25×10=250$이므로 성은이는 10번 이겼습니다. 따라서 성은이는 10번 이기고 12번 졌으므로 가위바위보를 한 횟수는 $10+12=22$(번)입니다.

> **해결 전략**
> 준수가 이긴 횟수는 성은이가 진 횟수와 같아요.

3

접근 >> ■개의 과일 상자에 들어 있는 배의 수와 사과의 수를 식으로 나타냅니다.

과일 상자 ■개에 들어 있는 배의 수는 $12×■$이고, 사과의 수는 $19×■$입니다.

$12×■<200$에서 $12×17=204$, $12×16=192……$이므로

■ 안에 알맞은 수는 16, 15, 14, 13, 12, 11, 10……입니다.

$19×■>200$에서 $19×10=190$, $19×11=209$, $19×12=228……$이므로

■ 안에 알맞은 수는 11, 12, 13, 14……입니다.

따라서 ■ 안에 공통으로 들어갈 수 있는 수는 11, 12, 13, 14, 15, 16입니다.

> **해결 전략**
>
>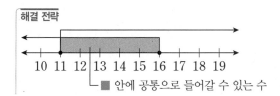
>
> 10 11 12 13 14 15 16 17 18 19
>   └ ■ 안에 공통으로 들어갈 수 있는 수

4 25쪽 15번의 변형 심화 유형
접근 ≫ 덧셈식을 이용하여 백의 자리 숫자를 구합니다.

덧셈식의 십의 자리에서 받아올림이 없으므로 ㉠=2입니다.

$$\begin{array}{r} 2\ 4\ ㉡ \\ \times\qquad ㉢ \\ \hline 1\ 9\ 4\ 4 \end{array}$$

곱의 백의 자리 계산에서 ㉢은 8 또는 9입니다.
㉢=8이면 ㉡은 3 또는 8입니다.
➡ $243 \times 8 = 1944(○)$, $248 \times 8 = 1984(×)$

㉢=9이면 ㉡은 6입니다. ➡ $246 \times 9 = 2214(×)$

따라서 두 수는 243과 8이므로 두 수의 차는 $243 - 8 = 235$입니다.

다른 풀이
덧셈식의 일의 자리 수끼리의 합이 11이 되는 두 수는 (2, 9), (3, 8), (4, 7), (5, 6)입니다.
이 중 곱셈식의 일의 자리 수끼리의 곱의 일의 자리 수가 4인 것은 (3, 8)입니다.
㉡=3, ㉢=8일 때 $243 \times 8 = 1944$, ㉡=8, ㉢=3일 때 $248 \times 3 = 744$이므로
두 수는 243과 8이고 두 수의 차는 $243 - 8 = 235$입니다.

서술형 5 24쪽 13번의 변형 심화 유형
접근 ≫ 가장 큰 수부터 놓아 곱이 가장 큰 식을 만들고, 가장 작은 수부터 놓아 곱이 가장 작은 식을 만들어 봅니다.

⑩ (세 자리 수)×(한 자리 수)의 곱이 가장 큰 경우: $432 \times 5 = 2160$
(세 자리 수)×(한 자리 수)의 곱이 가장 작은 경우: $345 \times 2 = 690$
(두 자리 수)×(두 자리 수)의 곱이 가장 큰 경우: $52 \times 43 = 2236$
(두 자리 수)×(두 자리 수)의 곱이 가장 작은 경우: $24 \times 35 = 840$
➡ 가장 큰 곱과 가장 작은 곱의 합은 $2236 + 690 = 2926$입니다.

채점 기준	배점
(세 자리 수)×(한 자리 수)에서 곱이 가장 큰 경우와 가장 작은 경우의 곱을 구했나요?	2점
(두 자리 수)×(두 자리 수)에서 곱이 가장 큰 경우와 가장 작은 경우의 곱을 구했나요?	2점
곱이 가장 큰 경우와 곱이 가장 작은 경우의 합을 구했나요?	1점

6
접근 ≫ 종이를 자를 때마다 늘어나는 종이의 장수를 구합니다.

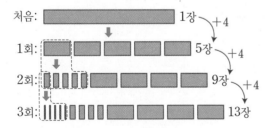

조각 한 장을 5조각으로 자르면 조각은 자르기 전보다 4장이 늘어납니다.

자른 횟수(회)	1	2	3	4	……	120
조각의 수(장)	5	5+4	5+4×2	5+4×3	……	5+4×119

따라서 120번 반복했을 때 자른 조각은 모두
5+4×119=5+476=481(장)입니다.

7 23쪽 10번의 변형 심화 유형
접근 》 세 수의 합을 곱셈으로 고쳐봅니다.

110+130+150=130+130+130이므로 130×3으로 나타낼 수 있습니다.
따라서 차례로 차가 20인 세 수의 합은 세 수 중 두 번째로 큰 수의 3배와 같습니다.
333×3=999, 334×3=1002, 335×3=1005 …… 3333×3=9999,
3334×3=10002이므로 차가 20인 세 수의 합이 네 자리 수인 식은
334×3=1002에서 3333×3=9999까지입니다.
334×3=1002를 덧셈식으로 나타내면 314+334+354=1002이고,
3333×3=9999를 덧셈식으로 나타내면 3313+3333+3353=9999입니다.
따라서 합이 네 자리 수인 식은 모두 3333-333=3000(개)입니다.

> **해결 전략**
> 차가 20인 세 수를 ■-20,
> ■, ■+20으로 나타내면 세
> 수의 합은
> (■-20)+■+(■+20)
> =■+■+■
> =■×3과 같아요.

8 24쪽 13번의 변형 심화 유형
접근 》 주어진 조건을 이용하여 가, 나, 다, 라에 알맞은 수를 구해 봅니다.

• 혜인이는 곱의 일의 자리 수가 9입니다.
  1, 2, 5, 8, 9 중에서 두 수의 곱의 일의 자리가 9가 되는 수는 1×9뿐이므로
  □1×□9입니다.
  □9×□1과 계산 결과가 같습니다.
  두 수의 곱 1239에서 (몇십)×(몇십)이 1200에 가까운 수는 20×50뿐입니다.
  따라서 만들 수 있는 식은 21×59 또는 29×51이고 21×59=1239(○),
  29×51=1479(×)이므로 가: 21, 나: 59입니다.
• 동운이는 곱의 일의 자리 수가 6입니다. 두 수의 곱이 6이 되는 경우는 2×8,
  7×8입니다.
  두 수의 곱 3416에서 (세 자리 수)×(한 자리 수)가 3400에 가까운 수는 400×8
  뿐입니다.
  따라서 만들 수 있는 식은 4□2×8, 4□7×8이고 □ 안에 남은 수 카드를 넣어
  보면 4[6]2×8=3696(×), 4[7]2×8=3776(×), 4[2]7×8=3416(○),
  4[6]7×8=3736(×)이므로 다: 427, 라: 8입니다.
  ➡ 가: 21, 나: 59, 다: 427, 라: 8이므로
    가+나+다+라=21+59+427+8=515

> **해결 전략**
> 가: 59, 나: 21도 가능하지만 합
> 을 구하는 데에는 상관없어요.

2 나눗셈

BASIC TEST

1 (몇십몇)÷(몇)(1) 33쪽

1 ④
2 2×24=48
3 5
4 90÷6=15 / 15개
5 23개
6 48자루

1 ① 63÷3=21 ② 64÷4=16 ③ 91÷7=13
④ 60÷5=12 ⑤ 80÷2=40
따라서 몫이 가장 작은 것은 ④입니다.

2 나누는 수와 몫의 곱이 나누어지는 수가 되었으므로 맞게 계산했습니다.

3 가에 45를 넣고, 나에 3을 넣어 식을 만든 다음 계산합니다.
45◈3=45÷3÷3=15÷3=5

$$\begin{array}{r} 15 \\ 3\overline{)45} \\ 3 \\ \hline 15 \\ 15 \\ \hline 0 \end{array}$$

4 (한 마리에게 나누어 줄 당근의 수)
=(전체 당근의 수)÷(토끼의 수)
=90÷6=15(개)

5 (한 사람이 먹는 사탕 수)=36÷3=12(개),
(한 사람이 먹는 초콜릿 수)=33÷3=11(개)
따라서 한 사람이 먹는 사탕과 초콜릿은 모두
12+11=23(개)입니다.

6 은수가 처음에 가지고 있던 연필을 □자루라고 하면
□÷4=12 ➡ □=4×12=48
따라서 은수가 처음에 가지고 있던 연필은 모두 48자루입니다.

2 (몇십몇)÷(몇)(2) 35쪽

1 ㉢
2
$$\begin{array}{r} 13 \\ 6\overline{)82} \\ 6 \\ \hline 22 \\ 18 \\ \hline 4 \end{array}$$
3 □÷5에 ○표
4 1, 2, 3, 4, 5
5 2개
6 13명, 2개

1 ㉠ 86÷7=12⋯2 ㉡ 92÷9=10⋯2
㉢ 89÷8=11⋯1 ㉣ 58÷4=14⋯2
따라서 나머지가 다른 것은 ㉢입니다.

2 나머지는 나누는 수보다 항상 작아야 합니다.
나머지 10이 나누는 수인 6보다 크므로 몫을 1 크게 하여 계산해야 합니다.

3 나머지가 5가 되려면 나누는 수가 5보다 커야 합니다. 따라서 □÷5는 나머지가 5가 될 수 없습니다.

> 주의
> 나머지는 나누는 수보다 작아야 하므로 같으면 안됩니다.

4 나머지는 나누는 수보다 항상 작아야 하므로 나누는 수인 6보다 작은 1, 2, 3, 4, 5가 될 수 있습니다.

5 24÷7=3⋯3, 91÷7=13,
77÷7=11, 52÷7=7⋯3
따라서 7로 나누었을 때 나누어떨어지는 수는 91, 77로 모두 2개입니다.

> 보충 개념
> ■÷●=▲에서 나머지가 0인 경우에 '■는 ●로 나누어떨어진다'라고 합니다.

6 (전체 토마토의 개수)=6×9=54(개)
54÷4=13⋯2
따라서 모두 13명이 먹을 수 있고 남은 토마토는 2개입니다.

3 (세 자리 수)÷(한 자리 수), 나눗셈의 활용 37쪽

1 27 / 6 / 7×27+6=195
2 38 cm
3 40개
4 197
5 23 cm
6 3, 8
7 154장

1

$$
\begin{array}{r}
2\,7 \leftarrow 몫 \\
7\,)\overline{1\,9\,5} \\
1\,4 \\
\overline{5\,5} \\
4\,9 \\
\overline{6} \leftarrow 나머지
\end{array}
$$

2 (정사각형 한 변의 길이)
= (정사각형 네 변의 길이의 합)÷4
= 152÷4 = 38(cm)
따라서 정사각형의 한 변의 길이는 38 cm입니다.

3 238÷6=39…4
➡ 사과를 한 상자에 6개씩 담으면 39상자에 담고 남은 사과 4개도 담아야 하므로 상자는 39+1=40(개) 필요합니다.

4 어떤 수를 ■라 하면 ■÷8=24…5입니다.
➡ ■=8×24+5=192+5=197

> **보충 개념**
> ■÷●=▲…★에서 ■를 구할 때에는 나눗셈의 검산을 이용합니다.
> ■÷●=▲…★ ➡ ■=●×▲+★

5 190 cm짜리 끈을 8명에게 똑같이 나누어 줄 때, 한 사람에게 줄 수 있는 끈의 길이는 1 cm, 2 cm, 3 cm……로 다양합니다. 그런데 가장 길게 나누어 주어야 하므로 끈의 길이는 190÷8의 몫이 됩니다. 따라서 190÷8=23…6이므로 한 명에게 줄 수 있는 가장 긴 끈의 길이는 23 cm씩입니다.

6 몫을 △라고 하면 2□÷5=△…3입니다. 검산식으로 고치면 5×△+3=2□이므로 △ 안에 수를 넣어 □ 안에 알맞은 수를 구합니다.
△=3일 때 5×3+3=18(×)
△=4일 때 5×4+3=23(○) ➡ □=3
△=5일 때 5×5+3=28(○) ➡ □=8
△=6일 때 5×6+3=33(×)
따라서 □ 안에 들어갈 수 있는 수는 3, 8입니다.

7 (가로 한 줄에 붙일 수 있는 사진의 수)
= 98÷7 = 14(장)
(세로 한 줄에 붙일 수 있는 사진의 수)
= 44÷4 = 11(장)

➡ (액자에 붙일 수 있는 사진의 수)
= 14×11 = 154(장)

MATH TOPIC 38~44쪽

1-1 78, 84	**1-2** 3개	**1-3** 2개
2-1 21	**2-2** 3 / 4	**2-3** 1 / 3
3-1 13개	**3-2** 10그루	**3-3** 66명
4-1 5자루	**4-2** 12개	**4-3** 20일
5-1 4가지	**5-2** 4가지	**5-3** 36
6-1 흰 바둑돌	**6-2** 2	**6-3** 가지

심화7 7, 52, 7, 52, 7, 7, 7, 3, 7/ 7
7-1 36 kg

1-1 72보다 크고 90보다 작은 자연수를 6으로 나누어 봅니다.
73÷6=12…1, 74÷6=12…2,
75÷6=12…3, 76÷6=12…4,
77÷6=12…5, 78÷6=13이므로
6으로 나누어떨어지는 자연수는 78,
78+6=84입니다.

> **해결 전략**
> ■가 6으로 나누어떨어지면 ■+6도 6으로 나누어떨어집니다.

1-2 63보다 크고 83보다 작은 자연수를 5로 나누어 나머지가 3이 되는 첫 번째 수를 구합니다.
64÷5=12…4, 65÷5=13, 66÷5=13…1,
67÷5=13…2, 68÷5=13…3이므로
5로 나누었을 때 나머지가 3이 되는 자연수는
68, 68+5=73, 73+5=78로 모두 3개입니다.

> **다른 풀이**
> 64÷5=12…4, 65÷5=13이므로 5로 나누었을 때 나누어떨어지는 자연수는 65, 70, 75, 80, 85……입니다. 따라서 63보다 크고 83보다 작은 자연수 중에서 5로 나누었을 때 나머지가 3이 되는 수는 65+3=68, 70+3=73, 75+3=78로 모두 3개입니다.

> **해결 전략**
> ■가 5로 나누었을 때 나머지가 3이면 ■+5도 5로 나누었을 때 나머지가 3입니다.

1-3 84보다 크고 120보다 작은 자연수 중에서 3으로도 나누어떨어지고 4로도 나누어떨어지는 수를 구합니다.

3으로 나누어떨어지는 자연수: 87, 90, 93, **96**, 99, 102, 105, **108**, 111, 114, 117

4로 나누어떨어지는 자연수: 88, 92, **96**, 100, 104, **108**, 112, 116

따라서 3으로도 나누어떨어지고 4로도 나누어떨어지는 자연수는 96, 108로 모두 2개입니다.

> **해결 전략**
> 3으로 나누어떨어지는 수는 3씩 차이가 나고, 4로 나누어떨어지는 수는 4씩 차이가 납니다.

2-1 어떤 수를 □라고 하여 잘못 계산한 식을 세우면

$$\square \div 8 = 18 \cdots 3$$
$$\Rightarrow \square = 8 \times 18 + 3 = 144 + 3 = 147$$

따라서 바르게 계산하면 $147 \div 7 = 21$입니다.

> **주의**
> 어떤 수는 답이 아닙니다. 어떤 수를 구한 다음 어떤 수를 이용하여 바르게 계산한 몫을 구해야 합니다.

2-2 어떤 수를 □라고 하여 잘못 계산한 식을 세우면

$$\square \times 5 = 95 \Rightarrow \square = 95 \div 5 = 19$$

바르게 계산하면 $19 \div 5 = 3 \cdots 4$입니다. 따라서 몫은 3, 나머지는 4가 됩니다.

> **보충 개념**
> $\blacksquare \times \bullet = \blacktriangle \Rightarrow \blacksquare = \blacktriangle \div \bullet$

2-3 어떤 수를 □라고 하여 잘못 계산한 식을 세우면

$$\square \times 3 \times 7 = 630 \Rightarrow \square = 630 \div 7 \div 3$$
$$= 90 \div 3 = 30$$

바르게 계산하면 $30 \div 3 = 10$, $10 \div 7 = 1 \cdots 3$

따라서 몫은 1, 나머지는 3이 됩니다.

3-1 $84 \div 7 = 12$이므로 필요한 누름 못은 $12 + 1 = 13$(개)입니다.

> **다른 풀이**
>
> | 길이(cm) | 필요한 누름 못의 개수 |
> |---|---|
> | 7(=7×①) | 2 |
> | 14(=7×②) | 3 |
> | 21(=7×③) | 4 |
> | ⋮ | ⋮ |
> | 84(=7×⑫) | 13 |

> **해결 전략**
> (필요한 누름 못의 수)=(누름 못 사이의 간격의 수)+1

3-2 원 모양의 공원이므로 처음과 끝에 심은 나무는 같습니다. 따라서 필요한 나무 수는 $90 \div 9 = 10$(그루)입니다.

> **해결 전략**
> • 일직선의 도로에 시작 지점부터 끝 지점까지 나무를 심을 때
> (나무의 수)=(간격의 수)+1
> • 원 모양의 공원 둘레에 나무를 심을 때
> (나무의 수)=(간격의 수)

3-3 (직사각형의 가로에 세울 수 있는 학생 수)
$$= 72 \div 4 + 1 = 18 + 1 = 19(명)$$

(직사각형의 세로에 세울 수 있는 학생 수)
$$= 60 \div 4 + 1 = 15 + 1 = 16(명)$$

따라서 세울 수 있는 학생 수는
$$\underset{\text{직사각형 네 변에 세운 학생 수}}{\underline{19 + 16 + 19 + 16}} - \underset{\text{네 꼭짓점에 세운 학생 수가 두 번씩 더 해졌으므로 뺍니다.}}{\underline{4}} = 70 - 4 = 66(명)$$입니다.

> **다른 풀이**
> 가로에 세울 수 있는 학생 수는 $72 \div 4 = 18$(명)
> 세로에 세울 수 있는 학생 수는 $60 \div 4 = 15$(명)으로 생각하면 세운 학생 수는
> $18 + 15 + 18 + 15 = 66$(명)입니다.
>
>
> ←세로에 세운 학생
> 가로에 세운 학생

> **해결 전략**
> 직사각형의 네 꼭짓점에 세운 학생은 가로에 세운 학생 수와 세로에 세운 학생 수에 모두 포함되므로 한 번씩 빼주어야 합니다.

4-1 연필 99자루를 8명에게 나누어 주는 식을 세우면 $99 \div 8 = 12 \cdots 3$이므로 학생 한 명에게 12자루씩 나누어 주면 연필은 3자루가 남습니다.

8명에게 남김없이 나누어 주려고 했는데 3자루가 남았으므로 더 필요한 연필은 $8 - 3 = 5$(자루)입니다.

4-2 정사각형 네 변의 길이의 합: $2 \times 4 = 8$(cm)

정사각형을 만들고 남은 실이 2 cm이므로 $98 - 2 = 96$(cm)로 정사각형을 만들면 정사각형은 모두 $96 \div 8 = 12$(개) 만들 수 있습니다.

4-3 일주일 동안 푼 문제집의 쪽수는 $120-78=42$ (쪽)이고, 매일 똑같은 쪽수씩 풀었으므로 매일 $42\div7=6$(쪽)씩 푼 것입니다.

따라서 남은 수학 문제집을 모두 풀려면 $78\div6=13$(일)을 더 풀어야 하므로 수학 문세집을 모두 푸는데 $7+13=20$(일)이 걸립니다.

해결 전략
먼저 일주일 동안 푼 문제집의 쪽수를 구하여 매일 몇 쪽씩 풀었는지를 구합니다.

5-1 만들 수 있는 나눗셈식을 모두 알아보면
$86\div4=21\cdots2$, $\underline{84\div6=14}$, $\underline{68\div4=17}$, $\underline{64\div8=8}$, $\underline{48\div6=8}$, $46\div8=5\cdots6$입니다.
따라서 나누어떨어지는 나눗셈식은 모두 4가지입니다.

해결 전략
수 카드로 두 자리 수인 나누어지는 수를 만들고 남은 수 카드로 나누는 수를 만듭니다.

5-2 만들 수 있는 나눗셈식을 모두 알아보면
$52\div4=13$, $54\div2=27$, $\underline{25\div4=6\cdots1}$, $\underline{24\div5=4\cdots4}$, $\underline{45\div2=22\cdots1}$, $\underline{42\div5=8\cdots2}$입니다.
따라서 나머지가 있는 나눗셈식은 모두 4가지입니다.

다른 풀이
나누는 수가 5일 때: $\underline{24\div5=4\cdots4}$, $\underline{42\div5=8\cdots2}$
나누는 수가 2일 때: $54\div2=27$, $\underline{45\div2=22\cdots1}$
나누는 수가 4일 때: $52\div4=13$, $\underline{25\div4=6\cdots1}$
따라서 나머지가 있는 나눗셈식은 모두 4가지입니다.

5-3 만들 수 있는 나눗셈식을 모두 알아보면
$23\div7=3\cdots2$, $27\div3=9$, $32\div7=4\cdots4$, $37\div2=18\cdots1$, $72\div3=24$, $73\div2=36\cdots1$

몫의 크기를 비교하면 $36>24>18>9>4>3$이므로 몫이 가장 큰 나눗셈식의 몫은 36입니다.

다른 풀이
□□÷□의 몫이 가장 크려면 나누어지는 수는 가장 크고 나누는 수는 가장 작아야 합니다. 나누어지는 수가 가장 크려면 십의 자리 수가 가장 커야 합니다. 따라서 $73\div2$의 몫이 가장 크고 $73\div2=36\cdots1$이므로 몫이 가장 큰 나눗셈식의 몫은 36입니다.

6-1 ●○○● 이 반복되어 놓이므로 4개의 바둑돌이 반복되는 규칙입니다.
$83\div4=20\cdots3$이므로 83번째에 놓일 바둑돌은 ●○○● 이 20번 반복된 다음 3번째에 놓이는 바둑돌이므로 ○입니다.
따라서 83번째에 놓일 바둑돌은 흰 바둑돌입니다.

6-2 1 2 3 4 3 2 1의 7개의 수가 반복되는 규칙입니다.
$90\div7=12\cdots6$이므로 90번째에 놓이는 수는 1 2 3 4 3 2 1이 12번 반복된 다음 6번째 수이므로 2입니다.

6-3 나 가 오 파 이 지의 6개의 글자가 반복되는 규칙입니다.
$74\div6=12\cdots2$이므로 나 가 오 파 이 지가 12번 반복된 다음 2번째 글자이므로 가이고, $84\div6=14$이므로 나 가 오 파 이 지가 14번 반복된 마지막 글자이므로 지입니다.
따라서 두 글자를 차례로 이어 쓰면 가지입니다.

7-1 (달에서의 무게)=(지구에서의 무게)÷6
이므로 지구에서의 무게가 $216\,\text{kg}$인 사자가 달에서 잰 무게는 $216\div6=36(\text{kg})$입니다.

◢◤ LEVEL UP TEST
45~49쪽

1 5개	**2** (위에서부터) 2, 4, 6, 4, 1, 2	**3** 2, 8	**4** 14 / 3	**5** 20번
6 89	**7** 110 L	**8** 4개	**9** 1	**10** 2	**11** 13 cm
12 63	**13** 2가지	**14** 12 cm	**15** 86	**16** 112개	**17** 77

1 접근 ≫ 나누는 수와 나머지 사이의 관계를 알아봅니다.

□÷4의 나머지는 4보다 작아야 합니다.

따라서 나머지가 될 수 없는 수는 4, 5, 6, 7, 8로 모두 5개입니다.

해결 전략
■÷●의 나머지는 ●보다 항상 작아요.

2 접근 ≫ 구할 수 있는 빈칸의 수부터 알아봅니다.

3×4＝12이므로 ⑩＝1, ⑭＝2

1②－12＝2이므로 ②＝4입니다.

나누어지는 수의 십의 자리 수가 7이고

나누는 수가 3이므로

3×2＝6에서 ⑤＝2, ⓒ＝6입니다.

②＝4이고, 7ⓑ－60＝14이므로 ⓑ＝4입니다.

```
        ⑤ 4
    3 ) 7 ⓑ
        ⓒ
      ─────
        1 ②
        ⑩ ⑭
      ─────
        2
```

3 38쪽 1번의 변형 심화 유형
접근 ≫ 몫을 △라고 하여 곱셈식으로 고쳐서 해결합니다.

몫을 △라고 하면 7□÷6＝△이므로 검산하는 방법을 이용하면 6×△＝7□입니다.

△＝12일 때 6×12＝72 ➡ □＝2,

△＝13일 때 6×13＝78 ➡ □＝8

해결 전략
6×△＝7□이 되는 △의 값을 구해요.

4 39쪽 2번의 변형 심화 유형
접근 ≫ 어떤 수를 먼저 구합니다.

어떤 수를 □라고 하여 잘못 계산한 식을 세우면 □÷3＝19…2이고 검산을 이용하면 □＝3×19＋2＝57＋2＝59입니다.

따라서 바르게 계산하면 59÷4＝14…3이므로 몫은 14이고, 나머지는 3입니다.

주의
어떤 수를 구하고 그 수를 답이라고 생각하면 안돼요.
어떤 수를 이용하여 바르게 계산한 값을 구해야 해요.

5 41쪽 4번의 변형 심화 유형
접근 ≫ 나눗셈식을 이용하여 몫과 나머지를 구합니다.

77÷4＝19…1에서 구슬을 19번 꺼내면 1개가 남으므로 1번 더 꺼내야 합니다.

따라서 구슬을 모두 19＋1＝20(번) 꺼내야 합니다.

주의
몫이 19라고 19번을 꺼낸다고 답하면 안돼요.

6 38쪽 1번의 변형 심화 유형
접근 ≫ □ 안에 알맞은 수를 구해 봅니다.

㉠÷5＝17…□ ➡ ㉠＝5×17＋□이고

나눗셈에서 나누는 수가 5이므로 □ 안에 들어갈 수 있는 수는 1, 2, 3, 4입니다.

따라서 □＝4일 때 ㉠이 가장 큰 수가 되므로 ㉠＝5×17＋4＝85＋4＝89입니다.

해결 전략
나머지는 나누는 수보다 항상 작아야 하므로 □ 안에는 5보다 작은 수가 들어가야 해요.

7 접근 >> 물속에 잠긴 빙산의 부피를 이용하여 물 위로 보이는 빙산의 부피를 구합니다.

물속에 잠겨 보이지 않는 빙산의 부피는 물 위로 보이는 빙산의 부피의 9배이므로 물 위로 보이는 빙산의 부피는 99÷9＝11(L)입니다.
따라서 이 빙산 선체 부피는 11＋99＝110(L)입니다.

해결 전략
글에서 문제를 푸는 데 필요한 단서를 찾아야 해요.
➡ '물속에 잠겨 보이지 않는 빙산의 부피가 물 위로 보이는 빙산의 부피의 9배'

8 41쪽 4번의 변형 심화 유형
접근 >> 87개를 7개씩 담았을 때 남은 오이의 개수를 구합니다.

오이 87개를 한 봉지에 7개씩 담으면 87÷7＝12…3이므로 봉지 12개에 담을 수 있고, 3개가 남습니다. 따라서 남은 오이가 없도록 한 봉지에 더 담으려면 오이는 7－3＝4(개) 더 필요합니다.

해결 전략
87개를 7개씩 담았을 때 남는 오이의 수와 더 필요한 오이의 수의 합이 한 봉지에 담은 오이의 수(7개)와 같아야 해요.

9 43쪽 6번의 변형 심화 유형
접근 >> 반복되는 수의 규칙을 알아봅니다.

5 4 3 2 1 1 2 3 4의 9개의 수가 반복되는 규칙입니다.
132÷9＝14…6이므로 132번째 수는 5 4 3 2 1 1 2 3 4가 14번 반복된 후 6번째 수이므로 1입니다.

해결 전략
반복되는 수의 개수를 구하여 132를 반복되는 수의 개수로 나누어요.

서술형
10 접근 >> 60★3과 84★7을 각각 계산해 봅니다.

예 가에 60을 나에 3을 넣어 식을 만들어 계산합니다.
(60★3)＝(60÷3)＋(60÷4)＝20＋15＝35
가에 84를 나에 7을 넣어 식을 만들어 계산합니다.
(84★7)＝(84÷7)＋(84÷4)＝12＋21＝33
따라서 (60★3)－(84★7)＝35－33＝2입니다.

채점 기준	배점
60★3을 구했나요?	2전
84★7을 구했나요?	2점
(60★3)－(84★7)을 구했나요?	1점

11 접근 >> 정사각형 3개를 만들 때 사용한 철사의 길이를 먼저 구합니다.

정사각형을 만들고 남은 철사가 4 cm이므로 160－4＝156(cm)로 정사각형 3개를 만들 수 있습니다. 따라서 정사각형 한 개를 만들 때 사용한 철사의 길이는 156÷3＝52(cm)이고, 정사각형의 한 변의 길이는 52÷4＝13(cm)입니다.

해결 전략
정사각형 3개를 만들 때 사용한 철사의 길이 → 정사각형 1개를 만들 때 사용한 철사의 길이 → 정사각형 한 변의 길이 순서로 길이를 구해요.

정사각형의 한 변의 길이를 □ cm라고 하면 정사각형 한 개를 만들 때 사용한 철사의 길이는
(□×4) cm이므로 똑같은 정사각형 3개를 만들 때 사용한 철사의 길이는 (□×4)×3 cm입니다.
□×4×3=160−4 ➡ □×4×3=156, □×4=156÷3=52, □=52÷4=13
따라서 정사각형의 한 변의 길이는 13 cm입니다.

12 접근》 곱셈과 나눗셈의 관계를 이용하여 나눗셈식을 곱셈식으로 고쳐 봅니다.

가÷나=3이 되는 가, 나를 예상해 보면 가=9, 나=3입니다.
다÷가=21에서 가 대신 위에서 예상한 가=9를 넣어 보면
다÷9=21, 다=21×9=189입니다.
따라서 다÷나=189÷3=63입니다.

해결 전략
가와 나에 알맞은 수를 예상하여 다를 구해요.

보충 개념
가=3, 나=1
가=6, 나=2
⋮
와 같이 다양한 경우가 있어요.

13 42쪽 5번의 변형 심화 유형
접근》 만들 수 있는 두 자리 수 □□를 생각하며 나눗셈식을 모두 만들어 봅니다.

나누어지는 수의 십의 자리 수가 3인 경우: 36÷9=4, <u>39÷6=6…3</u>
나누어지는 수의 십의 자리 수가 6인 경우: 63÷9=7, 69÷3=23
나누어지는 수의 십의 자리 수가 9인 경우: <u>93÷6=15…3</u>, 96÷3=32
따라서 나누어떨어지지 않는 나눗셈식은 모두 2가지입니다.

해결 전략
3장의 수 카드로 만들 수 있는 □□÷□는 모두 6가지예요.

14 접근》 직사각형의 가로의 길이 48 cm를 이용하여 정사각형의 한 변의 길이를 구해 봅니다.

겹쳐진 곳이 4군데이므로 겹쳐진 부분의 길이는 3×4=12(cm)입니다.
정사각형의 한 변의 길이를 □ cm라고 하면
□×5−12=48 ➡ □×5=48+12=60, □=60÷5=12
따라서 정사각형의 한 변의 길이는 12 cm입니다.

다른 풀이
정사각형의 한 변의 길이를 □ cm라고 하면 두 번째 정사각형부터 겹쳐서 붙일 때에는
(□−3) cm씩 길어집니다.
따라서 정사각형 5장을 이으면 전체 길이는
□+(□−3)+(□−3)+(□−3)+(□−3)=48, □×5−12=48,
□×5=48+12=60, □=60÷5=12입니다.
따라서 정사각형의 한 변의 길이는 12 cm입니다.

해결 전략

이어 붙인 정사각형의 개수	겹쳐진 곳
2개	1군데
3개	2군데
4개	3군데
5개	4군데

15

39쪽 2번의 변형 심화 유형

접근 》 거꾸로 생각하여 어떤 수를 구합니다.

$$(\text{어떤 수}) \xrightarrow{\text{58을 뺀 수}} ㉠ \xrightarrow{㉠의 \text{ 반}} ㉡ \xrightarrow{㉡을 \text{ 7번 더한 수}} 98$$

거꾸로 생각하면 ㉡을 7번 더한 수가 98이므로 $㉡ \times 7 = 98$, $㉡ = 98 \div 7 = 14$입니다. ㉠의 반이 ㉡이므로 $㉠ \div 2 = ㉡$, $㉠ = ㉡ \times 2 = 14 \times 2 = 28$입니다.

어떤 수에서 58을 뺀 수가 ㉠이므로

$(\text{어떤 수}) - 58 = ㉠$, $(\text{어떤 수}) = ㉠ + 58 = 28 + 58 = 86$입니다.

해결 전략
뒤에서부터 거꾸로 계산하여 어떤 수를 구해요.

보충 개념
뒤에서부터 거꾸로 계산할 때에는 $+ \rightarrow -$, $- \rightarrow +$, $\div \rightarrow \times$, $\times \rightarrow \div$로 바꿔서 해요.

서술형

16

40쪽 3번의 변형 심화 유형

접근 》 정사각형의 한 변에 꽂는 빨강 깃발의 개수를 구해 봅니다.

예 $(\text{정사각형의 한 변에 꽂은 빨강 깃발의 개수}) = 84 \div 6 + 1 = 14 + 1 = 15(\text{개})$

$(\text{정사각형의 네 변에 꽂은 빨강 깃발의 개수}) = 15 \times 4 - 4 = 56(\text{개})$

빨강 깃발과 빨강 깃발 사이에는 파랑 깃발을 한 개씩 꽂으므로 정사각형 한 변에 꽂게 되는 파랑 깃발의 개수는 14개입니다.

필요한 파랑 깃발의 개수는 $14 \times 4 = 56(\text{개})$입니다.

따라서 필요한 빨강 깃발과 파랑 깃발은 모두 $56 + 56 = 112(\text{개})$입니다.

채점 기준	배점
필요한 빨강 깃발의 개수를 구했나요?	2점
필요한 파랑 깃발의 개수를 구했나요?	2점
필요한 전체 깃발의 개수를 구했나요?	1점

해결 전략
• $(\text{정사각형의 한 변에 꽂은 빨강 깃발의 개수}) = (\text{한 변의 길이}) \div (\text{깃발 사이의 간격의 길이}) + 1$
• 정사각형의 네 꼭짓점에 꽂은 깃발은 가로에 꽂은 깃발과 세로에 꽂은 깃발에 모두 포함되므로 한 번씩 빼줘야 해요.

17

접근 》 각 조건을 만족하는 수를 구해 봅니다.

㉠ 7로 나누어떨어지는 두 자리 수
 : 14, 21, 28, 35, 42, 49, 56, 63, 70, 77, 84, 91, 98

㉡ ㉠의 수 중에서 5로 나누면 나머지가 2인 수: 42, 77

㉢ ㉡의 수 중에서 일의 자리 수와 십의 자리 수가 같은 수: 77

따라서 조건을 모두 만족하는 두 자리 수는 77입니다.

다른 풀이
㉢ 일의 자리 수와 십의 자리 수가 같은 두 자리 수: 11, 22, 33, 44, 55, 66, 77, 88, 99
㉠ ㉢의 수 중에서 7로 나누어떨어지는 수: 77
㉡ 77은 5로 나누면 나머지가 2입니다.
따라서 조건을 모두 만족하는 두 자리 수는 77입니다.

해결 전략
7로 나누면 나누어떨어지는 수는 7×1, 7×2, 7×3
……인 수예요.

◤◢ HIGH LEVEL

| **1** 90 | **2** 3개 | **3** 16 cm | **4** 50명 | **5** 119 | **6** 145개 |
| **7** 7명, 53전 | **8** 54개 | **9** 1520, 3040, 4560, 6080 | | | |

1
48쪽 12번의 변형 심화 유형

접근 ≫ 가를 나에 관한 식으로 바꾸어 ㉠에 넣어 봅니다.

㉡에서 가＝나×9이므로 ㉠의 가에 나×9를 넣어 보면

나×9×나＝729, 나×나×9＝729, 나×나＝729÷9＝81, 나＝9입니다.
　　　　 가

나＝9이므로 가＝나×9＝9×9＝81입니다.

따라서 가와 나의 합은 81＋9＝90입니다.

다른 풀이

㉠ 가＝729÷나, ㉡의 가에 729÷나를 넣으면 729÷나÷나＝9,
　　　　　　　　　　　　　　　　　　　　　　　 가

729÷나＝9×나, 729＝9×나×나, 나×나＝729÷9＝81, 나＝9

나＝9이므로 가＝729÷나＝729÷9＝81입니다. 따라서 가와 나의 합은 81＋9＝90입니다.

해결 전략

＝의 양쪽에 0이 아닌 같은 수를 곱하거나 나누어도 식은 성립해요.

■×▲＝729

➡ ■×▲÷▲＝729÷▲,

　■＝729÷▲

서술형 2
49쪽 17번의 변형 심화 유형

접근 ≫ □로 나누어 나머지가 △인 두 자리 수의 규칙을 생각해 봅니다.

㉑ 7로 나누면 나머지가 3이 되는 두 자리 수는 7로 나누어떨어지는 수보다 3 큰 수가 되는 10, 17, 24, 31, 38, 45, 52, 59, 66, 73, 80, 87, 94로 13개입니다.

9로 나누면 나머지가 7이 되는 두 자리 수는 9로 나누어떨어지는 수보다 7 큰 수가 되는 16, 25, 34, 43, 52, 61, 70, 79, 88, 97로 10개입니다.

따라서 개수의 차는 13－10＝3(개)입니다.

채점 기준	배점
7로 나누어 나머지가 3이 되는 두 자리 수를 구했나요?	2점
9로 나누어 나머지가 7이 되는 두 자리 수를 구했나요?	2점
개수의 차를 구했나요?	1점

해결 전략

• 7로 나누어 나머지가 3인 가장 작은 수: 7×1＋3＝10
➡ 10에서 7씩 커지는 수는 모두 7로 나누었을 때 나머지가 3이에요.

• 9로 나누어 나머지가 7인 가장 작은 수: 9×1＋7＝16
➡ 16에서 9씩 커지는 수는 모두 9로 나누었을 때 나머지가 7이에요.

3
47쪽 9번의 변형 심화 유형

접근 ≫ 잘라서 생긴 정사각형의 한 변의 길이의 규칙을 찾아봅니다.

첫 번째 정사각형의 한 변의 길이는 96÷4＝24(cm)입니다.

(두 번째에서 가장 작은 정사각형의 한 변의 길이)＝24÷2＝12(cm)

(세 번째에서 가장 작은 정사각형의 한 변의 길이)＝24÷3＝8(cm)

⋮

(여섯 번째에서 가장 작은 정사각형의 한 변의 길이)＝24÷6＝4(cm)

따라서 여섯 번째에서 만든 가장 작은 정사각형의 네 변의 길이의 합은

4×4＝16(cm)입니다.

해결 전략

(■ 번째에서 가장 작은 정사각형의 한 변의 길이)
＝24÷■

4 접근≫ 30보다 크고 60보다 작은 수 중에서 6으로 나누었을 때 나머지가 2인 수를
구해 봅니다.

30보다 크고 60보다 작은 수 중에서 6으로 나누었을 때 나머지가 2인 수는
$6 \times 5 + 2 = 32$, $6 \times 6 + 2 = 38$, $6 \times 7 + 2 = 44$, $6 \times 8 + 2 = 50$,
$6 \times 9 + 2 = 56$에서 <u>32, 38, 44, 50, 56</u>입니다.
　　　　　　　　　　　　6씩 커지는 수

이 중에서 7로 나누었을 때 나머지가 1인 수는 $50 \div 7 = 7 \cdots 1$이므로 학생은 50명
입니다.

> **해결 전략**
> 6명씩 세우면 2명이 남는다. →
> 6으로 나누었을 때 나머지가 2
> 7명씩 세우면 1명이 남는다. →
> 7로 나누었을 때 나머지가 1

다른 풀이
30보다 크고 60보다 작은 수 중에서 7로 나누었을 때 나머지가 1인 수는 $7 \times 5 + 1 = 36$,
$7 \times 6 + 1 = 43$, $7 \times 7 + 1 = 50$, $7 \times 8 + 1 = 57$에서 36, 43, 50, 57입니다.
이 중에서 6으로 나누었을 때 나머지가 2인 수는 $50 \div 6 = 8 \cdots 2$이므로 학생 수는 50명입니다.

5 48쪽 13번의 변형 심화 유형
접근≫ 만들 수 있는 두 자리 수를 모두 만들어 봅니다.

① 만들 수 있는 두 자리 수: 65, 63, 62, 56, 53, 52, 36, 35, 32, 26, 25, 23
①에서 만든 두 자리 수 중 4로 나누어떨어지는 수는 56, 52, 36, 32이고 가장 큰
수는 56이므로 ㉠=56입니다.
①에서 만든 두 자리 수 중 9로 나누어떨어지는 수는 63, 36이고 가장 큰 수는 63이
므로 ㉡=63입니다.
따라서 ㉠+㉡=56+63=119입니다.

> **해결 전략**
> 4장의 수 카드로 만들 수 있
> 는 두 자리 수 ■●의 개수
> ➡ ■에는 4개의 수를 모두
> 　 쓸 수 있고 ●에는 ■에 쓴
> 　 수를 뺀 3개의 수를 쓸 수
> 　 있어요.
> ➡ ■●: $4 \times 3 = 12$(개)

6 접근≫ 먼저 세 종류의 상자 1개씩에 담을 수 있는 공의 수를 알아봅니다.

세 종류의 상자를 1개씩 반드시 사용해야 하므로 먼저 공을 세 종류의 상자에 각각
담으면 $5 + 6 + 7 = 18$(개)의 공을 담을 수 있습니다.
남은 공 $1009 - 18 = 991$(개)를 상자 수를 가장 적게 사용하려면 공을 7개씩 담을
수 있는 상자를 가장 많이 사용하면 됩니다. $991 \div 7 = 141 \cdots 4$에서 7개를 담을 수
있는 상자를 141개 사용하면 남은 공이 4개이므로 남는 공의 개수로 상자를 채울 수
없습니다. 7개를 담을 수 있는 상자를 140개 사용하면 $991 = 7 \times 140 + 7 + 4$에
서 남은 공이 11개이므로 공을 5개, 6개 담을 수 있는 상자를 각각 1개씩 사용하면
공을 상자에 모두 담을 수 있습니다.
따라서 필요한 상자는 가장 적게 $3 + 140 + 1 + 1 = 145$(개)입니다.
　　　　　　　　처음 세 종류의 상자 1개씩에 공을 담은 상자의 개수

> **해결 전략**
> 상자를 가장 적게 사용하려면
> 7개의 공을 담을 수 있는 상
> 자를 가장 많이 사용하면 돼
> 요. 단, 공을 상자에 주어진
> 개수만큼 담아야 되는 조건을
> 잊으면 안돼요.

참고
5개를 담을 수 있는 상자 1개, 6개를 담을 수 있는 상자 4개, 7개를 담을 수 있는 상자 140개를
사용하여 공을 상자에 담는 방법도 있습니다.

7 접근≫ 사람 수와 물건값 사이의 관계를 알아봅니다.

사람 수를 □라고 할 때 (물건값)$=8 \times$□-3 또는 (물건값)$=7 \times$□$+4$입니다. (물
건값)$=8 \times$□-3에서 (물건값)$+3$은 8로 나누어떨어져야 합니다. $54 \div 8 = 6 \cdots 6$,
$55 \div 8 = 6 \cdots 7$, <u>$56 \div 8 = 7$</u>, $57 \div 8 = 7 \cdots 1$에서 (물건값)$+3 = 56$이므로 (물건
값)$=56 - 3 = 53$(전)이고, 사람 수는 $56 \div 8 = 7$(명)입니다.

> **해결 전략**
> 8전씩 내면 3전이 남으므로
> (물건값)$=8 \times$(사람 수)-3,
> 7전씩 내면 4전이 부족하므로
> (물건값)$=7 \times$(사람 수)$+4$
> 예요.

다른 풀이

물건값이 50전보다 많고 55전보다 적으므로 물건값은 51전, 52전, 53전, 54전이 될 수 있습니다. 7전씩 내면 4전이 부족하므로 (물건값)−4는 7로 나누어떨어집니다.

$47 \div 7 = 6 \cdots 5$, $48 \div 7 = 6 \cdots 6$, $\underline{49 \div 7 = 7}$, $50 \div 7 = 7 \cdots 1$에서

(물건값)−4=49이므로 (물건값)=49+4=53(전)이고, 사람 수는 $49 \div 7 = 7$(명)입니다.

8 접근》 2로 나누어떨어지지 않는 수의 개수부터 구합니다.

1부터 200까지의 자연수 중에서

2로 나누어떨어지지 않는 수: 1, 3, 5……199(홀수 100개)

홀수 중에서 5로 나누어떨어지는 수: 5, 15, 25……195(20개)

➡ 2와 5로 나누어떨어지지 않는 수는 $\underline{100 - 20 = 80}$(개)

80개의 수 중에서 3으로 나누어떨어지는 수: 3, 9, 21, 27, 33, 39, 51, 57, 63, 69, 81, 87, 93, 99, 111, 117, 123, 129, 141, 147, 153, 159, 171, 177, 183, 189(26개)

➡ 2, 3, 5의 어느 수로도 나누어떨어지지 않는 수의 개수는 $\underline{80 - 26 = 54}$(개)

해결 전략
· 2로 나누어떨어지지 않는 수의 개수에서 5로 나누어떨어지는 수의 개수를 빼요.
· 2와 5로 나누어떨어지지 않는 수의 개수에서 3으로 나누어떨어지는 수의 개수를 빼요.

다른 풀이

1부터 200까지의 자연수 중에서 2로 나누어떨어지는 수는 2, 4, 6……200으로 100개이고, 3으로 나누어떨어지는 수는 3, 6, 9……198로 66개이고, 5로 나누어떨어지는 수는 5, 10, 15……200으로 40개입니다.

따라서 1부터 200까지의 자연수에서 2, 3, 5로 나누어떨어지는 수를 빼면 되는데 $2 \times 3 = 6$과 $2 \times 5 = 10$과 $3 \times 5 = 15$로 나누어떨어지는 수가 두 번씩 빼어지므로 이 수들을 한 번씩 더해야 됩니다. 6으로 나누어떨어지는 수는 $200 \div 6 = 33 \cdots 2$에서 33개이고, 10으로 나누어떨어지는 수는 $200 \div 10 = 20$에서 20개이고, 15로 나누어떨어지는 수는 $200 \div 15 = 13 \cdots 5$에서 13개입니다. 그런데 $2 \times 3 \times 5 = 30$으로 나누어떨어지는 수는 세 번 뺐다가 세 번 더하게 되므로 다시 빼줘야 합니다. 30으로 나누어떨어지는 수는 $200 \div 30 = 6 \cdots 20$에서 6개입니다.

➡ $200 - 100 - 66 - 40 + 33 + 20 + 13 - 6 = 54$(개)

9 49쪽 17번의 변형 심화 유형
접근》 ㉠㉡, ㉢㉣을 □에 관한 식으로 나타냅니다.

㉠㉡$\times 4 =$ ㉢㉣$\times 3$에서 두 자리 수 ㉠㉡은 3의 배수이고, ㉢㉣은 4의 배수임을 알 수 있습니다. ㉠㉡을 어떤 수 □의 3배, ㉢㉣을 어떤 수 □의 4배라고 하면 두 번째 조건에서 ㉢㉣−㉠㉡$= 4 \times$□$- 3 \times$□$=$□, □는 5로 나누어떨어지고 $4 \times$□는 두 자리 수이므로 □ 안에 들어갈 수 있는 수는 $\underline{5, 10, 15, 20}$입니다.

□$=5$인 경우 ㉠㉡$= 3 \times$□$= 3 \times 5 = 15$, ㉢㉣$= 4 \times$□$= 4 \times 5 = 20$

➡ ㉠㉡㉢㉣$= 1520$

□$=10$인 경우 ㉠㉡$= 3 \times$□$= 3 \times 10 = 30$, ㉢㉣$= 4 \times$□$= 4 \times 10 = 40$

➡ ㉠㉡㉢㉣$= 3040$

□$=15$인 경우 ㉠㉡$= 3 \times$□$= 3 \times 15 = 45$, ㉢㉣$= 4 \times$□$= 4 \times 15 = 60$

➡ ㉠㉡㉢㉣$= 4560$

□$=20$인 경우 ㉠㉡$= 3 \times$□$= 3 \times 20 = 60$, ㉢㉣$= 4 \times$□$= 4 \times 20 = 80$

➡ ㉠㉡㉢㉣$= 6080$

따라서 조건을 만족하는 네 자리 수 ㉠㉡㉢㉣은 1520, 3040, 4560, 6080입니다.

해결 전략
□$=25$인 경우
$4 \times$□$= 4 \times 25 = 100$이 되어 $4 \times$□가 세 자리 수가 되어요.

3 원

BASIC TEST

1 원의 중심, 반지름, 지름 | 57쪽

1 선분 ㅇㄱ, 선분 ㅇㄷ, 선분 ㅇㅂ / 선분 ㄷㅂ
2 4 cm / 2 cm **3** 5 cm **4** 14 cm
5 ㉠, ㉢ **6** 6배

1 반지름은 원의 중심과 원 위의 한 점을 이은 선분이고, 지름은 원 위의 두 점을 이은 선분 중 원의 중심을 지나는 선분입니다.

2 원의 반지름은 2 cm이므로
원의 지름은 $2 \times 2 = 4$(cm)입니다.

3 원의 지름이 10 cm이므로 반지름은
$10 \div 2 = 5$(cm)입니다.

> **해결 전략**
> 정사각형 안에 그릴 수 있는 가장 큰 원을 그렸을 때 원의 지름은 정사각형의 한 변의 길이와 같습니다.

4 (큰 원의 지름)
$= $(원 가의 지름)$+$(원 나의 지름)
$= (4+4)+(3+3) = 8+6 = 14$(cm)

> **다른 풀이**
> (큰 원의 반지름)
> $= $(원 가의 반지름)$+$(원 나의 반지름)
> $= 4+3 = 7$(cm)
> (가장 큰 원의 지름)$= $(가장 큰 원의 반지름)$\times 2$
> $= 7 \times 2 = 14$(cm)

5 ㉠ 반지름이 3 cm인 원의 지름은 $3 \times 2 = 6$(cm)입니다.
㉡ 한 원에서 원의 지름은 무수히 많습니다.
㉢ (지름)$=$(반지름)$\times 2$
㉣ 한 원에서 반지름의 길이는 모두 같습니다.
따라서 바르게 설명한 것은 ㉠과 ㉢입니다.

6 가장 큰 원의 지름은 원 나와 다의 지름의 합의 2배입니다.
(원 나와 다의 지름의 합)$= 12+6 = 18$(cm)
(가장 큰 원의 지름)$= 18 \times 2 = 36$(cm)이므로
가장 큰 원의 지름은 원 다의 지름의 $36 \div 6 = 6$(배)입니다.

2 여러 가지 모양 그리기 | 59쪽

1 20 cm
2

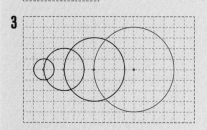

3

4 2개
5 예 원의 중심은 같고, 반지름이 모눈 1칸씩 늘어나는 규칙입니다.
6 18 cm

1 직사각형의 가로는 원의 지름의 2배이고 지름은 반지름의 2배입니다.
따라서 직사각형의 가로는 $5 \times 2 \times 2 = 20$(cm)입니다.

2 큰 원을 그리고 큰 원의 반지름을 지름으로 하는 작은 원 2개를 큰 원의 중심에서 서로 만나도록 그려야 하므로 3개의 원의 중심을 찍습니다.

3 원의 중심이 오른쪽으로 2칸, 3칸……씩 옮겨 가고, 원의 반지름이 한 칸씩 늘어나는 규칙입니다.

> **해결 전략**
> 원의 중심과 반지름을 살펴봅니다.

4 원의 개수: 3개
원의 중심이 같은 원의 개수: 2개
따라서 원의 중심은 2개입니다.

> **주의**
> 중심이 같은 원의 중심은 1개로 생각합니다.

5 가장 작은 원의 반지름: 모눈 1칸
가운데 작은 원의 반지름: 모눈 2칸
가장 큰 원의 반지름: 모눈 3칸
➡ 반지름이 모눈 1칸씩 늘어나고 있습니다.

6 (선분 ㄱㄴ의 길이)$=$(반지름)$\times 3$
$= 6 \times 3 = 18$(cm)

정답과 풀이

MATH TOPIC

60~66쪽

1-1 3개　　1-2 5개　　1-3 10개
2-1 ㉠　　2-2 ㉢, ㉣　　2-3 45 mm
3-1 4 cm　　3-2 6 cm　　3-3 3 cm
4-1 28 cm　　4-2 20 cm　　4-3 58 cm
5-1 11 cm　　5-2 16 cm　　5-3 194 cm
6-1 6개　　6-2 140 cm　　6-3 11번

심화7 350, 20, 210, 210, 35 / 35
7-1 8개

1-1 그린 원의 개수: 6개
➡ 원의 중심의 개수: 6개
원의 중심이 같은 원의 개수: 4개
➡ (원의 중심의 개수)=6-4+1
=3(개)

1-2 그린 원의 개수: 6개
➡ 원의 중심의 개수: 6개
원의 중심이 같은 원의 개수: 2개
➡ (원의 중심의 개수)=6-2+1
=5(개)

1-3 가 모양: 그린 원의 개수 7개
➡ 원의 중심의 개수 7개,
원의 중심이 같은 원의 개수 3개
(가 모양의 원의 중심의 개수)
=7-3+1=5(개)
나 모양: 그린 원의 개수 5개
➡ 원의 중심의 개수 5개
원의 중심이 같은 원 없음
(나 모양의 원의 중심의 개수)=5개
따라서 가 모양과 나 모양의 원의 중심의 개수의 합
은 5+5=10(개)입니다.

2-1 각 원의 반지름을 모두 구합니다.
㉠ 10÷2=5(cm)　㉡ 16 cm　㉢ 8 cm
㉣ 24÷2=12(cm)
반지름이 가장 짧은 원이 가장 작은 원이므로 ㉠입니다.

다른 풀이
각 원의 지름을 구하면
㉠ 10 cm, ㉡ 16×2=32(cm),
㉢ 8×2=16(cm), ㉣ 24 cm입니다.
지름이 가장 짧은 원이 가장 작은 원이므로 ㉠입니다.

주의
지름과 반지름으로 원의 크기를 비교하지 않도록 주의합니다. 모든 원의 지름을 구하거나 반지름을 구하여 그 길이를 비교해야 합니다.

2-2 주어진 원은 지름이 20 cm이므로 반지름은
20÷2=10(cm) ➡ 100 mm입니다.
따라서 주어진 원과 크기가 같은 원은 지름이
20 cm=200 mm이거나 반지름이
10 cm=100 mm인 원이므로 ㉢, ㉣입니다.

2-3 ㉠ 지름이 9 cm=90 mm이므로
반지름은 90÷2=45(mm)
㉡ 반지름은 80 mm
㉢ 지름이 18 cm이므로
반지름은 18÷2=9(cm) ➡ 90 mm
가장 큰 원의 반지름은 90 mm, 가장 작은 원의 반지름은 45 mm이므로 두 원의 반지름의 차는
90-45=45(mm)입니다.

해결 전략
1 cm=10 mm임을 이용하여 단위를 mm로 같게 한 후 반지름을 비교해야 합니다.

3-1 큰 원의 반지름이 8 cm이므로 작은 원의 지름은
8 cm입니다.
➡ (작은 원의 반지름)=8÷2=4(cm)

3-2 (큰 원의 지름)=10+10=20(cm)이고, 작은 원의 지름을 □라 하면 큰 원의 지름은 작은 원 2개의 지름의 합에서 겹쳐지는 부분을 뺀 것과 같으므로
20=□+□-4, □+□=24, □=12(cm)
입니다. 따라서 (작은 원의 지름)=12 cm이므로
(작은 원의 반지름)=6 cm입니다.

해결 전략
(큰 원의 지름)
=(작은 원 2개의 지름의 합)-(겹쳐진 부분)

3-3 네 번째 모양은 오른쪽과 같습니다.

(반지름이 15 cm인 원의 지름)

$= 15 \times 2 = 30$(cm)

(작은 원의 지름)$= 30 \div 5 = 6$(cm)

(작은 원의 반지름)$= 6 \div 2 = 3$(cm)

> **다른 풀이**
> 큰 원의 지름이 작은 원의 반지름의 몇 배인지 알아보면 첫 번째부터 차례로 4배, 6배, 8배······이므로 네 번째 원은 10배입니다. 큰 원의 지름이 30 cm이므로 작은 원의 반지름은 $30 \div 10 = 3$(cm)입니다.

4-1 원의 반지름은 모두 7 cm이고, 사각형의 변 ㄱㄴ, 변 ㄴㄷ, 변 ㄷㄹ, 변 ㄹㄱ의 길이는 모두 원의 반지름과 같습니다.

따라서 사각형 ㄱㄴㄷㄹ의 네 변의 길이의 합은 $7 \times 4 = 28$(cm)입니다.

4-2 삼각형 ㄱㄴㄷ의 세 변의 길이는 모두 원의 반지름과 같으므로 삼각형 ㄱㄴㄷ의 한 변의 길이는 $30 \div 3 = 10$(cm)입니다.

따라서 원의 반지름이 10 cm이므로 원의 지름은 $10 \times 2 = 20$(cm)입니다.

4-3 색칠한 사각형 ㄱㄴㄷㄹ의 각 변의 길이를 구하여 더합니다.

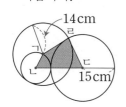

(변 ㄱㄹ)$= 14$ cm, (변 ㄷㄹ)$= 15$ cm

(변 ㄱㄴ)$=$(지름이 14 cm인 원의 반지름)

$= 14 \div 2 = 7$(cm)

(변 ㄴㄷ)$= 7 + 15 = 22$(cm)

따라서 사각형 ㄱㄴㄷㄹ의 네 변의 길이의 합은 $7 + 22 + 15 + 14 = 58$(cm)입니다.

5-1

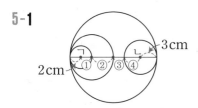

(①의 길이)$= 2$ cm, (②의 길이)$= 4$ cm이므로

(가장 큰 원의 반지름)$= 8$ cm입니다.

(④의 길이)$= 3$ cm이므로

(③의 길이)$=$(가장 큰 원의 반지름)$- 3 - 3$

$= 8 - 3 - 3 = 2$(cm) 입니다.

따라서 (선분 ㄱㄴ)$=$ ① $+$ ② $+$ ③ $+$ ④

$= 2 + 4 + 2 + 3$

$= 11$(cm)입니다.

5-2 (선분 ㄱㄴ의 길이)

$=$(반지름)$\times 4 -$(겹쳐진 부분)$\times 2$

$= 5 \times 4 - 2 \times 2 = 20 - 4 = 16$(cm)

> **해결 전략**
> (원 2개를 겹칠 때 겹쳐지는 부분)$= 1$군데
> (원 3개를 겹칠 때 겹쳐지는 부분)$= 2$군데
> (원 ■개를 겹칠 때 겹쳐지는 부분)$=($■$- 1)$군데

5-3 원의 반지름은 9 cm이므로

지름은 $9 \times 2 = 18$(cm)입니다.

선분 ㄱㄴ의 길이는 원 12개를 겹치지 않고 연결한 길이에서 겹쳐진 11군데의 길이를 빼주면 됩니다.

(선분 ㄱㄴ의 길이)

$=$(원의 지름)$\times 12 -$(겹쳐진 부분)$\times 11$

$= 18 \times 12 - 2 \times 11$

$= 216 - 22 = 194$(cm)입니다.

6-1 초콜릿의 지름은 $2 \times 2 = 4$(cm)입니다.

$12 \div 4 = 3$, $8 \div 4 = 2$이므로 초콜릿을 가로에 3개, 세로에 2개씩 넣을 수 있습니다.

따라서 넣을 수 있는 초콜릿은 최대 $3 \times 2 = 6$(개)입니다.

6-2 (선분 ㄱㄴ의 길이)$=$(원의 지름)$\times 2$이므로

(한 원의 지름)$= 28 \div 2 = 14$(cm)

(도화지의 가로)$=$(원의 지름)$\times 3$

$= 14 \times 3 = 42$(cm),

(도화지의 세로)$=$(원의 지름)$\times 2$

$= 14 \times 2 = 28$(cm)

따라서 도화지의 네 변의 길이의 합은

$42 + 28 + 42 + 28 = 140$(cm)입니다.

> **다른 풀이**
> (도화지의 네 변의 길이의 합)
> $=$(원의 지름)$\times 10 = 14 \times 10 = 140$(cm)

6-3 (구멍의 지름)=2×2=4(mm),

구멍의 개수를 □개라고 할 때

$5+4×□+5×(□-1)+5=104$

<u>　　　양 끝 간격　　　</u>

➡ $4×□+5×(□-1)=104-5-5=94$

□=10이라면

$4×10+5×9=40+45=85(×)$,

□=11이라면

$4×11+5×10=44+50=94(○)$

따라서 구멍을 모두 11번 뚫어야 합니다.

해결 전략
구멍의 개수를 □개라고 하면
구멍 사이의 간격의 개수는 (□-1)개입니다.

주의
식을 쓸 때 양 끝의 간격 5 mm도 잊지 않고 더해줍니다.

7-1 떡살의 반지름이 2 cm이므로

지름은 2×2=4(cm)입니다.

따라서 가로가 32 cm인 절편에 문양을 최대

32÷4=8(개)까지 찍을 수 있습니다.

◆ LEVEL UP TEST

67~71쪽

1 ㉡	**2** 다, 25 cm	**3** 점 ㄱ, 점 ㄷ	**4** 52 cm	**5** 10 cm
6 예 원의 중심이 변하고 원의 반지름이 점점 커지는 규칙입니다.			**7** 6개	**8** 2 cm
9 135 cm	**10** 240 cm	**11** 4 cm	**12** 80개	**13** 12 cm	**14** 12 cm
15 99 cm	**16** 10 cm	**17** 64 cm		

1 접근 » 각 원의 중심과 반지름을 찾아봅니다.

㉠은 원의 중심은 같고 반지름은 변하게 그렸고 ㉡은 원의 반지름은 같고 원의 중심이 변하게 그렸고, ㉢, ㉣은 원의 중심도 변하고 반지름도 변하게 그렸습니다.

해결 전략
원의 중심의 위치와 반지름의 길이를 살펴봐요.

2 접근 » 조건에 따라 각 원의 반지름을 구해봅니다.

(나의 지름)=10 cm이므로 (나의 반지름)=5 cm입니다.

(가의 반지름)=(나의 반지름)×2=5×2=10(cm)이므로

(가의 지름)=20 cm입니다.

(다의 반지름)=(가의 지름)+(나의 반지름)=20+5=25(cm)입니다.

따라서 세 원의 반지름의 길이를 비교해 보면 다의 반지름이 25 cm로 가장 큰 원입니다.

3 접근 » 점 ㅂ에서 같은 거리의 점들을 생각해 봅니다.

점 ㅂ에서 거리가 4 cm인 점은 원의 중심을 지나는 지름과 같습니다.

점 ㄹ과 점 ㅁ은 원의 중심이므로 선분 ㄱㅂ과 선분 ㄷㅂ은 원의 지름입니다.

따라서 점 ㅂ에서 거리가 4 cm인 점은 점 ㄱ과 점 ㄷ입니다.

해결 전략
점 ㄴ에서 점 ㅂ까지의 거리가 4 cm라고 생각하면 안돼요.

4 접근 ≫ **직사각형의 가로의 길이가 몇 cm인지 구해봅니다.**

(직사각형의 세로의 길이)＝8 cm이므로 원의 지름은 8 cm, 반지름은 4 cm이고
(직사각형의 가로의 길이)＝4＋10＋4＝18(cm)입니다.
따라서 직사각형의 네 변의 길이의 합은 8＋18＋8＋18＝52(cm)입니다.

해결 전략
직사각형의 가로와 세로 중
원의 지름을 찾아요.

5 61쪽 2번의 변형 심화 유형
접근 ≫ **원 나의 반지름의 길이를 □라 하여 식을 써봅니다.**

원 나의 반지름의 길이를 □라고 하면 원 가의 반지름의 길이는 □×2이고,
지름의 길이는 □×2×2＝□×4입니다.
□×4＝40이므로 □＝40÷4＝10입니다.
따라서 원 나의 반지름은 10 cm입니다.

해결 전략
(지름)＝(반지름)×2

6 접근 ≫ **원의 중심과 반지름이 어떻게 변하는지 알아봅니다.**

원의 중심과 원의 반지름의 변화를 찾아 규칙을 설명합니다.

서술형 **7** 65쪽 6번의 변형 심화 유형
접근 ≫ **직사각형 안에 그릴 수 있는 가장 큰 원의 지름을 생각해 봅니다.**

⑩ 직사각형 안에 그릴 수 있는 가장 큰 원의 지름은 직사각형의 세로와 같으므로
3 cm입니다.

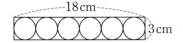

따라서 그릴 수 있는 가장 큰 원은 최대 18÷3＝6(개)입니다.

해결 전략
도형의 변의 길이를 이용하여
반지름의 길이를 구해요.

채점 기준	배점
직사각형 안에 그릴 수 있는 가장 큰 원의 지름을 구했나요?	2점
직사각형 안에 그릴 수 있는 원은 최대 몇 개인지 구했나요?	3점

8 65쪽 6번의 변형 심화 유형
접근 ≫ **(상자의 가로 길이)＝(쿠키 50개의 길이)＋(칸막이 49개의 길이)**

상자의 세로가 8 cm이므로 쿠키의 지름의 길이는 8 cm이고 50개의 쿠키를 넣으므
로 (쿠키 50개의 길이)＝50×8＝400(cm)입니다. 쿠키 50개 사이에 들어가는 칸
막이의 개수는 49개이고 상자의 가로 길이가 498 cm이므로 칸막이 49개가 차지하
는 길이는 498－400＝98(cm)입니다.
따라서 칸막이 한 개의 두께가 1 cm이면 칸막이 전체 두께가 49 cm이고, 칸막이 한
개의 두께가 2 cm이면 칸막이 전체 두께가 49×2＝98(cm)이므로 칸막이 한 개의
두께는 2 cm입니다.

해결 전략
칸막이는 쿠키와 쿠키 사이에
있으므로 전체 칸막이 수는
(쿠키 수)－1개예요.

9 접근 ≫ 원의 반지름과 삼각형의 한 변의 관계를 생각해 봅니다.

삼각형의 한 변의 길이는 원의 반지름의 3배와 같고,

원의 반지름은 30÷2=15(cm)입니다.

따라서 삼각형 ㄱㄴㄷ의 세 변의 길이가 모두 같으므로 세 변의 길이의 합은

(선분 ㄱㄴ)×3=(원의 반지름)×3×3

$$=(원의 반지름)×9$$

$$=15×9=135(cm)입니다.$$

해결 전략
삼각형의 한 변에 원의 반지름이 몇 개가 있는지 알아봐요.

10 접근 ≫ 길이가 같은 변을 찾아봅니다.

(원의 지름)=5×2=10(cm), 같은 표시가 있는 변의 길이는 같습니다.

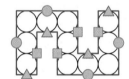

● : 30 cm
■ : 20 cm
▲ : 10 cm

따라서 (빨간색 선의 길이)=30×4+20×4+10×4

$$=120+80+40$$

$$=240(cm)입니다.$$

다른 풀이
빨간색 선의 길이는 원의 지름의 24배이므로 10×24=240(cm)입니다.

해결 전략
원의 지름을 이용하여 변의 길이를 구해요.

11 61쪽 2번의 변형 심화 유형
접근 ≫ 규칙에 따라 원의 반지름의 길이를 구해봅니다.

원 라의 반지름이 16 cm이므로 원 다의 지름은 16 cm이고,

원 나의 지름은 16÷2=8(cm)입니다.

따라서 원 가의 지름은 8÷2=4(cm)입니다.

해결 전략
(반지름)=(지름)÷2

12 65쪽 6번의 변형 심화 유형
접근 ≫ 직사각형의 가로와 세로에 몇 개의 점이 찍히는지 알아봅니다.

그릴 수 있는 원의 개수는 1 m 간격으로 찍은 점의 개수와 같습니다.

30 m인 변 위에 찍은 점의 개수: 30+1=31(개),

10 m인 변 위에 찍은 점의 개수: 10+1=11(개)

➡ 직사각형 위에 찍은 점의 개수: 31+11+31+11-4=80(개)

따라서 그릴 수 있는 원은 모두 80개입니다.

주의
직사각형의 변 위에 찍은 점의 개수를 구할 때에는 한 변에 찍은 점의 개수를 각각 구하여 모두 더한 다음 꼭짓점 부분에 찍은 점은 각각 두 번씩 더해지기 때문에 4를 빼야 하는데 빼지 않아서 틀릴 수 있어요.

13

63쪽 4번의 변형 심화 유형

접근 》 주어진 원을 가, 나, 다로 하고 삼각형 둘레에 대해 식을 세워봅니다.

점 ㄱ을 중심으로 하는 원을 가, 점 ㄴ을 중심으로 하는 원을 나, 점 ㄷ을 중심으로 하는 원을 다라고 하면 (가의 반지름)＋(나의 반지름)＋(나의 반지름)＋(다의 반지름)＋(다의 반지름)＋7＋(가의 반지름)＝31

{(가의 반지름)＋(나의 반지름)＋(다의 반지름)}×2＝31－7＝24

➡ (가의 반지름)＋(나의 반지름)＋(다의 반지름)＝24÷2＝12(cm)

해결 전략
삼각형 ㄱㄴㄷ의 세 변의 길이의 합에는 각 원의 반지름의 길이가 두 번씩 더해져 있어요.

주의
각각의 원의 반지름을 구하지 않아도 세 원의 반지름의 합을 구할 수 있어요.

14

62쪽 3번의 변형 심화 유형

접근 》 작은 원이 2개인 경우를 먼저 생각해 봅니다.

원 안에 그릴 수 있는 작은 원의 개수가 2개일 경우에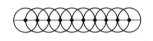
반지름의 개수 3개와 큰 원의 지름이 같고,

원 안에 그릴 수 있는 작은 원의 개수가 3개일 경우에 반지름의 개수 4개와 큰 원의 지름이 같습니다. 같은 방법으로 원 안에 그릴 수 있는 작은 원의 개수가 10개일 경우에 반지름의 개수 11개와 큰 원의 지름이 같습니다.

(큰 원의 지름)＝33×2＝66(cm)이고, 작은 원의 반지름을 □cm라 하면

□×11＝66, □＝6 cm입니다.

따라서 작은 원의 지름은 6×2＝12(cm)입니다.

해결 전략
큰 원 안에 그린 작은 원이 2개, 3개……늘어날 때 큰 원의 지름과 작은 원의 반지름의 개수 사이의 관계를 알아봐요.

15

64쪽 5번의 변형 심화 유형

접근 》 원 3개의 중심을 연결한 선분의 길이를 먼저 생각해 봅니다.

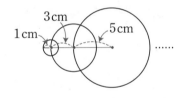

그림의 원 3개를 예로 들면, 반지름의 길이가 1 cm인 원부터 차례로 2 cm씩 길어지면 반지름의 길이가 1 cm, 3 cm, 5 cm인 원이 되고 이 3개의 중심을 연결한 선분의 길이를 구해보면 3＋5＝8(cm)입니다.

같은 방법으로 반지름의 길이가 2 cm씩 길어지는 원 10개의 반지름의 길이를 살펴보면 1 cm, 3 cm, 5 cm, 7 cm, 9 cm……19 cm가 되고 양 끝에 놓인 원의 중심을 연결한 선분의 길이는 3＋5＋7＋9＋11＋13＋15＋17＋19＝99(cm)입니다.

주의
양 끝에 놓인 원의 중심을 연결한 선분에는 1 cm의 길이를 넣지 않도록 주의해요.

서술형 16

접근 》 두 사각형의 둘레에 대한 식을 써 봅니다.

예 (사각형 ㄱㄴㄷㄹ의 둘레)＝7＋7＋(변 ㄷㄹ)＋(변 ㄹㄱ)

(사각형 ㄹㅁㅂㅅ의 둘레)＝(변 ㅅㄹ)＋(변 ㄹㅁ)＋2＋2

변 ㄷㄹ, 변 ㄹㄱ, 변 ㅅㄹ, 변 ㄹㅁ은 가운데 원의 반지름으로 모두 길이가 같으므로

(변 ㄷㄹ)＋(변 ㄹㄱ)＝(변 ㅅㄹ)＋(변 ㄹㅁ)입니다.

따라서 두 사각형의 둘레의 차는 7＋7－2－2＝14－4＝10(cm)입니다.

7＋7＋{(변 ㄷㄹ)＋(변 ㄹㄱ)}－2－2－{(변 ㅅㄹ)＋(변 ㄹㅁ)}＝7＋7－2－2

보충 개념
등식의 양변에서 같은 수를 빼도 등식은 성립해요.

채점 기준	배점
사각형 ㄱㄴㄷㄹ의 둘레를 구했나요?	2점
사각형 ㄹㅁㅂㅅ의 둘레를 구했나요?	2점
사각형 ㄱㄴㄷㄹ과 사각형 ㄹㅁㅂㅅ의 둘레의 차를 구했나요?	1점

17 접근 » 어떤 규칙으로 도형이 만들어지는지 알아봅니다.

두 원의 중심 사이의 길이는 지름의 길이와 같으므로 $2 \times 2 = 4$(cm)입니다.

사각형의 한 변의 길이는 같고, 다른 변의 길이는 지름의 길이만큼 길어지는 규칙입니다.

(첫 번째 사각형의 다른 변의 길이)$= 4$ cm

(두 번째 사각형의 다른 변의 길이)$= 4 \times 2 = 8$(cm)

(세 번째 사각형의 다른 변의 길이)$= 4 \times 3 = 12$(cm)

⋮

(일곱 번째 사각형의 다른 변의 길이)$= 4 \times 7 = 28$(cm)

따라서 일곱 번째 만든 사각형의 네 변의 길이의 합은 $4 + 28 + 4 + 28 = 64$(cm)입니다.

다른 풀이

두 원의 중심 사이의 길이는 지름의 길이와 같으므로 $2 \times 2 = 4$(cm)입니다.

각 순서에서 만들어지는 사각형의 네 변의 길이의 합은 지름의 길이의 4배, 6배, 8배……와 같이 늘어나는 규칙이므로 일곱 번째는 지름의 길이의 $4 + 2 \times 6 = 4 + 12 = 16$(배)가 됩니다.

따라서 일곱 번째 만든 사각형의 네 변의 길이의 합은 $4 \times 16 = 64$(cm)입니다.

해결 전략
원이 늘어날 때마다 변하는 도형들의 변의 길이에서 규칙을 찾아요.

▲▲ HIGH LEVEL
72~74쪽

| **1** 72 cm | **2** 96 cm | **3** 64 cm | **4** 56 cm | **5** 8 cm | **6** 83개 |
| **7** 40 cm | **8** 7개 | | | | |

1 접근 » 8개의 원을 어떻게 이어 붙였는지 생각해 봅니다.

(원의 반지름)$= 18 \div 2 = 9$(cm)

(사각형 ㄷㄴㄹㅁ의 둘레의 길이)$= 9 + 9 + 9 + 9 = 36$(cm)

(선분 ㄱㅌ의 길이)$= 9 + 9 + 9 + 9 = 36$(cm)

따라서 구하는 길이의 합은 $36 + 36 = 72$(cm)입니다.

해결 전략
사각형 ㄷㄴㄹㅁ에서 원의 반지름의 길이와 같은 변이 어느 것인지 찾아봐요.

서술형 **2** 69쪽 9번의 변형 심화 유형
접근 » 원의 반지름의 길이를 먼저 구해 봅니다.

예 $40 \div 5 = 8$이므로 원의 반지름은 8 cm입니다.

색칠한 사각형의 각 변은 원의 반지름과 같습니다.

따라서 색칠한 사각형 3개의 둘레의 길이의 합은 $8 \times 4 \times 3 = 96$(cm)입니다.

채점 기준	배점
원의 반지름의 길이를 구했나요?	2점
사각형 3개의 둘레의 길이의 합을 구했나요?	3점

3 접근 ≫ 원의 중심을 이어 만든 직사각형의 가로와 세로에 원이 몇 개 들어가는지 구해 봅니다.

18÷2＝9에서 직사각형의 가로에 이어 붙인 원 9개,

10÷2＝5에서 직사각형의 세로에 이어 붙인 원 5개,

그리고 네 꼭짓점에서 각각 1개씩의 원을 이어 붙여줍니다.

(원의 반지름)＝2÷2＝1(cm),

(원의 중심을 이어서 만든 직사각형의 가로)＝2×9＋1×2＝18＋2＝20(cm)

(원의 중심을 이어서 만든 직사각형의 세로)＝2×5＋1×2＝10＋2＝12(cm)

따라서 중심을 이어서 만든 직사각형의 둘레의 길이는

20＋12＋20＋12＝64(cm)입니다.

주의
네 꼭짓점에도 원이 놓이는 것을 잊지 않도록해요.

보충 개념

1 cm 1 cm인 길이가 가로, 세로 양쪽으로 각각 2개

다른 풀이
(가로에 놓이는 원의 개수)＝9개, (세로에 놓이는 원의 개수)＝5개
➡ (직사각형 둘레에 놓인 원의 개수)＝9＋5＋9＋5＋4＝32(개)
　　　　　　　　　　　네 꼭짓점에 들어가는 원의 개수
원의 지름은 2 cm이므로 원의 중심을 이어서 만든 직사각형 둘레의 길이는
32×2＝64(cm)입니다.

4 69쪽 10번의 변형 심화 유형
접근 ≫ 빨간색과 파란색 선의 길이를 원의 지름과 반지름으로 구합니다.

(빨간색 선의 길이)＝16＋12＋16＋4＋6＋4＋6＋4
　　　　　　　　＝68(cm)

(파란색 선의 길이)＝4＋2＋4＋2＝12(cm)

따라서 빨간색 선의 길이와 파란색 선의 길이의 차는

68－12＝56(cm)입니다.

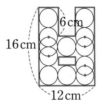

주의
각각의 선의 길이를 알아내 합을 구할 때 빠놓는 선이 없도록 주의해요.

5 접근 ≫ 선분 ㄱㄴ의 길이를 이용하여 작은 원의 지름을 먼저 구합니다.

(작은 원의 지름)×5＋3×6＝68, (작은 원의 지름)×5＝50,

(작은 원의 지름)＝50÷5＝10(cm)

따라서 큰 원의 지름은 10＋3＋3＝16(cm)이므로 큰 원의 반지름은

16÷2＝8(cm)입니다.

주의
작은 원의 지름을 구하여 큰 원의 지름을 구할 때, 6 cm가 아닌 3 cm를 더하여 10＋3＝13(cm)라고 생각하지 않도록 주의해요.

다른 풀이
(큰 원의 지름)×5－3×4＝68, (큰 원의 지름)×5＝80,
(큰 원의 지름)＝80÷5＝16(cm), (큰 원의 반지름)＝16÷2＝8(cm)

6 접근 》 원이 늘어나는 개수로 규칙을 생각해 봅니다.

규칙에 따라 원을 그리면 4단계에 새로 그린 원은 18개이므로 4단계 그림의 원은 모두 11＋18＝29(개)입니다.

③ ③＋2＝⑤ ⑤＋6＝11 11＋18＝29
　　　　　2×3　　　　6×3

새로 그린 원의 개수는 바로 앞 단계에 새로 그린 원의 개수의 3배만큼 늘어나는 규칙이므로 5단계에 새로 그린 원은 18×3＝54(개)입니다.

따라서 5단계 그림의 원은 모두 29＋54＝83(개)입니다.

해결 전략
앞 단계의 원의 개수와 늘어나는 원의 개수의 관계를 생각하며 규칙을 찾아요.

7 접근 》 한 변에 놓인 원의 개수가 변함에 따라 정사각형 한 변의 길이가 어떻게 바뀌는지 생각해 봅니다.

한 변에 놓여 있는 원의 개수와 정사각형 한 변의 길이를 구해보면 표와 같습니다.

순서	한 변에 놓여 있는 원의 개수(개)	정사각형 한 변의 길이(cm)
첫 번째	3	2
두 번째	4	3
셋 번째	5	4
⋮	⋮	⋮

한 변에 놓여있는 원의 개수는 순서보다 2만큼 크고, 정사각형 한 변의 길이는 원의 개수보다 1 작습니다. 그러므로 아홉 번째의 한 변에 놓여있는 원의 개수는 11개이고, 그 때 정사각형 한 변의 길이는 10 cm입니다. 따라서 아홉 번째 그려진 정사각형의 둘레는 10×4＝40(cm)입니다.

해결 전략
한 변에 놓여 있는 원의 개수와 순서의 관계를 생각해 봐요.

8 접근 》 그림에서 반복되는 구간을 찾아봅니다.

다음 그림과 같이 생각해 봅니다.

각 원의 중심을 지나는 직사각형의 두 세로 사이의 길이

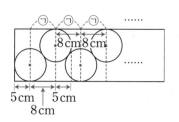

㉠은 18－5－5＝8(cm)입니다.

가로가 58 cm인 직사각형의 양 끝은 원의 반지름만큼 떨어져 있으므로 (58－5－5)÷8＝48÷8＝6으로 ㉠은 6번 들어갈 수 있습니다.

따라서 원을 겹치지 않게 최대 6＋1＝7(개) 그릴 수 있습니다.

해결 전략
반복되는 구간의 길이와 횟수를 구해요.

주의
• 중심을 지나는 두 세로 사이의 거리 8 cm는 원의 중심을 연결한 길이가 아니예요.
• 간격 ㉠이 6이므로 원 6개를 그릴 수 있고, 양 끝에 반원이 있으므로 원을 1개 더 그려요.

4 분수

1 분수로 나타내기 79쪽

1 (1) $\dfrac{2}{4}$ (2) $\dfrac{2}{3}$ **2** 풀이 참조 / $\dfrac{2}{3}$, $\dfrac{4}{6}$ **3** $\dfrac{3}{7}$

4 (1) 예 (2) 예

5 ㉠ 36, ㉡ 10 **6** 12 m

---

1 (1) 전체 12개를 똑같이 4묶음으로 나눈 것 중의 2묶음이므로 $\dfrac{2}{4}$입니다.

(2) 전체 9 cm를 똑같이 3부분으로 나눈 것 중의 2이므로 $\dfrac{2}{3}$입니다.

2

$\dfrac{2}{3}$는 1을 똑같이 3으로 나눈 것 중의 2이고

$\dfrac{4}{6}$는 1을 똑같이 6으로 나눈 것 중의 4입니다.

3 사탕 56개를 8개씩 묶으면 $56 \div 8 = 7$(묶음)이 됩니다. 따라서 사탕 24개는 8개씩 3묶음이므로 전체 묶음의 $\dfrac{3}{7}$입니다.

4 (1) 전체를 똑같이 8로 나누었으므로 삼각형 8개가 되도록 나눕니다.

(2) 전체를 똑같이 9로 나누었으므로 사각형 9개가 되도록 나눕니다.

> **해결 전략**
> 주어진 도형을 분자의 수만큼 같은 모양으로 나누어 전체 도형을 나누어봅니다.

5 • 8은 ㉠의 $\dfrac{2}{9}$이므로 ㉠의 $\dfrac{1}{9}$은 $8 \div 2 = 4$입니다.
따라서 ㉠$= 4 \times 9 = 36$입니다.

• ㉡은 12의 $\dfrac{5}{6}$로 12의 $\dfrac{1}{6}$이 5개인 수입니다.

따라서 12의 $\dfrac{1}{6}$은 2이므로 ㉡$= 2 \times 5 = 10$입니다.

6 끈의 $\dfrac{1}{2}$이 8 m이므로

이 끈의 전체 길이는 $8 \times 2 = 16$(m)입니다.

따라서 16 m의 $\dfrac{3}{4}$은 12 m입니다.

2 분수의 종류와 크기 비교하기 81쪽

1 ③ **2** (1) $=$ (2) $>$ **3** $\dfrac{3}{20}$ kg

4 ㉡, ㉣, ㉢, ㉠ **5** 8, $\dfrac{53}{9}$ **6** 16개

---

1 ③ $5\dfrac{4}{7} = 5 + \dfrac{4}{7} = \dfrac{35}{7} + \dfrac{4}{7} = \dfrac{39}{7}$

2 (1) $5\dfrac{5}{6} = 5 + \dfrac{5}{6} = \dfrac{30}{6} + \dfrac{5}{6} = \dfrac{35}{6}$이므로 두 분수의 크기는 같습니다.

(2) 가분수를 대분수로 나타내면

$\dfrac{11}{3} = \dfrac{9}{3} + \dfrac{2}{3} = 3 + \dfrac{2}{3} = 3\dfrac{2}{3}$입니다. $3\dfrac{2}{3}$와 $2\dfrac{1}{3}$에서 자연수의 크기를 비교하면 $3 > 2$이므로 $3\dfrac{2}{3} > 2\dfrac{1}{3}$입니다. — 대분수에서는 자연수가 클수록 더 큰 분수입니다.

3 분모가 모두 같으므로 분자의 크기를 비교하면 $3 < 7 < 12$이므로 $\dfrac{3}{20} < \dfrac{7}{20} < \dfrac{12}{20}$입니다.

따라서 가장 가벼운 쇠구슬의 무게는 $\dfrac{3}{20}$ kg입니다.

4 대분수를 가분수로 나타내어 비교하면

㉠ $6\dfrac{5}{7} = 6 + \dfrac{5}{7} = \dfrac{42}{7} + \dfrac{5}{7} = \dfrac{47}{7}$

㉢ $8\dfrac{2}{7} = 8 + \dfrac{2}{7} = \dfrac{56}{7} + \dfrac{2}{7} = \dfrac{58}{7}$이므로

㉡$>$㉣$>$㉢$>$㉠입니다.

다른 풀이

가분수를 대분수로 나타내어 비교하면

ⓒ $\frac{65}{7}=\frac{63}{7}+\frac{2}{7}=9+\frac{2}{7}=9\frac{2}{7}$

ⓔ $\frac{59}{7}=\frac{56}{7}+\frac{3}{7}=8+\frac{3}{7}=8\frac{3}{7}$ 이므로

ⓒ>ⓔ>ⓒ>ⓒ입니다.

해결 전략

가분수 또는 대분수로 나타내어 비교합니다.

5 $5\frac{\blacktriangle}{9}$에서 분자가 가장 큰 대분수: $5\frac{8}{9}$

$5\frac{8}{9}=5+\frac{8}{9}=\frac{45}{9}+\frac{8}{9}=\frac{45+8}{9}=\frac{53}{9}$

6 5보다 작은 대분수는 자연수 부분은 1, 2, 3, 4이고, 분수 부분은 분모가 5인 진분수입니다. 따라서 자연수 부분이 1일 때 $1\frac{1}{5}$, $1\frac{2}{5}$, $1\frac{3}{5}$, $1\frac{4}{5}$로 4개이고 자연수 부분이 2, 3, 4일 때도 4개씩이므로 모두 $4\times4=16$(개)입니다.

MATH TOPIC

1-1 5	**1-2** 24	**1-3** 35
2-1 15개	**2-2** 7명	**2-3** 10시간
3-1 9개	**3-2** 9개	**3-3** 12개
4-1 $\frac{7}{17}$	**4-2** $\frac{10}{2}$, $\frac{9}{3}$, $\frac{8}{4}$, $\frac{7}{5}$, $\frac{6}{6}$	
4-3 3개		
5-1 $\frac{29}{5}$	**5-2** 21개	**5-3** 1, 2, 3
6-1 4, 5, 6	**6-2** 23	
6-3 44, 45, 46, 47, 48		
7-1 $\frac{41}{8}$	**7-2** $\frac{7}{17}$	
심화**8** 80, 80, 10, 10, $\frac{10}{90}(\frac{1}{9})$, $\frac{10}{90}(\frac{1}{9})$ / $\frac{10}{90}(\frac{1}{9})$		
8-1 255050000 km²		

1-1 어떤 수의 $\frac{4}{5}$는 12이므로

어떤 수의 $\frac{1}{5}$은 $12\div4=3$,

(어떤 수)$=3\times5=15$입니다.

➡ (어떤 수의 $\frac{1}{3}$)$=$(15의 $\frac{1}{3}$)$=15\div3=5$

1-2 어떤 수의 $\frac{7}{9}$은 28이므로

어떤 수의 $\frac{1}{9}$은 $28\div7=4$,

(어떤 수)$=4\times9=36$입니다.

➡ (어떤 수의 $\frac{4}{6}$)$=$(36의 $\frac{4}{6}$)

$=$(36의 $\frac{1}{6}$이 4개인 수)

$\underline{\qquad}$ 36÷6=6

$=6\times4=24$

1-3 ㉠의 $\frac{4}{7}$는 32이고

㉠의 $\frac{1}{7}$은 $32\div4=8$이므로

㉠$=8\times7=56$입니다.

➡ (㉠의 $\frac{5}{8}$)$=$(56의 $\frac{5}{8}$)

$=$(56의 $\frac{1}{8}$이 5개인 수)

$\underline{\qquad}$ 56÷8=7

$=7\times5=35$

2-1 빨간색 구슬의 수: 36개의 $\frac{1}{4}$ ➡ $36\div4=9$(개),

(나머지 구슬 수)$=36-9=27$(개)

파란색 구슬의 수: 27개의 $\frac{5}{9}$

➡ 27의 $\frac{1}{9}$은 3이므로 $\frac{5}{9}$는 $3\times5=15$(개)입니다.

2-2 축구를 좋아하는 학생 수: 42명의 $\frac{2}{6}$

➡ 42의 $\frac{1}{6}$은 7이므로 $\frac{2}{6}$는 $7\times2=14$(명)입니다.

야구를 좋아하는 학생 수: 42명의 $\frac{3}{6}$

➡ 42의 $\frac{1}{6}$은 7이므로 $\frac{3}{6}$은 $7\times3=21$(명)입니다.

따라서 야구를 좋아하는 학생은 축구를 좋아하는 학생보다 $21-14=7$(명) 더 많습니다.

2-3 잠을 자는 시간: 24시간의 $\dfrac{1}{3}$

➡ $24 \div 3 = 8$(시간)

학교에서 보내는 시간: 24시간의 $\dfrac{1}{4}$

➡ $24 \div 4 = 6$(시간)

따라서 잠을 자거나 학교에서 보내는 시간이 아닌 시간은 $24 - 8 - 6 = 10$(시간)입니다.

3-1 진분수는 분자가 분모보다 작은 분수이므로 수 카드 두 장으로 만들 수 있는 진분수는 $\dfrac{1}{5}$, $\dfrac{1}{6}$, $\dfrac{5}{6}$로 3개이고, 수 카드 세 장으로 만들 수 있는 진분수는

$\dfrac{6}{15}$, $\dfrac{5}{16}$, $\dfrac{6}{51}$, $\dfrac{1}{56}$, $\dfrac{5}{61}$, $\dfrac{1}{65}$로 6개입니다.

➡ $3 + 6 = 9$(개)

3-2 가분수는 분자가 분모와 같거나 큰 분수이므로 수 카드 두 장으로 만들 수 있는 가분수는 $\dfrac{5}{2}$, $\dfrac{9}{2}$, $\dfrac{9}{5}$로 3개이고, 수 카드 세 장으로 만들 수 있는 가분수는

$\dfrac{59}{2}$, $\dfrac{95}{2}$, $\dfrac{29}{5}$, $\dfrac{92}{5}$, $\dfrac{25}{9}$, $\dfrac{52}{9}$로 6개입니다.

➡ $3 + 6 = 9$(개)

3-3 자연수가 3, 4, 7, 8인 대분수를 차례로 쓰면

$3\dfrac{4}{7}$, $3\dfrac{4}{8}$, $3\dfrac{7}{8}$, $4\dfrac{3}{7}$, $4\dfrac{3}{8}$, $4\dfrac{7}{8}$, $7\dfrac{3}{4}$, $7\dfrac{3}{8}$, $7\dfrac{4}{8}$,

$8\dfrac{3}{4}$, $8\dfrac{3}{7}$, $8\dfrac{4}{7}$로 모두 12개입니다.

4-1

분모	13	14	15	16	17
분자	11	10	9	8	7
차	2	4	6	8	10

따라서 진분수의 분모는 17, 분자는 7이므로

$\dfrac{7}{17}$입니다.

4-2 분모와 분자의 합이 12이고 (분모) < (분자) 또는 (분모) = (분자)인 분수를 모두 알아봅니다.

➡ $\dfrac{10}{2}$, $\dfrac{9}{3}$, $\dfrac{8}{4}$, $\dfrac{7}{5}$, $\dfrac{6}{6}$

4-3 대분수의 분수 부분은 진분수이므로 분모와 분자의 합이 7인 진분수를 찾으면 $\dfrac{1}{6}$, $\dfrac{2}{5}$, $\dfrac{3}{4}$입니다.

따라서 대분수는 $6\dfrac{1}{6}$, $6\dfrac{2}{5}$, $6\dfrac{3}{4}$으로 모두 3개입니다.

5-1 문제의 조건에 따라 대분수로 나타내면 $5\dfrac{4}{\square}$입니다. 분자가 4인 가장 큰 대분수의 진분수 부분은 분모가 분자보다 1 큰 수 이므로 $\square = 4 + 1 = 5$입니다. 따라서 가장 큰 대분수는 $5\dfrac{4}{5}$이고, 가분수로 나타내면 $\dfrac{29}{5}$입니다.

5-2 분모는 6이고, 분자는 $6 \times 4 + 3 = 27$이므로 $\dfrac{27}{6}$입니다. 따라서 $\dfrac{27}{6}$보다 작은 가분수는 $\dfrac{6}{6}$에서 $\dfrac{26}{6}$까지이므로 모두 $26 - 6 + 1 = 21$(개)입니다.

5-3 ㉡에 1부터 차례로 수를 넣어 ㉠을 알아봅니다.

㉡ = 1일 때 ㉠ = 11, ㉡ = 2일 때 ㉠ = 19,

㉡ = 3일 때 ㉠ = 27, ㉡ = 4일 때 ㉠ = 35……

이므로 ㉡이 될 수 있는 자연수는 1, 2, 3입니다.

6-1 $\dfrac{16}{5}=3\dfrac{1}{5}$이고, $\dfrac{37}{6}=6\dfrac{1}{6}$이므로 $3\dfrac{1}{5}$보다 크고 $6\dfrac{1}{6}$보다 작은 자연수는 4, 5, 6입니다.

6-2 $2\dfrac{2}{11}=\dfrac{24}{11}$이므로 $\dfrac{\square}{11}<\dfrac{24}{11}$입니다.

따라서 □ 안에 들어갈 수 있는 가장 큰 자연수는 23입니다.

6-3 $3\dfrac{7}{12}=\dfrac{43}{12}$이고, $4\dfrac{1}{12}=\dfrac{49}{12}$이므로 $43<\square<49$입니다.

따라서 □ 안에는 44, 45, 46, 47, 48이 들어갈 수 있습니다.

7-1 분모를 □라고 하면 (분자)=□×5+1

□+□×5+1=49에서

□×6=49−1=48, □=48÷6=8, □=8

➡ (분자)=8×5+1=41 ➡ $\dfrac{41}{8}$

> **다른 풀이**
>
>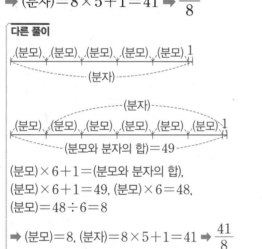
>
> (분모)×6+1=(분모와 분자의 합),
> (분모)×6+1=49, (분모)×6=48,
> (분모)=48÷6=8
>
> ➡ (분모)=8, (분자)=8×5+1=41 ➡ $\dfrac{41}{8}$

> **보충 개념**
> □+□×5=□+(□+□+□+□+□)
>   =□×6

7-2 분자를 □라고 하면 (분모)=□×2+3

□+□×2+3=24, □×3+3=24,

□×3=24−3=21, □=21÷3=7

➡ (분모)=7×2+3=17 ➡ $\dfrac{7}{17}$

> **해결 전략**
> (분모)÷(분자)=2…3 ➡ (분모)=(분자)×2+3

8-1 510100000 km²의 $\dfrac{1}{4}$이 127525000 km²이므로 510100000 km²의 $\dfrac{3}{4}$은

127525000×3=382575000(km²)입니다.

따라서 육지의 면적은

510100000−382575000

=127525000(km²)이므로

바다와 육지의 면적의 차는

382575000−127525000

=255050000(km²)입니다.

> **다른 풀이**
>
> 바다의 면적이 지구 표면적의 $\dfrac{3}{4}$이므로
>
> 육지의 면적은 지구 표면적의 $\dfrac{1}{4}$입니다.
>
> 따라서 바다와 육지의 면적의 차는 지구 표면적의
>
> $\dfrac{3}{4}-\dfrac{1}{4}=\dfrac{2}{4}$이므로
>
> 510100000 km²의 $\dfrac{2}{4}$인 255050000 km²입니다.

◢◣ LEVEL UP TEST

90~94쪽

1 16	**2** ㉠ $4\dfrac{3}{8}$, ㉡ $5\dfrac{4}{8}$ **3** 9개		**4** 13개	**5** $\dfrac{1}{8}$	**6** 6개
7 18개	**8** $\dfrac{5}{4}$ (또는 $1\dfrac{1}{4}$) **9** 15마리		**10** 8	**11** $5\dfrac{7}{10}$	**12** 미현
13 $7\dfrac{1}{2}$	**14** 41개	**15** 19, 25, 31, 37 **16** 60		**17** $16\dfrac{4}{7}$	**18** 195쪽

1

접근 » 한 번 접을 때마다 종이가 몇 부분으로 나누어지는지 생각해 봅니다.

네 번 접은 정사각형을 펼쳐 가 삼각형에 색칠하면 그림과 같습니다.

 ➡ 가 삼각형은 정사각형의 $\frac{1}{16}$이므로 ㉠=16입니다.

해결 전략
1번 접으면 2부분으로 나누어지고, 2번 접으면 4부분으로 나누어지므로 종이를 모두 몇 번 접었는지 알아봐요.

2

접근 » 두 수 사이를 몇 등분했는지 알아봅니다.

4와 5, 5와 6 사이를 똑같이 8칸으로 나누었으므로 작은 눈금 한 칸은 $\frac{1}{8}$을 나타냅니다. ㉠은 4에서 작은 눈금 3칸 더 간 곳이므로 $4\frac{3}{8}$, ㉡은 5에서 작은 눈금 4칸 더 간 곳이므로 $5\frac{4}{8}$입니다.

3

접근 » 자연수 4를 가분수로 나타내 봅니다.

분모가 3인 가장 작은 가분수는 $\frac{3}{3}$이고 $4=\frac{12}{3}$이므로 $\frac{12}{3}$보다 작고 분모가 3인 가분수는 $\frac{3}{3}, \frac{4}{3}, \frac{5}{3}\cdots\cdots\frac{11}{3}$입니다.

따라서 모두 11−2=9(개)입니다.

주의
분모와 분자가 같은 것도 가분수임을 잊지 않도록 주의해요.

4

84쪽 3번의 변형 심화 유형

접근 » 만들 수 있는 진분수, 가분수, 대분수를 각각 만들어 세어봅니다.

진분수: $\frac{5}{13}, \frac{5}{31}, \frac{3}{15}, \frac{3}{51}, \frac{1}{35}, \frac{1}{53}$ ➡ 6개

가분수: $\frac{15}{3}, \frac{51}{3}, \frac{13}{5}, \frac{31}{5}$ ➡ 4개, 대분수: $1\frac{3}{5}, 3\frac{1}{5}, 5\frac{1}{3}$ ➡ 3개

따라서 만들 수 있는 분수는 모두 6+4+3=13(개)입니다.

주의
카드 두 장으로 분수를 만들지 않도록 주의해요.

5

접근 » A4 용지는 A1 용지를 몇 번 잘라야 하는지 알아봅니다.

A4 용지는 A1 용지를 똑같이 8로 나눈 것 중의 1
이므로 $\frac{1}{8}$입니다.

A1	A4	A4
	A4	A4
	A4	A4
	A4	A4

보충 개념
한 번 자를 때마다 용지의 수는 2배씩 늘어나요.

6 87쪽 6번의 변형 심화 유형

접근 ≫ 대분수로 나타내어 비교합니다.

$\frac{21}{5} = \frac{20}{5} + \frac{1}{5} = 4 + \frac{1}{5} = 4\frac{1}{5}$, $\frac{52}{5} = \frac{50}{5} + \frac{2}{5} = 10 + \frac{2}{5} = 10\frac{2}{5}$ 입니다.

따라서 $4\frac{1}{5} < \square\frac{1}{5} < 10\frac{2}{5}$ 이므로 $\square$ 안에 들어갈 수 있는 자연수는

$\square = 5, 6, 7, 8, 9, 10$으로 모두 6개입니다.

서술형 **7** 82쪽 1번의 변형 심화 유형

접근 ≫ 전체 구슬의 $\frac{1}{12}$ 을 먼저 구합니다.

예 전체 구슬의 $\frac{5}{12}$가 45개이므로 $\frac{1}{12}$은 $45 \div 5 = 9$(개)입니다.

파란색 구슬은 $\frac{7}{12}$이므로 (파란색 구슬의 개수)$= 9 \times 7 = 63$(개)입니다.

따라서 파란색 구슬이 $63 - 45 = 18$(개) 더 많습니다.

채점 기준	배점
파란색 구슬의 개수를 구했나요?	3점
두 구슬 수의 차를 구했나요?	2점

8 83쪽 2번의 변형 심화 유형

접근 ≫ 두 사람이 먹은 쿠키의 양을 같은 크기로 만들어 봅니다.

각각 한 개씩의 쿠키를 준희는 4등분, 유빈이는 2등분하여 그림으로 나타내면

준희의 쿠키는 $\frac{1}{4}$ 씩 나눈 것의 3칸이 남았고 유빈이의 쿠키는 $\frac{1}{4}$ 씩 나눈 것의 2칸

이 남았으므로 모두 $\frac{1}{4}$ 씩 나눈 것의 5칸이 남았으므로 먹고 남은 쿠키의 양은 한 사

람이 가지고 있던 쿠키의 $\frac{5}{4} (= 1\frac{1}{4})$입니다.

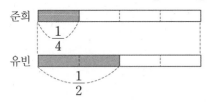

해결 전략
그림을 이용하여 준희의 쿠키 $\frac{1}{4}$과 같은 양이 유빈이 쿠키의 얼마만큼인지 찾아봐요.

9 접근 ≫ 청어 한 두름이 몇 마리인지 알아봅니다.

청어 한 두름이 20마리이므로 청어 2두름은 $20 \times 2 = 40$(마리)입니다.

40마리의 $\frac{5}{8}$는 25마리이므로 팔고 남은 청어는 $40 - 25 = 15$(마리)입니다.

다른 풀이
판 청어가 $\frac{5}{8}$이므로 남은 청어는 $\frac{3}{8}$입니다. 따라서 40마리의 $\frac{3}{8}$은 15마리입니다.

보충 개념
40의 $\frac{1}{8}$ ➡ $40 \div 8 = 5$
40의 $\frac{5}{8}$ ➡ $5 \times 5 = 25$

10 86쪽 5번의 변형 심화 유형

접근 ≫ 분모를 모르므로 대분수를 가분수로 나타내어 비교합니다.

$4\dfrac{5}{\square}=\dfrac{37}{\square}$ 이므로 $4\dfrac{5}{\square}=4+\dfrac{5}{\square}=\dfrac{4\times\square}{\square}+\dfrac{5}{\square}=\dfrac{4\times\square+5}{\square}=\dfrac{37}{\square}$ 입니다.

따라서 분모가 $\square$로 같으므로 두 분수가 같게 되려면

$4\times\square+5=37$, $4\times\square=37-5=32$, $\square=32\div4=8$입니다.

> **해결 전략**
> 대분수를 가분수로 나타내는 방법
> $$\blacksquare\dfrac{\bullet}{\blacktriangle}=\blacksquare+\dfrac{\bullet}{\blacktriangle}$$
> $$=\dfrac{\blacksquare\times\blacktriangle}{\blacktriangle}+\dfrac{\bullet}{\blacktriangle}$$
> $$=\dfrac{\blacksquare\times\blacktriangle+\bullet}{\blacktriangle}$$

11 86쪽 5번의 변형 심화 유형

접근 ≫ 분모가 10인 대분수가 가분수일 때의 분자를 구합니다.

분모가 10이므로 분자는 $67-10=57$입니다.

따라서 어떤 대분수는 $\dfrac{57}{10}=\dfrac{50}{10}+\dfrac{7}{10}=5+\dfrac{7}{10}=5\dfrac{7}{10}$입니다.

> **주의**
> 분모 10을 빼지 않고 계산하여 답을 $6\dfrac{7}{10}$로 쓰지 않도록 주의합니다.

서술형 12

접근 ≫ 가분수를 대분수로 나타내어 비교합니다.

(예) $\dfrac{360}{11}=\dfrac{352}{11}+\dfrac{8}{11}=32+\dfrac{8}{11}=32\dfrac{8}{11}$입니다.

따라서 $32\dfrac{5}{11}<\dfrac{360}{11}<33\dfrac{2}{11}$이므로 미현이가 가장 가볍습니다.

채점 기준	배점
가분수 또는 대분수로 나타냈나요?	2점
가분수 또는 대분수의 크기를 비교하였나요?	2점
가장 가벼운 사람을 찾았나요?	1점

> **보충 개념**
> 분자의 값이 큰 가분수를 대분수로 나타낼 때에는 분자를 분모로 나누어 몫은 자연수 부분에 나머지는 분자에 써요.
> $$\dfrac{360}{11} \Rightarrow 360\div11=32\cdots8$$
> 이므로 $\dfrac{360}{11}=32\dfrac{8}{11}$이에요.

13 85쪽 4번의 변형 심화 유형

접근 ≫ 가장 큰 대분수가 되기 위해 자연수, 분자, 분모 중 가장 커야 하는 값을 생각해 봅니다.

대분수 $\bullet\dfrac{\bigstar}{\blacklozenge}$의 세 수의 합 $\bullet+\bigstar+\blacklozenge=10$에서 자연수 부분인 $\bullet$을 크게 만들수록 큰 분수를 만들 수 있습니다. 또한 분수 부분은 진분수가 되어야 하므로 자연수 부분을 7로 하면 $\bigstar+\blacklozenge=10-7=3$이 되는 분수 부분은 $\dfrac{1}{2}$입니다.

따라서 가장 큰 대분수는 $7\dfrac{1}{2}$입니다.

> **해결 전략**
> 가장 큰 대분수가 되기 위해서는 자연수 부분이 가장 커야 해요.

> **주의**
> 자연수 부분이 8, 9가 되면 분수 부분을 만들 수 없음에 주의해요.

14

접근 ≫ 처음으로 분자가 5가 나오는 가분수를 찾아 봅니다.

처음으로 분자가 5인 가분수는 $\dfrac{12}{7}=\dfrac{7}{7}+\dfrac{5}{7}=1\dfrac{5}{7}$이고,

마지막 가분수 $\dfrac{297}{7}=\dfrac{294}{7}+\dfrac{3}{7}=42+\dfrac{3}{7}=42\dfrac{3}{7}$입니다.

따라서 주어진 분수에서 분자가 5인 대분수는 자연수가 1, 2……41인 대분수이므로 모두 41개입니다.

> **주의**
> 주어진 마지막 가분수가 $42\dfrac{3}{7}$이므로 $42\dfrac{5}{7}$는 포함되지 않습니다.

15 86쪽 5번의 변형 심화 유형

접근 》 ㉮에 들어갈 수 있는 자연수를 먼저 구합니다.

㉮는 $2<㉮<7$인 자연수이므로 ㉮$=3, 4, 5, 6$입니다.

㉯를 구해 보면 ㉮$=3$일 때 $3\frac{1}{6}=\frac{19}{6}$이므로 ㉯$=19$

㉮$=4$일 때 $4\frac{1}{6}=\frac{25}{6}$이므로 ㉯$=25$

㉮$=5$일 때 $5\frac{1}{6}=\frac{31}{6}$이므로 ㉯$=31$

㉮$=6$일 때 $6\frac{1}{6}=\frac{37}{6}$이므로 ㉯$=37$

따라서 ㉯에 알맞은 수는 19, 25, 31, 37입니다.

16

접근 》 주어진 식이 어떻게 계산되는지 알아봅니다.

계산에 따라 식을 세우면

$56◉㉠=(56의 \frac{5}{8})+(㉠의 \frac{2}{5}) \Rightarrow 35+(㉠의 \frac{2}{5})=59$입니다.

따라서 $(㉠의 \frac{2}{5})=59-35=24$이고 ㉠의 $\frac{1}{5}$은 $24\div2=12$이므로

㉠은 $12\times5=60$입니다.

> **해결 전략**
> 가에 56, 나에 ㉠을 넣어 계산 식을 세워요.

17

접근 》 분자, 분모의 어느 부분이 변하고, 어떻게 변하는지 알아봅니다.

분자가 1, 2, 3, 4, 5, 6이 반복되고, 6개씩 묶일 때마다 자연수 부분이 1씩 커지므로, 100번째 분수는 6개씩 묶어 16묶음이 되고 17번째 묶음의 네 번째 분수입니다.

따라서 96번째 분수가 $15\frac{6}{7}$이고 97번째 분수부터 자연수 부분이 16이고 차례로 네
$\quad\hookrightarrow 6\times16$

번째까지 써 보면 $16\frac{1}{7}$, $16\frac{2}{7}$, $16\frac{3}{7}$, $16\frac{4}{7}$이므로 100번째에 놓일 분수는

$16\frac{4}{7}$입니다.

> **주의**
> 첫 번째 묶음인 6개의 분수에 는 자연수 부분이 없으므로 96 번째 분수를 $16\frac{6}{7}$으로 생각 하면 안 돼요.

18 83쪽 2번의 변형 심화 유형

접근 》 그림을 이용하여 78쪽이 첫째 날 읽고 남은 쪽수의 얼마인지 알아봅니다.

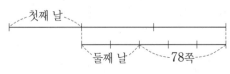

둘째 날 읽고 남은 78쪽은 나머지의 $\frac{3}{5}$이므로 $\frac{1}{5}$은 $78\div3=26$(쪽)입니다.

첫째 날 읽고 남은 나머지는 $26\times5=130$(쪽)이고 이는 전체의 $\frac{2}{3}$이므로

$\frac{1}{3}$은 $130\div2=65$(쪽)입니다.

따라서 (위인전 전체 쪽수)$=65\times3=195$(쪽)입니다.

> **해결 전략**
> 첫째 날, 둘째 날의 읽고 남은 양을 분수로 써봐요.

1 사과, 5개	**2** $\dfrac{1}{90}$	**3** $\dfrac{19}{5}$	**4** 180 kg	**5** $22\dfrac{8}{9}$	**6** 2016개
7 216장	**8** 560 cm	**9** 6			

1 접근 » 분수 표기법에서 문제에서 구하는 분수를 찾아봅니다.

⫴은 $\dfrac{1}{8}$이고 ⫯은 $\dfrac{2}{3}$입니다.

사과는 모두 $12 \times 2 = 24$(개)입니다.

사과 24개의 $\dfrac{1}{8}$은 3개이므로 상자에 담고 남은 사과는 $24 - 3 = 21$(개)입니다.

배 48개의 $\dfrac{2}{3}$는 32개이므로 상자에 담고 남은 배는 $48 - 32 = 16$(개)입니다.

따라서 사과가 $21 - 16 = 5$(개) 더 많이 남았습니다.

2 접근 » 분모, 분자에 어떤 값이 들어가야 가장 작은 분수가 되는지 생각해 봅니다.

가장 큰 분모는 ㉠ × ㉡ = $10 \times 9 = 90$이 되고, 가장 작은 분자는
㉠ - ㉡ = $10 - 9 = 1$입니다.

따라서 가장 작은 분수는 $\dfrac{1}{90}$ 입니다.

해결 전략
가장 작은 분수가 되기 위해서는 분모는 가장 큰 수, 분자는 가장 작은 수가 되어야 해요.

3 접근 » 나머지가 여러 가지인 경우 조건에 맞는 수를 찾아봅니다.

분자는 $8 \times 2 + 3 = 19$부터 $8 \times 2 + 7 = 23$까지의 수입니다.

분모는 $3 \times 1 + 1 = 4$ 또는 $3 \times 1 + 2 = 5$입니다.

분모가 4일 때, 가장 작은 수를 분자로 하면 $\dfrac{19}{4} = 4\dfrac{3}{4}$이므로 4보다 큽니다.

분모가 5일 때, $\dfrac{19}{5} = 3\dfrac{4}{5}$이므로 4보다 작습니다.

따라서 4보다 작은 가분수는 $\dfrac{19}{5}$ 입니다.

해결 전략
• 8로 나누었을 때 나머지는 0부터 7까지이고, 2보다 크므로 3, 4, 5, 6, 7이 될 수 있어요.
• 3으로 나누었을 때 나머지는 0, 1, 2예요.

4 접근 » 포도를 건조하면 물과 나머지 성분이 어떻게 되는지 생각해 봅니다.

물은 포도 무게의 $\dfrac{3}{4}$이고 물을 뺀 나머지 성분은 포도 무게의 $\dfrac{1}{4}$이므로 포도에서 물을 뺀 나머지 성분은 $540 \text{ kg} \div 4 = 135 \text{ kg}$입니다. 건포도의 물을 뺀 나머지 성분 135 kg은 건포도 무게의 $\dfrac{3}{4}$이므로 $\dfrac{1}{4}$은 $135 \div 3 = 45$(kg)입니다.

따라서 포도 540 kg을 건조한 건포도의 양은 $45 \times 4 = 180$(kg)입니다.

해결 전략
(포도의 물을 뺀 나머지 성분)
=(건포도의 물을 뺀 나머지 성분)

서술형 **5** 94쪽 17번의 변형 심화 유형

접근 》 대분수를 가분수로 나타내어 규칙을 알아봅니다.

예 대분수를 가분수로 나타내어 $\dfrac{8}{9}, \dfrac{10}{9}, \dfrac{12}{9}, \dfrac{14}{9}, \dfrac{16}{9}, \dfrac{18}{9}, \dfrac{20}{9}$ ……이므로

분자는 8부터 2씩 커지는 규칙입니다. 따라서 100번째에 놓일 분수의 분자는

$8 + (2 \times 99) = 206$이고, 두 번째, 네 번째, 여섯 번째…… 분수가 대분수 또는 자연

수이므로 100번째에 놓일 분수는 $\dfrac{206}{9} = 22\dfrac{8}{9}$ 입니다.

채점 기준	배점
분수의 규칙을 찾았나요?	3점
규칙에 따라 100번째에 놓일 분수를 찾았나요?	2점

해결 전략
분모는 같고, 분자끼리의 규칙을 생각해 봐요.

6 92쪽 8번의 변형 심화 유형

접근 》 그림을 이용하여 전체 귤의 수를 알아봅니다.

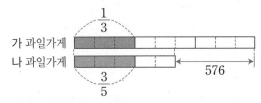

가 과일가게 귤의 수의 $\dfrac{1}{3}$ 과 나 과일가게 귤의 수의 $\dfrac{3}{5}$ 이 같으므로 $\dfrac{1}{3}$ 을 3칸으로

나눈 것 중 한 칸이 $\dfrac{1}{5}$ 과 같습니다. 그림에서 두 가게의 귤 수의 차인 576개는 4칸

에 해당하므로

(1칸이 나타내는 수)$=576 \div 4 = 144$(개)입니다.

가 과일가게는 9칸, 나 과일가게는 5칸이므로 두 과일가게에 있는 귤은 모두 14칸입

니다. 따라서 (두 과일 가게에 있는 귤의 개수)$=144 \times 14 = 2016$(개)입니다.

해결 전략
두 과일가게의 귤의 양을 똑같은 크기로 나눈 것 중 1칸이 나타내는 수를 알아봐요.

7 94쪽 18번의 변형 심화 유형

접근 》 우진이에게 주고 남은 수를 알아봅니다.

재호가 주연이에게 주고 남은 우표 30장은 우진이에게 주고 남은 우표의 $\dfrac{5}{9}$ 입니다.

남은 우표의 $\dfrac{1}{9}$ 이 $30 \div 5 = 6$(장)이므로 우진이에게 주고 남은 우표는

$6 \times 9 = 54$(장)입니다. 54장은 재호가 가지고 있던 우표의 $\dfrac{1}{4}$ 이므로

처음 재호가 가지고 있던 우표는 $54 \times 4 = 216$(장)입니다.

해결 전략
주연이에게 주고 남은 우표 수로 우진에게 주고 남은 우표 수를 구해 봐요.

보충 개념

우진 ⌒ 남은 우표

$\Rightarrow 54 \times 4 = 216$(장)

주연 30장

8 접근 ≫ 막대에서 겹쳐진 부분을 이동시켜 생각해 봅니다.

그림과 같이 ㄱ과 ㄴ이 겹치지 않게 만나도록 이어봅니다.

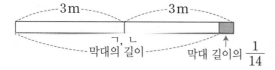

해결 전략

선분 ㄱㄴ의 길이와 막대 길이와의 관계를 생각해 봐요.

그림에서 색칠된 부분이 막대 길이의 $\frac{1}{14}$ 과 같으므로 막대의 길이를 14등분합니다.

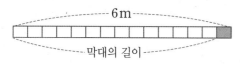

$6\,m=600\,cm$이고 막대 $6\,m$가 <u>15등분</u>되었으므로 한 칸의 길이는

$600÷15=40(cm)$입니다. 따라서 막대의 길이는 $40×14=560(cm)$입니다.

주의

6 m의 막대가 14등분 되었다고 생각하지 않도록 주의해요. 색칠한 부분은 막대의 길이가 아니예요.

9 94쪽 15번의 변형 심화 유형
접근 ≫ ㉠에 들어갈 수 있는 수를 생각해 봅니다.

㉠에 1부터 7까지의 수를 넣어 ㉡과 ㉢의 값을 찾아봅니다.

㉠=1인 경우

$\frac{1}{8}$ 보다 큰 진분수: $\frac{2}{8}, \frac{3}{8}, \frac{4}{8} \cdots \frac{7}{8}$(6개)

㉡=1인 대분수: $1\frac{1}{8}, 1\frac{2}{8} \cdots 1\frac{7}{8}$(7개) ⎤ $6+7+2=15$(개)

㉡=2인 대분수: $2\frac{1}{8}, 2\frac{2}{8}$(2개) ⎦

➡ $\frac{1}{8}$ 보다 크고 $2\frac{3}{8}$ 보다 작은 진분수와 대분수가 15개일 때

㉠=1, ㉡=2, ㉢=3이고 ㉠×㉡×㉢=$1×2×3=6$입니다.

㉠이 2, 3 ⋯⋯ 7인 경우도 같은 방법으로 찾으면 오른쪽 표와 같고

㉠×㉡×㉢=6인 경우보다 더 작은 경우는 없습니다.

따라서 가장 작은 ㉠×㉡×㉢=$1×2×3=6$입니다.

해결 전략

㉠의 값에 따라 분수의 개수가 15개가 되도록 ㉡, ㉢을 찾아 봐요.

주의

자연수가 되는 경우는 포함되지 않아요.

보충 개념

㉠	㉡	㉢	㉠×㉡×㉢
1	2	3	6
2	2	4	16
3	2	5	30
4	2	6	48
5	2	7	70
6	3	1	18
7	3	2	42

연필 없이 생각 톡 ❗ 98쪽

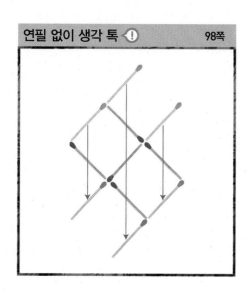

5 들이와 무게

◉ BASIC TEST

1 들이 알아보기 |103쪽

1 혜연	**2** ㉢, ㉡, ㉠, ㉣	**3** 300 mL
4 (1) > (2) <	**5** 4 L 700 mL	**6** 2 L 400 mL

1 덜어낸 횟수가 적을수록 컵의 들이가 많습니다.
9>7>4이므로 혜연이의 컵의 들이가 가장 많습니다.

2 ㉠ 4200 mL ㉡ 4000 mL ㉣ 4350 mL
4000 mL<4020 mL<4200 mL<4350 mL
이므로 ㉢<㉡<㉠<㉣입니다.

> **다른 풀이**
> ㉠ 4 L 200 mL ㉡ 4 L 20 mL ㉢ 4 L ㉣ 4 L 350 mL
> ➡ ㉢<㉡<㉠<㉣

3 1000 mL짜리 비커에 물이 700 mL까지 들어 있으므로 물을 1000 mL−700 mL=300 mL 더 넣어야 합니다.

4 (1) 1 L=1000 mL이고 $\frac{1}{2}$ L는 1000 mL의 $\frac{1}{2}$이므로 500 mL입니다.
따라서 1500 mL>500 mL입니다.

(2) $\frac{1}{5}$ L는 1000 mL의 $\frac{1}{5}$이므로 200 mL입니다.
$\frac{3}{4}$ L는 1000 mL의 $\frac{1}{4}$이 250 mL이므로 $\frac{3}{4}$은 250×3=750(mL)입니다.
따라서 $\frac{1}{5}$ L<$\frac{3}{4}$ L입니다.

5 (초록색 페인트의 양)
=(파란색 페인트의 양)+(노란색 페인트의 양)
=2 L 400 mL+2 L 300 mL=4 L 700 mL

6 (사용한 식용유의 양)
=(처음 식용유의 양)−(남은 식용유의 양)
=5 L 200 mL−2 L 800 mL=2 L 400 mL

> **다른 풀이**
> 5 L 200 mL=5200 mL, 2 L 800 mL=2800 mL
> (사용한 식용유의 양)=5200−2800=2400(mL)
> ➡ 2400 mL=2 L 400 mL

2 무게 알아보기 |105쪽

1 배, 오렌지, 사과	**2** ㉢, ㉡, ㉣, ㉠
3 합 65 kg, 차 21 kg 400 g	**4** ㉡
5 4 t 435 kg	**6** 150 g

1 왼쪽 저울에서 오렌지 3개와 사과 4개의 무게가 같으므로 사과<오렌지이고, 오른쪽 저울에서 배 1개와 오렌지 2개의 무게가 같으므로 오렌지<배입니다.
➡ 사과<오렌지<배

2 무게의 단위를 kg으로 같게 하여 비교합니다.
㉠ 80 kg ㉡ 7990 kg ㉢ 8 t 10 kg=8010 kg
㉣ $\frac{1}{2}$ t=(1 t의 반)=500 kg
➡ 8010 kg>7990 kg>500 kg>80 kg
➡ ㉢>㉡>㉣>㉠

3 43200 g=43 kg 200 g입니다.

㉮+㉯ ➡
```
      1
   43 kg 200 g
 + 21 kg 800 g
   65 kg
```

㉮−㉯ ➡
```
   42   1000
   43 kg 200 g
 − 21 kg 800 g
   21 kg 400 g
```

4 어림한 무게와 실제 무게의 차가 작을수록 실제 무게에 가깝게 어림한 것입니다.
㉠ 2 kg 200 g−2 kg 20 g=180 g
㉡ 1 kg 700 g=1700 g이므로
1700−1650=50(g)
㉢ 3 kg 800 g=3800 g, 4 kg=4000 g이므로
4000−3800=200(g)
➡ 50 g<180 g<200 g이므로 실제 무게에 가장 가깝게 어림한 물건은 ㉡입니다.

> **지도 가이드**
> 무게의 어림과 측정은 실생활에서 많이 사용되며, 기본량인 1 t, 1 kg, 1 g의 양감을 아는 것이 중요합니다. 지속적으로 어림하고 측정해 보는 활동을 통해서 양감을 기를 수 있도록 지도합니다.

5 무게의 단위를 같게 계산하면

$2785\,kg = 2\,t\,785\,kg$이므로

$1\,t\,650\,kg + 2\,t\,785\,kg = 3\,t\,1435\,kg$
$\qquad\qquad\qquad\qquad = 4\,t\,435\,kg$입니다.

6 저울의 양쪽에서 연필을 3자루씩 빼어도 저울은 수평을 이루므로 연필 3자루와 풀 2개의 무게는 같습니다.

(연필 3자루의 무게) = (풀 2개의 무게)

➡ $100 \times 3 =$ (풀 한 개의 무게) $\times 2$

➡ (풀 한 개의 무게) $= 300 \div 2 = 150(g)$

> **지도 가이드**
> 저울이 수평을 이루면 양쪽 저울에서 같은 양을 빼도 저울은 수평을 유지합니다. 이 성질은 이후 중등 학습에서 '등식의 성질'과 연계되는 개념으로 등식의 성질을 쉽게 이해하는데 도움이 됩니다.

MATH TOPIC 106~112쪽

1-1 ㉯, ㉮, ㉰ **1-2** 냄비 **1-3** 4번

2-1 11 L 100 mL **2-2** 1800 mL

2-3 6 L 700 mL

3-1 3대 **3-2** 소희 **3-3** 375 kg

4-1 2 t 483 kg **4-2** 67 kg 900 g

4-3 41 kg 700 g / 36 kg 900 g

5-1 250 g **5-2** 3 kg 600 g **5-3** 5개

6-1 예 700 mL 컵에 가득 채운 물을 200 mL 컵으로 가득 따라 2번 덜어냅니다. 그러면 700 mL 컵에 남은 물이 300 mL입니다.

6-2 예 수조의 들이는 $450 \times 4 = 1800(mL)$입니다.
$700 + 500 + 300 + 300 = 1800$이므로 각 물통에 물을 가득 채워 700 mL 물통으로 1번, 500 mL 물통으로 1번, 300 mL 물통으로 2번 붓습니다.
예 수조의 들이는 $450 \times 4 = 1800(mL)$입니다.
$500 + 500 + 500 + 300 = 1800$이므로 각 물통에 물을 가득 채워 500 mL 물통으로 3번, 300 mL 물통으로 1번 붓습니다.

6-3 예 ① 주전자의 물을 700 mL 컵으로 가득 채워 버리면 주전자에 남은 물은 1 L입니다.
② 주전자에 물 2 L를 더 부어야 가득차므로 400 mL 컵으로 가득 채워 주전자에 5번 붓습니다.

심화7 45, 9000, 9000, 9 / 9

7-1 15 kg

1-1 ㉯ 컵으로 부은 횟수가 가장 많으므로 들이가 가장 적고, ㉰ 컵으로 부은 횟수가 가장 적으므로 들이가 가장 많습니다. 따라서 컵의 들이가 적은 것부터 차례로 쓰면 ㉯, ㉮, ㉰입니다.

1-2 주전자의 들이는 컵 8개,
물병의 들이는 컵 $8 - 2 = 6$(개),
냄비의 들이는 컵 $6 + 3 = 9$(개)와 같습니다.
컵의 크기가 같으므로 컵의 수가 많을수록 들이가 많은 것입니다.
따라서 들이가 가장 많은 것은 냄비입니다.

1-3 ㉮ 그릇 3개의 들이와 ㉯ 그릇 1개의 들이가 같습니다. 병에 가득 들어 있는 물은 ㉮ 그릇 12개의 들이이므로 ㉯ 그릇으로 $12 \div 3 = 4$(번) 덜어내야 합니다.

2-1 (수조에 넣은 물의 양)
$= 3\,L\,700\,mL + 3\,L\,700\,mL + 3\,L\,700\,mL$
$= 7\,L\,400\,mL + 3\,L\,700\,mL = 11\,L\,100\,mL$

> **다른 풀이**
> L는 L끼리, mL는 mL끼리 계산합니다.
> $3\,L\,700\,mL + 3\,L\,700\,mL + 3\,L\,700\,mL$
> $= 9\,L + 2100\,mL = 9\,L + 2000\,mL + 100\,mL$
> $= 9\,L + 2\,L + 100\,mL = 11\,L\,100\,mL$

2-2 (남은 우유의 양)
$= 5\,L - 1\,L\,300\,mL - 1\,L\,900\,mL$
$= 3\,L\,700\,mL - 1\,L\,900\,mL$
$= 1\,L\,800\,mL$ ➡ $1800\,mL$

> **다른 풀이**
> (어제와 오늘 마신 우유의 양)
> $= 1\,L\,300\,mL + 1\,L\,900\,mL = 3\,L\,200\,mL$
> (남은 우유의 양) $= 5\,L - 3\,L\,200\,mL = 1\,L\,800\,mL$

2-3 청소를 하는 데 사용한 물의 양을 □라 하면
$6\,L\,500\,mL + 4\,L\,800\,mL - □$
$= 4\,L\,600\,mL$

➡ $11\,L\,300\,mL - \square = 4\,L\,600\,mL$,
$11\,L\,300\,mL - 4\,L\,600\,mL = \square$,
$\square = 6\,L\,700\,mL$

3-1 (500 g 음료수 8개를 담은 상자의 무게)
$= 500 \times 8 = 4000(g)$ ➡ $4\,kg$
(음료수 535상자의 무게) $= 4 \times 535 = 2140(kg)$
➡ $2\,t\,140\,kg$
2 t 140 kg을 실으려면 1 t을 실을 수 있는 트럭 2
대와 남은 140 kg을 실을 트럭 1대가 더 있어야
하므로 트럭은 적어도 3대가 필요합니다.

> **해결 전략**
> 같은 단위로 맞추어 계산합니다.

> **주의**
> 음료수 상자를 모두 옮겨야 하므로 나머지 140 kg도 옮
> 길 트럭 한 대가 더 필요합니다.

3-2 경수: 쌀 10 kg의 반이므로 5 kg=5000 g입니다.
소희: 1 kg 200 g=1200 g으로 300 g의 4배이
므로 가격도 4배인 6000원입니다.
은영: 1 kg 200 g=1200 g이 9000원이므로
600 g은 4500원입니다.

3-3 1 t=1000 kg이고, 엘리베이터에 어른은
$6-2=4(명)$, 상자는 $15-4=11(개)$가 실려 있
으므로,
(어른 4명과 상자 11개의 무게)
$= 60 \times 4 + 35 \times 11 = 625(kg)$입니다.
따라서 엘리베이터에 더 실을 수 있는 무게는
$1000-625=375(kg)$까지입니다.

> **해결 전략**
> 엘리베이터에 남아있는 사람 수와 상자의 수를 알아봅니
> 다.

4-1 1 t=1000 kg, 4845 kg=4 t 845 kg입니다.
3 t 672 kg+4 t 845 kg+(㉯ 농장에서 캔 고구마)
$= 11\,t$
➡ (㉯ 농장에서 캔 고구마)
$= 11\,t - 3\,t\,672\,kg - 4\,t\,845\,kg$
$= 7\,t\,328\,kg - 4\,t\,845\,kg$
$= 2\,t\,483\,kg$

4-2 (동생의 몸무게) $= 32\,kg\,600\,g - 4\,kg\,800\,g$
$= 27\,kg\,800\,g$
(언니의 몸무게) $= 32\,kg\,600\,g + 7\,kg\,500\,g$
$= 40\,kg\,100\,g$
➡ (동생과 언니의 몸무게의 합)
$= 27\,kg\,800\,g + 40\,kg\,100\,g$
$= 67\,kg\,900\,g$

4-3 ㉠: (선경)+(지희)=78 kg 600 g,
㉡: (선경)−(지희)=4 kg 800 g
㉠+㉡=(선경)+(선경)
$= 78\,kg\,600\,g + 4\,kg\,800\,g$
$= 82\,kg + 1400\,g$
$= 83\,kg\,400\,g$
➡ 83 kg 400 g=82 kg 1400 g
$= (41\,kg\,700\,g) + (41\,kg\,700\,g)$이므로
따라서 (선경의 몸무게)=41 kg 700 g이고
(지희의 몸무게)=78 kg 600 g−41 kg 700 g
$= 36\,kg\,900\,g$입니다.

5-1 (풀 2개)=(가위 1개)이므로 (풀 4개)=(가위 2개),
(지우개 5개)=(풀 4개)=(가위 2개)입니다.
따라서 (지우개 5개의 무게)$=100 \times 5 = 500(g)$이
므로 (가위 1개의 무게)$= 500 \div 2 = 250(g)$입니다.

> **해결 전략**
> ㉠=㉡, ㉡=㉢ ➡ ㉠=㉢

5-2 (동화책 3권)=(과학책 2권)
➡ (동화책 9권)=(과학책 6권)
(과학책 3권)=(위인전 4권)
➡ (과학책 6권)=(위인전 8권)
두 식에 같은 값이 있어 비교 가능하도록 식을 만들어 줍니다.
(위인전 8권)=(과학책 6권)=(동화책 9권)
$= 400\,g \times 9 = 3600\,g$
따라서 위인전 8권의 무게는 3600 g=3 kg 600 g
입니다.

> **다른 풀이**
> 동화책 한 권의 무게는 400 g임을 이용하여 과학책 1권
> 의 무게를 구합니다.
> (과학책 2권)=(동화책 3권)$= 400 \times 3 = 1200(g)$
> ➡ (과학책 1권)$= 1200 \div 2 = 600(g)$
> (위인전 4권)=(과학책 3권)$= 600 \times 3 = 1800(g)$
> ➡ (위인전 8권)$= 1800 \times 2 = 3600(g)$
> 따라서 위인전 8권의 무게는 3600 g=3 kg 600 g입니다.

5-3 (자두 32개)=(참외 3개)+(사과 4개)…①
(사과 2개)=(자두 6개)+(참외 1개)이므로
(사과 4개)=(자두 12개)+(참외 2개)…②
①번 식의 (사과 4개)에 ②번 식을 넣으면
(자두 32개)=(참외 3개)+(자두 12개)+(참외 2개)
= (참외 5개)+(자두 12개)
➡ (자두 20개)=(참외 5개) ← 양쪽에서 자두 12개를 뺐습니다.
➡ (자두 4개)=(참외 1개)입니다.
사과 2개는 자두 6개와 참외 1개의 무게의 합과 같고 참외 1개는 자두 4개의 무게와 같으므로
(사과 2개)=(자두 10개)입니다.
따라서 사과 1개는 자두 5개의 무게와 같습니다.

6-1 $700\,mL-200\,mL-200\,mL=300\,mL$

6-2 예 $300+300+300+300+300+300$
$=1800$이므로 $300\,mL$ 물통에 물을 가득 채워 6번 붓습니다.

6-3 $400\,mL+400\,mL+400\,mL+400\,mL$
$+400\,mL=2000\,mL$ ➡ $2\,L$

7-1 한 개의 무게가 $500\,g$인 카카오 콩 30개의 무게는
$500\times30=15000(g)$입니다.
$5\times3=15$
➡ $15000\,g=15\,kg$

다른 풀이
카카오 콩 10개의 무게는 $500\,g$의 10배인 $5000\,g$이므로 $5\,kg$입니다.
따라서 카카오 콩 30개의 무게는 $5\,kg$의 3배인
$5\times3=15(kg)$입니다.

⟡ LEVEL UP TEST
113~117쪽

1 $1\,kg\ 50\,g$	**2** ㉠, ㉢, ㉡	**3** 희진, 주영	**4** $3100\,mL$	**5** $10\,kg\ 200\,g$
6 137개	**7** 8400원	**8** 4가지	**9** $5\,L\ 700\,mL$	**10** 백과사전

11 예 $300\,mL$ 컵에 물을 가득 채운 후 $700\,mL$ 컵에 2번 붓습니다. 다시 $300\,mL$ 컵에 물을 가득 채운 후에 $700\,mL$ 컵에 가득 채워질 때까지 부으면 $300\,mL$ 컵에 $200\,mL$의 물이 남습니다.

12 $700\,g$	**13** $27\,kg\ 500\,g$	**14** 75개	**15** 5분 15초	**16** $11\,kg$

---

1 접근 ≫ 전자 저울에 나타난 각각의 무게를 알아봅니다.

물 $750\,g$에 소금 $300\,g$을 녹이면 $750\,g+300\,g=1050\,g$입니다.
➡ $1050\,g=1\,kg\ 50\,g$

보충 개념
$1\,kg=1000\,g$이예요.

2 접근 » 각각의 물의 양을 계산합니다.

㉠ 3 L 400 mL＝3400 mL이므로 3400 mL－900 mL＝2500 mL입니다.

㉡ 300 mL×7＝2100 mL

㉢ 1000 mL＋400 mL＋400 mL＋400 mL＝2200 mL

따라서 물의 양이 가장 많은 것부터 차례로 쓰면 ㉠, ㉢, ㉡입니다.

보충 개념
1 L＝1000 mL이예요.

3 접근 » 각각의 무게를 어림하여 약 3 kg을 찾습니다.

3 kg＝3000 g이고 각각 담은 과일의 무게를

민서는 약 1000 g, 희진이는 약 2000 g, 소라는 약 2000 g, 주영이는 약 1000 g으로 어림하고 어림한 값을 더하여 3000 g이 되는 값을 찾으면 (민서, 희진), (민서, 소라), (희진, 주영), (소라, 주영)입니다.

이들의 실제 값을 계산하여 3000 g과의 차가 가장 작은 값이 3 kg에 가장 가깝게 담은 것이므로 3 kg에 가장 가깝게 담을 수 있는 것은 희진, 주영이가 함께 담았을 때입니다.

해결 전략
직접 계산하지 않고 각각의 무게를 어림하여 계산하면 모든 경우를 구하지 않아도 돼요.

보충 개념
실제 값과 어림한 값의 차이가 가장 작은 값이 실제에 가장 가까운 값이에요.

	실제 값의 합	차
민서, 희진	3490 g	3490－3000＝490(g)
민서, 소라	3300 g	3300－3000＝300(g)
희진, 주영	3070 g	3070－3000＝70(g)
소라, 주영	2880 g	3000－2880＝120(g)

4 107쪽 2번의 변형 심화 유형
접근 » 900 mL를 사용한 후의 간장의 양을 알아봅니다.

2 L 400 mL에서 900 mL를 빼고 1 L 600 mL를 더하면 됩니다.

2 L 400 mL－900 mL＋1 L 600 mL＝1 L 500 mL＋1 L 600 mL
＝3 L 100 mL

➡ 3 L 100 mL＝3100 mL

다른 풀이
mL로 단위를 통일하여 계산합니다. 2 L 400 mL＝2400 mL, 1 L 600 mL＝1600 mL이므로 2400－900＋1600＝3100(mL)입니다.

5 접근 » 저울의 바늘이 가리키는 눈금의 무게를 읽어봅니다.

저울의 눈금을 읽어보면 (㉮의 무게)＝650 g, (㉯의 무게)＝1500 g입니다.

(㉮ 3개의 무게)＝650×3＝1950(g),

(㉯ 5개의 무게)＝1500＋1500＋1500＋1500＋1500＝7500(g)이므로

(포장한 상자의 무게)＝750＋1950＋7500＝10200(g)＝10 kg 200 g입니다.

해결 전략
저울의 바늘이 가리키는 눈금으로 ㉮와 ㉯의 무게를 알아봐요.

주의
상자의 무게를 빠뜨리지 않도록 주의해요.

6 108쪽 3번의 변형 심화 유형
접근 ≫ 상자 263개의 무게를 먼저 구해봅니다.

5 kg씩 263개를 실었으므로 $263 \times 5 = 1315$(kg)이고
1 t=1000 kg이므로 트럭에는 2 t=2000 kg을 실을 수 있습니다.
따라서 트럭에 더 실을 수 있는 무게는 $2000 - 1315 = 685$(kg)이므로
5 kg짜리 상자 $685 \div 5 = 137$(개)를 더 실을 수 있습니다.

보충 개념
1 t=1000 kg

7 108쪽 3번의 변형 심화 유형
접근 ≫ 돼지고기 한 근과 시금치 한 근 반의 양을 알아봅니다.

돼지고기 한 근은 600 g이므로 (돼지고기 한 근의 가격)=$800 \times 6 = 4800$(원)
시금치 한 근 반은 $400 + 200 = 600$(g)이므로
(시금치 한 근 반의 가격)=$600 \times 6 = 3600$(원)입니다.
따라서 (물건의 값)=$4800 + 3600 = 8400$(원)입니다.

보충 개념
(반 근)=(한 근의 $\frac{1}{2}$)
=$400 \text{ g} \div 2 = 200 \text{ g}$

8
접근 ≫ 칵테일을 만드는 데 들어가는 모든 재료의 합을 구해봅니다.

준 벅에 사용되는 재료를 모두 합하면
$30 \text{ mL} + 15 \text{ mL} + 15 \text{ mL} + 30 \text{ mL} + 60 \text{ mL} = 150 \text{ mL}$입니다.
따라서 용량이 150 mL보다 큰 잔을 찾으면 올드 패션드 글라스, 마르가리타 글라스, 허리케인 글라스, 아이리시 커피 글라스로 모두 4가지입니다.

9
접근 ≫ 각 물통에 들어 있는 물의 양을 구해봅니다.

(㉯에 들어 있는 물의 양)=$2 \text{ L } 630 \text{ mL} + 870 \text{ mL} = 3 \text{ L } 500 \text{ mL}$
(㉮에 들어 있는 물의 양)=$3 \text{ L } 500 \text{ mL} + 600 \text{ mL} = 4 \text{ L } 100 \text{ mL}$
(㉰에 들어 있는 물의 양)=$3 \text{ L } 500 \text{ mL} + 2 \text{ L } 630 \text{ mL} - 430 \text{ mL}$
$= 5 \text{ L } 700 \text{ mL}$
따라서 $5 \text{ L } 700 \text{ mL} > 4 \text{ L } 100 \text{ mL} > 3 \text{ L } 500 \text{ mL} > 2 \text{ L } 630 \text{ mL}$이므로 물의 양이 가장 많이 들어 있는 물통의 들이는 5 L 700 mL입니다.

해결 전략
단위를 같게 하여 비교해요.
주의
㉮ 물통이 ㉯ 물통보다 들이가 적다고 생각하지 않도록 주의해요.

10
접근 ≫ 주어진 추를 이용하여 물건들의 무게를 만들어 봅니다.

보조가방: $550 \text{ g} = 200 \text{ g} + 350 \text{ g}$,
도시락: $600 \text{ g} = 250 \text{ g} + 350 \text{ g} = 150 \text{ g} + 200 \text{ g} + 250 \text{ g}$,
책가방: $700 \text{ g} = 150 \text{ g} + 200 \text{ g} + 350 \text{ g}$
주어진 추로 850 g은 잴 수 없으므로 잴 수 없는 물건은 백과사전입니다.

주의
3개 또는 4개의 추를 이용하여 무게를 만들 수 있는지도 확인해 보아요.

11 111쪽 6번의 변형 심화 유형

접근 ≫ 300과 700의 합과 차를 이용하여 200을 만들어 봅니다.

$300\,mL + 300\,mL + 300\,mL - 700\,mL = 200\,mL$

12 109쪽 4번의 변형 심화 유형

접근 ≫ 주어진 조건들을 식으로 써 봅니다.

(쌀 1봉지) = (보리 2봉지) + 400…①
(보리 1봉지) = (밀가루 1봉지) + 600…②
(쌀 1봉지) = (밀가루 4봉지) + 200…③

②의 식에서 (보리 2봉지) = (밀가루 2봉지) + 1200이고, ①의 식에 넣으면

➡ (쌀 1봉지) = (밀가루 2봉지) + 1200 + 400 = (밀가루 2봉지) + 1600입니다.

다시 이 식을 ③에 넣으면 (밀가루 2봉지) + 1600 = (밀가루 4봉지) + 200

따라서 (밀가루 2봉지) = 1400이고, 700 + 700 = 1400이므로

(밀가루 1봉지) = 700(g)입니다.

> **보충 개념**
> ■ + ▲ = ■ + ● 에 똑같이 더해진 ■를 빼면 ▲ = ● 입니다.

13 109쪽 4번의 변형 심화 유형

접근 ≫ 민아의 몸무게를 먼저 구해 봅니다.

(서우 + 동욱 + 민아의 몸무게) = 92 kg 200 g,
(서우 + 동욱의 몸무게) = 60 kg 400 g이므로
(민아의 몸무게) = 92 kg 200 g - 60 kg 400 g = 31 kg 800 g,
(동욱이의 몸무게) = 31 kg 800 g + 1 kg 100 g = 32 kg 900 g입니다.

➡ (서우의 몸무게) = 60 kg 400 g - 32 kg 900 g = 27 kg 500 g

> **보충 개념**
> (서우 + 동욱 + 민아의 몸무게)에 (서우 + 동욱의 몸무게)를 넣어 민아의 몸무게를 구해요.

14 110쪽 5번의 변형 심화 유형

접근 ≫ 화분 1개의 무게를 이용하여 쇠구슬과 유리구슬의 무게가 같아지는 최소 개수를 구합니다.

(화분 1개) = (쇠구슬 21개) = (유리구슬 35개)이므로
(쇠구슬 3개) = (유리구슬 5개)입니다.
(화분 4개) = (쇠구슬 21 × 4 = 84개) = (쇠구슬 39개) + (쇠구슬 45개)이고
쇠구슬 3개는 유리구슬 5개의 무게와 같으므로 쇠구슬 45개는 유리구슬
5 × 15 = 75(개)의 무게와 같습니다.
따라서 화분 4개의 무게는 쇠구슬 39개와 유리구슬 75개의 무게의 합과 같으므로
유리구슬은 75개 입니다.

> **해결 전략**
> 쇠구슬 3개 = 유리구슬 5개
> ↓×15   ↓×15
> 쇠구슬 45개 유리구슬(5 × 15)개

> **해결 전략**
> (쇠구슬 21개) = (유리구슬 35개)에서 양쪽을 7로 나누면 (쇠구슬 3개) = (유리구슬 5개)예요.

15 **접근 ≫ 1분 동안 받을 수 있는 물의 양을 알아봅니다.**

1분 동안 받을 수 있는 물의 양은 $1300 \, mL - 300 \, mL = 1000 \, mL = 1 \, L$입니다.

1분에 $1 \, L$의 물을 받을 수 있으므로 $5 \, L$의 물을 받는 데 5분이 걸립니다.

1분에 $1000 \, mL$의 물을 받을 수 있고, $250 \, mL$를 받는 데 $60 \div 4 = 15$(초)가 걸리므로 $5 \, L \, 250 \, mL$를 받는 데 걸리는 시간은 5분 15초입니다.

> **해결 전략**
> $250 \, mL$를 받기 위해 걸리는 시간을 구해요.

> **보충 개념**
> 60초 → $1000 \, mL$
> $\downarrow \div 4$ $\downarrow \div 4$
> 15초 ← $250 \, mL$

서술형 16 **접근 ≫ 잘못 계산한 식을 세워봅니다.**

◉ 무게를 모르는 소포 1개의 무게를 □라 하면 □$- 2 \, kg \, 600 \, g = 5 \, kg \, 800 \, g$,

□$= 5 \, kg \, 800 \, g + 2 \, kg \, 600 \, g = 7 \, kg \, 1400 \, g = 8 \, kg \, 400 \, g$입니다.

➡ (소포 2개의 무게의 합)$= 8 \, kg \, 400 \, g + 2 \, kg \, 600 \, g = 11 \, kg$

채점 기준	배점
무게를 모르는 소포 1개의 무게를 구했나요?	3점
소포 2개의 무게의 합을 구했나요?	2점

> **해결 전략**
> 잘못 계산한 식을 이용하여 무게를 모르는 소포 1개의 무게를 구해요.

> **주의**
> $5 \, kg \, 800 \, g - 2 \, kg \, 600 \, g$으로 계산하지 않도록 주의해요.

▲▲ HIGH LEVEL
118~120쪽

1 3번	**2** 3번	**3** 13가지	**4** 6 kg	**5** 15 L 500 mL
6 650 g, 800 g, 1280 g		**7** 48 kg	**8** 2개, 1개, 3개	

---

1 **접근 ≫ 물통의 들이를 먼저 구합니다.**

물통의 들이는 $500 \times 4 + 300 \times 6 + 200 = 2000 + 1800 + 200 = 4000(mL)$이고,

㉮ 컵으로 5번, ㉯ 컵으로 3번 부은 양은

$500 \times 5 + 200 \times 3 = 2500 + 600 = 3100(mL)$입니다.

물통을 가득 채우기 위해 더 필요한 물의 양은 $4000 - 3100 = 900(mL)$입니다.

$900 \, mL = 300 \, mL + 300 \, mL + 300 \, mL$이므로 물통을 가득 채우려면 ㉯ 컵으로 3번을 더 부어야 합니다.

서술형 2 116쪽 11번의 변형 심화 유형

접근 ≫ 물통의 반에 해당하는 물의 양을 구해 봅니다.

⑩ 2 L 그릇으로 7번 부으면 14 L이고, 1 L 300 mL 그릇으로 4번 덜어 내면 1 L 300 mL＋1 L 300 mL＋1 L 300 mL＋1 L 300 mL＝5 L 200 mL를 덜어낸 것이므로 물통에 남아 있는 물의 양은 14 L－5 L 200 mL＝8 L 800 mL입니다. 8 L 800 mL가 물통의 반이므로 물통을 가득 채우기 위해 더 부어야 하는 물의 양은 8 L 800 mL입니다.

3 L＋3 L＋3 L＝9 L이므로 8 L 800 mL의 물을 붓기 위해서는 3 L 그릇으로 적어도 3번 더 부어야 합니다.

채점 기준	배점
물통 들이의 반을 구했나요?	3점
물통의 반을 채우려면 3 L 그릇으로 적어도 몇 번 더 부어야 하는지 구했나요?	2점

3 115쪽 10번의 변형 심화 유형

접근 ≫ 추의 개수를 늘려가며 잴 수 있는 무게를 알아봅니다.

① 저울의 한쪽에 추 1개를 놓아서 잴 수 있는 무게
➡ 1 kg, 3 kg, 9 kg

② 저울의 한쪽에 추 2개를 놓아서 잴 수 있는 무게
➡ 1 kg＋3 kg＝4 kg, 1 kg＋9 kg＝10 kg, 3 kg＋9 kg＝12 kg

③ 저울의 한쪽에 추 3개를 놓아서 잴 수 있는 무게
➡ 1 kg＋3 kg＋9 kg＝13 kg

④ 저울의 양쪽에 추를 놓아서 잴 수 있는 무게
➡ 2 kg, 5 kg, 6 kg, 7 kg, 8 kg, 11 kg

2 kg: 저울의 한쪽에 3 kg인 추를 놓고 다른 쪽에 1 kg인 추를 놓습니다.

5 kg: 저울의 한쪽에 9 kg인 추를 놓고 다른 쪽에 1 kg인 추와 3 kg인 추를 함께
　　　　　　　　　　　　　　　　　　　　└→ 4 kg
놓습니다.

6 kg: 저울의 한쪽에 9 kg인 추를 놓고 다른 쪽에 3 kg인 추를 놓습니다.

7 kg: 저울의 한쪽에 1 kg인 추와 9 kg인 추를 함께 놓고 다른 쪽에 3 kg인 추를
　　　　　　　　　└→ 10 kg
놓습니다.

8 kg: 저울의 한쪽에 9 kg인 추를 놓고 다른 쪽에 1 kg인 추를 놓습니다.

11 kg: 저울의 한쪽에 3 kg인 추와 9 kg인 추를 함께 놓고 다른 쪽에 1 kg인 추
　　　　　　　　　　　　　　　└→ 12 kg
를 놓습니다.

따라서 모두 13가지의 무게를 잴 수 있습니다.

해결 전략
· 추를 사용하는 경우를 1개, 2개, 3개로 늘려가며 잴 수 있는 무게를 생각합니다.
· 저울의 양쪽에 추를 놓아서 잴 수 있는 무게도 생각합니다.

4 접근 » 식을 세워 병 ㉯에 들어 있는 꿀의 양을 구해 봅니다.

㉮＋㉯＋㉰＝12 kg 500 g … ①

㉮＝㉯＋1 kg 500 g … ②

㉯＝2×㉰＋500 g … ③

③을 ②에 넣으면

㉮＝㉯＋1 kg 500 g＝2×㉰＋500 g＋1 kg 500 g＝2×㉰＋2 kg

➡ ㉮＋㉯＋㉰＝$\underbrace{2×㉰＋2 kg}_{㉮}$＋$\underbrace{2×㉰＋500 g}_{㉯}$＋㉰

＝5×㉰＋2 kg 500 g＝12 kg 500 g

5×㉰＋2 kg 500 g＝12 kg 500 g,

5×㉰＝12 kg 500 g－2 kg 500 g＝10 kg, ㉰＝10 kg÷5＝2 kg

➡ ㉮＝2×㉰＋2 kg＝2×2 kg＋2 kg＝4 kg＋2 kg＝6 kg

보충 개념

■×●＋▲×●

＝(■＋▲)×●

➡ 2×㉰＋2×㉰＋㉰

  ＝(2＋2＋1)×㉰

  ＝5×㉰

5 접근 » 마시고 난 빈 병으로 몇 병을 바꿀 수 있는지 알아봅니다.

음료수 21병을 마시면 빈 병 21개가 생기고, 이것으로 음료수 21÷3＝7(병)을 받아옵니다. 받아온 음료수 7병을 마시고, 빈 병 6개로 음료수 6÷3＝2(병)을 받아오면 빈 병 1개가 남아 있습니다. 받아온 음료수 2병을 마시고, 이 때 생긴 빈 병 2개와 남아 있던 빈 병 1개를 합해 다시 빈 병 3개로 음료수 1병을 받아옵니다.

따라서 (준영이가 마실 수 있는 음료수의 개수)＝21＋7＋2＋1＝31(병)이고 이 때 음료수의 양은 500 mL×31＝15 L 500 mL입니다.

주의

마지막 빈 병 2개와 남은 빈 병 1개로 음료수 한 병을 받아서 마실 수 있으므로 30병으로 계산하지 않아요.

보충 개념

500×31은 5×31의 100배와 같아요.

6 116쪽 12번의 변형 심화 유형

접근 » 주어진 값을 이용하여 소금＋설탕＋밀가루의 무게의 합을 구해봅니다.

(소금＋설탕)＝1450 g, (설탕＋밀가루)＝2080 g, (밀가루＋소금)＝1930 g

(소금＋설탕)＋(설탕＋밀가루)＋(밀가루＋소금)

＝1450＋2080＋1930＝5460(g)이므로 ⟶ 소금, 설탕, 밀가루가 두 번씩 더해져 있습니다.

(소금)＋(설탕)＋(밀가루)＝2730(g)입니다.

소금, 설탕, 밀가루 무게의 합이 2730 g이므로

밀가루의 무게는 2730－1450＝1280(g),

소금의 무게는 2730－2080＝650(g),

설탕의 무게는 2730－1930＝800(g)입니다.

따라서 소금은 650 g, 설탕은 800 g, 밀가루는 1280 g입니다.

해결 전략

●＋▲＋■＝10이고

●＋▲＝6이면 ■＝4예요.

7 접근 ≫ 소 1마리가 하루에 먹는 양을 1, 2, 3……으로 늘려가면서 말 1마리가 하루에 먹는 양을 구해 봅니다.

말 4마리와 소 6마리가 하루에 먹는 풀은 42 kg이므로 다음과 같이 표를 만들 수 있습니다.

소 1마리가 하루에 먹는 양(kg) → ㉠	1	2	3	4	5	6
소 6마리가 하루에 먹는 양(kg) → ㉡＝㉠×6	6	12	18	24	30	36
말 4마리가 하루에 먹는 양(kg) → ㉢＝42－㉡	36	30	24	18	12	6
말 1마리가 하루에 먹는 양(kg) → ㉣＝㉢÷4	9	×	6	×	3	×

표에서 가능한 3가지 경우로 말 7마리와 소 15마리가 하루에 먹는 풀의 양을 확인하면,

말이 9 kg, 소가 1 kg씩 먹을 때: $9×7+1×15=63+15=78$(kg)(×)

말이 6 kg, 소가 3 kg씩 먹을 때: $6×7+3×15=42+45=87$(kg)(○)

말이 3 kg, 소가 5 kg씩 먹을 때: $3×7+5×15=21+75=96$(kg)(×)

따라서 하루에 말은 6 kg씩, 소는 3 kg씩 먹으므로 준비해야 할 풀의 양은

$6×6+3×4=36+12=48$(kg)입니다.

보충 개념

같은 방법으로 말 1마리가 하루에 먹는 양을 통해 소 1마리가 하루에 먹는 양을 구해도 돼요.

---

8 114쪽 5번의 변형 심화 유형

접근 ≫ 저울을 보고 강아지, 고양이, 거북과 추에 관한 식을 세워봅니다.

(강아지 2마리＋고양이 1마리)＝(추 5개)…①

(강아지 1마리＋고양이 1마리＋거북 1마리)＝(추 6개)…②

(강아지 2마리＋고양이 2마리＋거북 1마리)＝(추 9개)…③

①을 ③에 넣으면

(추 9개)＝(강아지 2마리＋고양이 2마리＋거북 1마리)

    ＝(강아지 2마리＋고양이 1마리)＋(고양이 1마리＋거북 1마리)

    ＝(추 5개)＋(고양이 1마리＋거북 1마리)

➡ (고양이 1마리＋거북 1마리)＝(추 4개)…④

④를 ②에 넣으면

(추 6개)＝(강아지 1마리＋고양이 1마리＋거북 1마리)

    ＝(강아지 1마리)＋(고양이 1마리＋거북 1마리)

    ＝(강아지 1마리)＋(추 4개)

➡ (강아지 1마리)＝(추 2개)

①에서 (추 5개)＝(강아지 2마리＋고양이 1마리)＝(추 4개)＋(고양이 1마리)

➡ (고양이 1마리)＝(추 1개)

④에서 (추 4개)＝(고양이 1마리＋거북 1마리)＝(추 1개)＋(거북 1마리)

➡ (거북 1마리)＝(추 3개)

따라서 (강아지 한 마리의 무게)＝(추 2개), (고양이 한 마리의 무게)＝(추 1개),

(거북 한 마리의 무게)＝(추 3개)입니다.

해결 전략

■＋▲＝■＋●에서 똑같이 더해진 ■를 빼면 ▲＝●에요.

6 자료의 정리

◉ BASIC TEST

1 자료 정리와 그림그래프 | 125쪽

1 (왼쪽에서부터) 8, 6, 7, 4, 25
2 사자 **3** 25명
4 표 **5** 100상자 / 10상자
6 (위에서부터) 1, 2, 1, 3 / 2, 3, 5, 0
7

과수원별 사과 생산량

과수원	생산량
아름	🍎🍏🍏
사랑	🍎🍎🍏🍏🍏
열매	🍎🍏🍏🍏🍏🍏
풍성	🍎🍎🍎

🍎 [100] 상자 🍏 [10] 상자

---

1 자료에서 각 동물별 수를 세어 표에 수로 나타냅니다.

2 가장 큰 수가 8이므로 가장 많은 학생이 좋아하는 동물은 사자입니다.

3 자료는 혜림이네 반 학생들이 좋아하는 동물별 학생 수를 조사한 것이므로 혜림이네 반 전체 학생 수는 표에 있는 학생 수를 모두 더한
$8+6+7+4=25$(명)과 같습니다.

4 표는 자료의 수를 세어 정리해 놓은 것이므로 자료보다 한눈에 보기 좋습니다.

5 조사한 수가 백의 자리와 십의 자리 수로만 이루어져 있으므로 🍎는 100상자를, 🍏는 10상자를 나타내는 것이 좋습니다.

6 아름 과수원의 사과 생산량 120상자는
🍎 1개, 🍏 2개를 그립니다.
사랑 과수원의 사과 생산량 230상자는
🍎 2개, 🍏 3개를 그립니다.
열매 과수원의 사과 생산량 150상자는
🍎 1개, 🍏 5개를 그립니다.
풍성 과수원의 사과 생산량 300상자는
🍎 3개를 그립니다.

MATH TOPIC | 126~131쪽

1-1 6권
2-1 (왼쪽에서부터) 32, 35

학년별 안경을 쓴 학생 수

학년	3학년	4학년	5학년	6학년
학생 수	😊😊😊😊😊	😊😊😊😊😊	😊😊😊😊😊	😊😊😊😊😊

😊10명 ☺1명

3-1 ㉢, ㉣

4-1

(가) 월별 손난로 판매량

월	판매량
11	⭕⭕⭕⭕⭕○○
12	⭕⭕⭕⭕⭕
1	⭕⭕⭕⭕⭕⭕⭕○○
2	⭕⭕⭕⭕⭕⭕⭕

⭕50개 ○10개

(나) 월별 손난로 판매량

월	판매량
11	◎◉○○○
12	◎◉○
1	◎◉◉◉○○○
2	◎◉◉◉○

◎100개 ◉50개 ○10개

5-1

1년간 소비하는 고기의 양

종류	고기의 양
닭	☐☐
돼지	☐☐☐☐
소	☐□□□□
오리	☐□

☐5kg □1kg

심화6 57, 5, 9, 1, 2, 57, 5, 9, 1, 2, 5 / 5

1-1 그림그래프에서 과학책 23권을 📕 2개와 📖 3개로 나타내었으므로 📕 1개는 10권, 📖 1개는 1권을 나타내므로 위인전 20권, 백과사전 42권, 동시집 15권, 잡지는 13권입니다.
(동화책의 수)
$=149-(20+23+42+15+13)$
$=149-113=36$(권)
따라서 가장 많은 책은 백과사전으로 42권, 두 번째로 많은 책은 동화책으로 36권이므로 백과사전은 동화책보다 $42-36=6$(권) 더 많습니다.

2-1 안경을 쓴 학생이 150명이고, 3학년은 32명이므로
(6학년의 학생 수)$=150-(32+40+43)$
$=150-115=35$(명)입니다.

☺은 10명을 나타내고, ☺은 1명을 나타내므로 그림그래프에서 4학년은 ☺ 4개, 5학년은 ☺ 4개, ☺ 3개, 6학년은 ☺ 3개, ☺ 5개를 그립니다.

해결 전략
학년별 안경을 쓴 학생 수의 십의 자릿수만큼 ☺으로, 일의 자릿수만큼 ☺으로 나타냅니다.

3-1 ㉠ 가장 적은 학생이 방문한 날은 월요일입니다.
㉡ 금요일에 방문한 학생 수는 40명으로 화요일에 방문한 학생 수 33명보다 $40-33=7$(명) 더 많습니다.
㉢ 수요일에 방문한 남학생 수는 9명, 여학생 수는 26명이므로 남학생이 여학생보다 $26-9=17$(명) 더 적게 방문했습니다.
㉣ 5일 동안 방문한 학생 수는 모두 174명입니다.
따라서 바르게 설명한 것은 ㉢, ㉣입니다.

4-1 그림그래프 (가)를 보고 (나)의 빈칸을, 그림그래프 (나)를 보고 (가)의 빈칸을 채웁니다.
12월에 판매량은 250개이므로
(2월에 판매량)$=250+100=350$(개)입니다.

보충 개념
(나) 그림그래프는 많은 양을 한눈에 파악하기 좋고, 복잡한 그림을 간단하게 그려서 보기 좋습니다.

5-1 돼지의 소비량은 20 kg입니다.
(닭의 소비량)$=$(20 kg의 $\frac{1}{2}$)$=10$ kg
(소의 소비량)$=10-$(10 kg의 $\frac{1}{10}$)
$=10-1=9$(kg)
(오리의 소비량)$=45-(10+20+9)$
$=45-39=6$(kg)

해결 전략
닭의 소비량을 구하여 소의 소비량을 구하고, 전체 고기 소비량에서 닭, 돼지, 소의 소비량을 빼서 오리의 소비량을 구합니다.

✖ LEVEL UP TEST　　132~136쪽

1 (왼쪽에서부터) 21, 7, 10, 51　　**2** 8명　　**3** 그림그래프　　**4** 80그루　　**5** 8명

6 8 g　　**7** 민속촌 / 북한산

8
온실가스별 배출량

온실가스	배출량
이산화탄소	☺☺☺☺☺☺ ☺☺☺☺☺☺
메탄	☺☺☺☺☺
아산화질소	☺☺☺☺☺☺☺
기타	☺

☺10
☺1

9 91　　**10** ㉡, ㉣

11 18권 / 59권　　**12** 294000원

13
요일별 김밥 판매량

요일	김밥 수
월요일	◎◎◎◎◎
화요일	◎◎◎◎◎◎◎◎
수요일	◎◎
목요일	◎◎◎◎◎
금요일	◎◎◎◎◎

◎10줄
◎1줄

14 화요일　　**15** 840000원

126쪽 1번의 변형 심화 유형

1 접근 ≫ 😐 이 나타내는 값을 먼저 알아봅니다.

포도를 좋아하는 학생 13명을 😐 1개, 😊 3개로 나타내었으므로 😐은 10명을 😊은 1명을 나타냅니다.
사과 21명, 귤 7명, 복숭아 10명이므로 전체 학생 수는 21＋13＋7＋10＝51(명)입니다.

해결 전략
포도를 좋아하는 학생 수를 통하여 😐 이 나타내는 값이 얼마인지 알아봐요.

2 접근 ≫ 가장 많은 학생이 좋아하는 과일의 학생 수와 두 번째로 많은 학생이 좋아하는 과일의 학생 수를 각각 구합니다.

표에서 가장 많은 학생이 좋아하는 과일은 사과로 21명, 두 번째로 많은 학생이 좋아하는 과일은 포도로 13명입니다. 따라서 두 학생 수의 차는 21－13＝8(명)입니다.

서술형 **3** 접근 ≫ 그림그래프와 표의 특징을 생각해 봅니다.

예 표는 각 항목별로 조사한 수와 전체 합계를 알아보기 쉽고, 그림그래프는 조사한 수를 자료의 특징에 알맞은 그림으로 나타내므로 무엇이 많고 적은지 한눈에 알아보기 쉽습니다. 따라서 복잡한 자료이거나 많고 적음을 한눈에 비교할 때에는 그림그래프를 보면 쉽게 알 수 있습니다.

해결 전략
그림그래프와 표의 특징을 정확히 알고 있어야 해요.

채점 기준	배점
답을 바르게 썼나요?	2점
답을 쓴 이유를 바르게 썼나요?	3점

4 접근 ≫ 각 마을의 소나무 수를 알아봅니다.

🌳은 100그루를 나타내고 🌲은 10그루를 나타내므로 각 마을의 소나무 수를 구하면 가 마을 150그루, 다 마을 320그루, 마 마을 70그루입니다.
가, 나 마을과 나, 라, 마 마을의 소나무 수는 같고, 두 경우 모두 나 마을을 포함하고 있습니다.
따라서 나 마을을 제외한 남은 마을의 소나무 수는 같습니다.
➡ (가 마을)＝(라 마을)＋(마 마을)
150＝(라 마을)＋70, (라 마을)＝150－70＝80(그루)

주의
나 마을의 소나무 수를 몰라도 풀 수 있어요.

5 접근 ≫ 파란색을 좋아하는 학생 수를 알아봅니다.

(파란색을 좋아하는 학생 수)=(주황색을 좋아하는 학생의 $\frac{2}{3}$)

$$=(9명의 \frac{2}{3})=6명$$

전체 학생이 34명이므로

(초록색을 좋아하는 학생 수)=34-4-9-6-7=34-26=8(명)입니다.

해결 전략
그림이 나타내는 수가 3명과 1명임에 주의해요.

6 접근 ≫ 2010년과 2012년의 쌀 소비량을 각각 구합니다.

2012년의 1인당 하루 쌀 소비량은 184+7=191(g)이고
2010년의 1인당 하루 쌀 소비량은 2005년보다 22g 줄어들었으므로
221-22=199(g)입니다.
따라서 2010년과 2012년의 1인당 하루 쌀 소비량의 차는 199-191=8(g)입니다.

해결 전략
글을 읽고 2012년의 1인당 하루 쌀 소비량을 구해봐요.

7 127쪽 2번의 변형 심화 유형
접근 ≫ 각 반의 학생 수를 구합니다.

(1반 학생 수)=□라 하면, (2반 학생 수)=□+8입니다.
(두 반의 전체 학생 수)=84이므로 □+□+8=84, □+□=76, □=38(명)이고,
1반 학생 수는 38명, 2반 학생 수는 38+8=46(명)입니다.
1반에서 체험학습을 민속촌으로 가는 학생은 20명이므로
(박물관에 가는 학생)=38-20=18(명)
2반에서 체험학습을 미술관으로 가는 학생은 22명이므로
(북한산에 가는 학생)=46-22=24(명)입니다.
따라서 각 반에서 더 많은 학생이 가는 체험학습 장소는 1반은 민속촌, 2반은 북한산입니다.

해결 전략
1반의 학생 수를 □라 하면, 2반의 학생 수는 □+8이에요.

8 접근 ≫ 전체 온실가스 배출량을 이용하여 메탄의 배출량을 구해 봅니다.

전체 온실가스 배출량을 100이라 하고 조사한 것이므로 합계는 100입니다.
따라서 기타는 1이므로 메탄의 배출량은 100-77-8-1=14입니다.

해결 전략
표를 보고 알 수 있는 양을 그림그래프로 나타내봐요.

9 접근 ≫ 온실가스 배출량이 가장 많은 가스와 두 번째로 많은 가스가 무엇인지 알아봅니다.

배출량이 가장 많은 가스는 이산화탄소로 77이고 두 번째로 많은 가스는 메탄으로 14입니다. 따라서 두 온실가스의 배출량의 합은 77+14=91입니다.

10 128쪽 3번의 변형 심화 유형

접근 ≫ 그림그래프를 표로 바꾸어 지문을 해석해 봅니다.

주어진 그림그래프를 표로 나타내면 다음과 같습니다.

학원	남학생	여학생	합계
태권도	29	13	42
피아노	25	30	55
무용	2	25	27
수영	12	20	32
합계	68	88	156

㉠ 가장 많이 다니는 학원은 남학생은 29명으로 태권도 학원, 여학생은 30명으로 피아노 학원입니다.

㉡ 학원을 다니는 남학생은 68명, 여학생은 88명이므로 여학생이 학원을 더 많이 다닙니다.

㉢ 여학생이 가장 적게 다니는 학원은 13명으로 태권도 학원입니다.

㉣ 가장 많은 학생이 다니는 학원은 55명이 다니는 피아노 학원입니다.

따라서 바르게 설명한 것은 ㉡, ㉣입니다.

해결 전략
학원별 남녀 학생 수와 합계를 각각 알아봐요.

11 접근 ≫ 소설책의 수는 동화책의 수로, 백과사전의 수는 만화책의 수로 구합니다.

동화책은 36권이고, 만화책은 34권입니다.

(소설책의 수)=(동화책 수의 절반)=(36권의 $\frac{1}{2}$)=18권

(백과사전의 수)=(만화책의 수)×2-9=34×2-9=59(권)

12 접근 ≫ 전체 책의 수를 구한 후 5권씩 묶어 몇 묶음이 나오는지 알아봅니다.

책은 모두 36+18+59+34=147(권)입니다. 종류에 상관없이 5권씩 묶어 파는 것이므로 147÷5=29…2에서 5권씩 29묶음이 나오고 2권이 남습니다.
따라서 (147권의 판매 금액)=29×10000+2×2000
=290000+4000=294000(원)입니다.

해결 전략
전체 책을 5권씩 묶으면 몇 묶음이 나오고, 몇 권이 남는지 알아봐요.

13 127쪽 2번의 변형 심화 유형

접근 ≫ 각 요일별 김밥 판매량을 알아봅니다.

화요일 판매량이 45줄이므로

(월요일 판매량)=(화요일 판매량의 $\frac{5}{9}$)=(45줄의 $\frac{5}{9}$)=25줄

(수요일 판매량)=(월요일과 화요일 판매량 합의 $\frac{2}{7}$)

$$=(70줄의 \frac{2}{7})=20줄$$

보충 개념
전체 판매량은 목요일 판매량의 5배예요.

목요일에 판매한 33줄이 전체 판매량의 $\frac{1}{5}$이므로

(전체 판매량)$=33\times5=165$(줄)이고

(금요일 판매량)$=165-25-45-20-33=42$(줄)입니다.

서술형

14 접근 》 **가장 많이 판매된 요일을 알아봅니다.**

㉮ 화요일에 김밥이 45줄로 가장 많이 팔렸으므로 화요일에 김밥 재료를 가장 많이 준비하는 것이 좋을 것입니다.

채점 기준	배점
그림그래프의 내용을 이해했나요?	2점
그림그래프를 해석하여 답을 구했나요?	3점

15 접근 》 **키위 주스 판매량으로 전체 주스 판매량을 알아봅니다.**

키위 주스의 판매량은 큰 그림 2개, 작은 그림 3개이고, 네 종류의 주스 판매량은 큰 그림 8개, 작은 그림 12개이므로 네 종류의 주스 판매량은 키위 주스 판매량의 4배입니다. 따라서 네 종류의 주스 판매량은 $210\times4=840$(잔)이고 한 잔에 1000원씩 받았으므로 $840\times1000=840000$(원)입니다.

> **해결 전략**
> 전체 주스 판매량이 나타내는 그림은 키위 주스 판매량이 나타내는 그림의 몇 배가 되는지로 전체 주스 판매량을 구해요.

HIGH LEVEL
137~139쪽

1 학교별 방문한 학생 수

학교	학생 수
유치원	(그림그래프)
초등학교	(그림그래프)
중학교	(그림그래프)
고등학교	(그림그래프)

100명 10명

2 22명   **3** 178개   **4** 1 t 609 kg

5 장호, 50점   **6** ㉡

1 133쪽 6번의 변형 심화 유형

접근 》 **고등학생 수를 □라고 하여 식을 만들어 봅니다.**

은 100명을 나타내고, 은 10명을 나타내므로 중학생은 340명입니다.

고등학생 수를 □라고 하면 초등학생 수는 □$\times2=$□$+$□입니다.

(미술관을 방문한 학생 수)$=160+$□$+$□$+340+$□$=1340$(명)이므로

□$\times3=1340-160-340=840$, □$=840\div3=280$(명)입니다.

따라서 고등학생은 280명, 초등학생은 $280\times2=560$(명)이므로 과 를 사용하여 그림그래프로 나타냅니다.

> **보충 개념**
> □의 3배는 □$\times$3이므로 □$+$□$+$□예요.

2 접근 ≫ 학생들이 좋아하는 색깔별 학생 수의 합을 먼저 알아봅니다.

(색깔별로 좋아하는 학생 수의 합)$=1\times5+2\times7+3\times8+4\times6$
$\qquad\qquad\qquad\qquad\qquad\qquad =5+14+24+24=67$(명)이므로
(파란색을 좋아하는 학생 수)$=67-12-18-15$
$\qquad\qquad\qquad\qquad\qquad\quad =67-45=22$(명)입니다.

'2가지 색깔을 좋아하는 학생 7명'은 학생 1명이 2가지 색을 좋아한다는 의미로 1가지 색깔에 좋아하는 학생이 2명씩인 것과 같으므로 $7\times2=14$(명)입니다. 같은 방법으로 3가지 색을 좋아하는 것은 (학생 수)$\times3$, 4가지 색을 좋아하는 것은 (학생 수)$\times4$로 구하면 되요.

3 접근 ≫ 두 빵집의 밀가루 사용량의 차를 먼저 구합니다.

라 빵집의 밀가루 사용량은 $245\,kg$이고, 가 빵집의 밀가루 사용량은 $156\,kg$으로 라 빵집의 밀가루 사용량이 $245-156=89(kg)$더 많습니다. 밀가루 $1\,kg$당 식빵 2개를 만듦으로 라 빵집에서 만든 식빵이 $89\times2=178$(개) 더 많습니다.

가 빵집의 밀가루 사용량은 $156\,kg$이므로 (가 빵집에서 만든 식빵 수)$=156\times2=312$(개), 라 빵집의 밀가루 사용량은 $245\,kg$이므로 (라 빵집에서 만든 식빵 수)$=245\times2=490$(개)입니다. 따라서 라 빵집에서 만든 식빵이 $490-312=178$(개) 더 많습니다.

4 접근 ≫ 밀가루 사용량이 가장 많은 빵집과 가장 적은 빵집을 두 가지 경우로 나누어 생각해 봅니다.

① 라 빵집이 가장 많은 밀가루를 사용한다고 하면
가장 적은 양의 밀가루를 사용하는 빵집은 $245-95=150(kg)$을 사용하는 다 빵집입니다.
➡ (네 빵집의 밀가루 총 사용량)$=156+203+150+245=754(kg)$입니다.
② 가 빵집이 가장 적은 밀가루를 사용한다고 하면
가장 많은 밀가루를 사용하는 빵집은 $156+95=251(kg)$을 사용하는 다 빵집입니다.
➡ (네 빵집의 밀가루 총 사용량)$=156+203+251+245=855(kg)$입니다.
따라서 ■$=855$이고 ▲$=754$이므로 ■$+$▲$=855+754=1609(kg)$이고
$1609\,kg=1\,t\ 609\,kg$입니다.

서술형 5 접근 ≫ 걸린 고리 수를 구해 봅니다.

예 걸리지 않은 고리의 수는 수아: 6개, 성균: 7개, 장호: 2개, 민정: 7개, 소라: 4개입니다. 가장 점수가 높은 사람은 걸린 고리 수가 가장 많은 사람이므로 각각의 걸린 고리의 수를 알아보면 수아: 4개, 성균: 3개, 장호: 8개, 민정: 3개, 소라: 6개입니다. 따라서 걸린 고리 수가 8개, 걸리지 않은 고리의 수는 2개인 장호의 점수가 가장 높습니다.

➡ (장호의 점수)$=7 \times$(걸린 고리 수)$-3 \times$(걸리지 않은 고리 수)
$$=7 \times 8 - 3 \times 2 = 56 - 6 = 50(점)$$

채점 기준	배점
걸린 고리의 수를 구했나요?	1점
점수가 가장 높은 사람을 찾았나요?	2점
점수가 가장 높은 사람의 점수를 구했나요?	2점

해결 전략
걸린 고리의 점수가 더 높으므로 걸린 고리가 많을수록 점수가 높아요.

주의
걸리지 않은 고리 수를 걸린 고리 수로 착각하여 점수를 계산하지 않도록 주의해요.

6 135쪽 10번의 변형 심화 유형
접근 ≫ 조건에 따라 값을 구하여 비교해 봅니다.

㉠ (가 마을의 자전거를 타는 사람 수)$=360+60+280+470=1170(명)$,
(나 마을의 자전거를 타는 사람 수)$=420+240+350+160=1170(명)$으로 두 마을의 자전거를 타는 사람 수는 같습니다.

㉡ (나 마을의 자전거를 타는 20대 사람 수)$=240$명이고, (240의 $\frac{1}{4}$)$=60(명)$이므로 가 마을 20대의 자전거를 타는 사람 수와 같습니다.

㉢ (가 마을의 자전거를 타는 30대$+$40대)$=280+470=750(명)$,
(나 마을의 자전거를 타는 30대$+$40대)$=350+160=510(명)$으로 가 마을이 더 많습니다.

㉣ 두 마을의 각 나이대별 사람 수를 비교해보면 10대, 20대, 30대는 나 마을이 더 많지만 40대는 가 마을이 더 많습니다. 따라서 각각의 나이대에서 자전거를 타는 사람 수가 나 마을이 더 많지는 않습니다.

해결 전략
마을별, 나이대별 사람 수를 각각 구해서 비교해요.

연필 없이 생각 톡 ❗ 140쪽

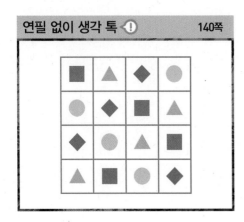

01 (위에서부터) 5, 4, 2, 6	**02** 2700개	**03** 902개	**04** 1250원	**05** 1920개
06 124권	**07** 2240 cm	**08** 8개	**09** 800개	**10** 810분	**11** 1728 cm
12 8상자	**13** 5307	**14** 18	**15** 3696 m	**16** 5	**17** 72
18 48	**19** 912	**20** 오전 8시 53분 20초		

01

접근 》 곱의 일의 자리 수를 이용하여 ⓛ에 알맞은 수를 먼저 구해 봅니다.

일의 자리 계산: $7 \times$ⓛ의 일의 자리 수가 8이므로 $7 \times 4 = 28$

➡ ⓛ$= 4$

십의 자리 계산: $6 \times 4 = 24$, $24 + 2 = 26$ ➡ ⓔ$= 6$

백의 자리 계산: ⓐ$\times 4 + 2 =$ⓒ2

ⓐ$\times 4$의 일의 자리 수가 0이므로 $5 \times 4 = 20$ ➡ ⓐ$= 5$

$5 \times 4 = 20$, $20 + 2 = 22$ ➡ ⓒ$= 2$

```
    ⓐ 6 7
  ×     ⓛ
  ─────────
  ⓒ 2 ⓔ 8
```

보충 개념
백의 자리 계산: ⓐ$\times 4$보다 2 큰 수가 ⓒ2이에요.
→ ⓐ$\times 4$는 ⓒ2보다 2 작은 ⓒ0이에요.

02

접근 》 1반, 2반 학생들이 각각 모은 건전지 수를 구하여 더합니다.

(1반 학생들이 모은 건전지 수)$=$(하루에 모은 건전지 수)$\times$(기간)
$= 60 \times 20 = 1200$(개)

(2반 학생들이 모은 건전지 수)$=$(하루에 모은 건전지 수)$\times$(기간)
$= 50 \times 30 = 1500$(개)

(1반과 2반 학생들이 모은 건전지 수)$= 1200 + 1500 = 2700$(개)

해결 전략
곱셈식을 만들어서 반별 건전지 수를 구해요.

03

접근 》 전체 학생 수를 구하여 학생들에게 나누어 준 사탕 수를 먼저 구합니다.

(전체 학생 수)$= 28 + 26 = 54$(명)

(학생들에게 나누어 준 사탕 수)$= 16 \times 54 = 864$(개)

➡ (처음에 있던 사탕 수)$= 864 + 38 = 902$(개)

보충 개념
전체 학생들에게 나누어 준 사탕 수에 남은 사탕 수를 더해서 구해요.

04

접근 》 연필의 값과 색연필의 값을 구하여 성연이가 내야 하는 돈을 먼저 구한 다음 거스름돈을 구합니다.

(연필 6자루의 값)$= 250 \times 6 = 1500$(원)

(색연필 5자루의 값)$= 450 \times 5 = 2250$(원)

(성연이가 내야 하는 돈)$= 1500 + 2250 = 3750$(원)

(거스름돈)$= 5000 - 3750 = 1250$(원)

해결 전략
(거스름돈)
$=$(낸 돈)
$-$(성연이가 내야 하는 돈)

05 접근≫ 한 상자에 들어 있는 젤리 수를 먼저 구합니다.

(한 상자에 들어 있는 젤리 수)=(한 봉지의 젤리 수)×(봉지 수)=12×8=96(개)
➡ (20상자에 들어 있는 젤리 수)=96×20=1920(개)

06 접근≫ 전체 공책의 수에서 나누어 줄 공책의 수를 빼어 구합니다.

(전체 공책 수)=(한 묶음의 공책 수)×(묶음 수)=20×30=600(권)
(나누어 줄 공책 수)=(한 사람에게 주는 공책 수)×(사람 수)=7×68=476(권)
➡ (남는 공책 수)=(전체 공책 수)×(나누어 줄 공책 수)=600−476=124(권)

07 접근≫ 모양 한 개를 만드는 데 사용한 수수깡의 수를 구하여 길이의 합을 먼저 구합니다.

모양 한 개를 만드는 데 사용된 수수깡은 16개입니다.
(모양 1개를 만드는 데 사용된 수수깡의 길이의 합)=35×16=560(cm)
(모양 4개를 만드는 데 사용된 수수깡의 길이의 합)=560×4=2240(cm)

08 접근≫ 25×60의 곱을 구한 다음 그 계산 결과가 나오도록 ☐ 안의 수를 알아봅니다.

25×60=1500이므로 (☐를 △번 더한 수)=1500입니다.
☐를 △번 더한 수를 곱셈으로 나타내면☐×△입니다.
➡ ☐×△=1500
△=2일 때, ☐=750이고, △=15일 때, ☐=100이므로 ☐가 세 자리 수일 때
△는 2이거나 2보다 크고, 15이거나 15보다 작습니다.
2부터 15까지의 수 중 △가 될 수 있는 수는 2, 3, 4, 5, 6, 10, 12, 15입니다.
이때 ☐ 안에 들어갈 수 있는 수는 750, 500, 375, 300, 250, 150, 125, 100으로 모두 8개입니다.

다른 풀이
☐×△는 25×60과 같으므로
25=5×5에서 25×60=5×5×60=5×300 ➡ ☐=300
60=2×2×3×5에서 25×60=25×2×30=750×2 ➡ ☐=750
25×60=25×4×15=100×15=375×4 ➡ ☐=100, 375
25×60=25×5×12=125×12=300×5 ➡ ☐=125, 300
25×60=25×6×10=150×10=250×6 ➡ ☐=150, 250
따라서 ☐ 안에 들어갈 수 있는 세 자리 수는 모두 8개입니다.

09 접근 》 1시간은 15분의 몇 배인지 알아보고 1시간 동안 만들 수 있는 장난감 수를 먼저 구합니다.

➡ 1시간＝60분이므로 1시간은 15분의 4배입니다.

(1시간 동안 만들 수 있는 장난감 수)＝20×4＝80(개)

(10시간 동안 만들 수 있는 장난감 수)＝80×10＝800(개)

다른 풀이
1시간＝60분은 15분의 4배이므로 10시간은 15분의 40배입니다.
➡ (10시간 동안 만들 수 있는 장난감 수)＝20×40＝800(개)

해결 전략
15분 15분 15분 15분
1시간
1시간＝60분
➡ 60분은 15분의 4배
➡ 1시간은 15분의 4배

10 접근 》 3월의 달력을 이용하여 3월, 4월의 수요일과 금요일의 날수를 구하고 책을 읽은 시간을 구합니다.

3월은 31일까지 있으므로 수요일은 1일, 8일, 15일, 22일, 29일로 5일, 금요일은 3일, 10일, 17일, 24일, 31일로 5일입니다. ➡ 수요일과 금요일: 10일

3월 31일이 금요일이므로 4월 1일은 토요일이고 4월 5일이 수요일, 4월 7일이 금요일입니다.

4월의 수요일은 5일, 12일, 19일, 26일으로 4일이고, 금요일은 7일, 14일, 20일, 28일으로 4일입니다. → 수요일과 금요일: 8일

(3월, 4월의 수요일, 금요일 날수)＝10＋8＝18(일)

(두 달 동안 책을 읽은 시간)＝45×18＝810(분)

주의
달력은 일주일(7일)마다 같은 요일이 반복됨을 알고 수요일과 금요일의 날짜를 찾습니다.

해결 전략
달력은 7일마다 같은 요일이 반복돼요.
3월 수요일:
1일 8일 15일 22일 29일
+7 +7 +7 +7
4월 수요일:
5일 12일 19일 26일
+7 +7 +7

11 접근 》 이어 붙인 리본이 82장일 때 겹쳐진 부분은 몇 군데인지 알아보고 길이를 각각 구합니다.

리본 82장을 이어 붙이면 겹쳐지는 부분은 82－1＝81(군데)입니다.

(리본 82장의 길이의 합)＝27×82＝2214(cm)

(겹쳐진 부분의 길이의 합)＝6×81＝486(cm)

(이어 붙인 리본 전체의 길이)
＝(리본 82장의 길이의 합)－(겹쳐진 부분의 길이의 합)
＝2214－486＝1728(cm)

해결 전략
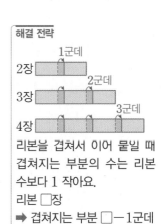
1군데
2장
2군데
3장
3군데
4장
리본을 겹쳐서 이어 붙일 때 겹쳐지는 부분의 수는 리본 수보다 1 작아요.
리본 □장
➡ 겹쳐지는 부분 □－1군데

12 접근 》 사과의 수를 먼저 구해서 방울토마토의 수를 구하고, 방울토마토 상자의 수를 □라고 하여 곱셈식을 만들어 구합니다.

(사과 수)＝46×25＝1150(개)

(방울토마토 수)＝2110－1150＝960(개)

방울토마토를 담은 상자의 수를 □상자라고 하면

120×□＝960이고, 120×8＝960이므로 □＝8입니다.

따라서 방울토마토를 담은 상자는 8상자입니다.

해결 전략
(방울토마토 수)
＝(전체 수)－(사과 수)
➡ (한 상자의 방울토마토 수)
×(상자 수)
＝(방울토마토 수)

13 접근 » 십의 자리 수가 클수록 곱이 크고, 십의 자리 수가 작을수록 곱이 작음을 이용하여 곱셈식을 각각 만듭니다.

- 두 수의 곱이 가장 크려면 두 수의 십의 자리에 각각 9와 7을 놓아야 합니다.

  ➡ $95 \times 72 = 6840$, $92 \times 75 = 6900$

  $6840 < 6900$이므로 곱이 가장 큰 곱셈식은 $92 \times 75 = 6900$입니다.

- 두 수의 곱이 가장 작으려면 두 수의 십의 자리에 각각 2와 5를 놓아야 합니다.

  ➡ $27 \times 59 = 1593$, $29 \times 57 = 1653$

  $1593 < 1653$이므로 곱이 가장 작은 곱셈식은 $27 \times 59 = 1593$입니다.

따라서 가장 큰 곱과 가장 작은 곱의 차는 $6900 - 1593 = 5307$입니다.

> **해결 전략**
> - 곱이 가장 큰 곱셈식 만들기
>   가장 큰 수와 둘째로 큰 수를 십의 자리에 각각 놓고, 나머지 수를 일의 자리에 놓아요.
> - 곱이 가장 작은 곱셈식 만들기
>   가장 작은 수와 둘째로 작은 수를 십의 자리에 각각 놓고, 나머지 수를 일의 자리에 놓아요.

14 접근 » 양쪽의 곱셈을 하여 $476 \times \square$의 범위를 먼저 구하고 어림하여 $\square$ 안에 들어갈 수 있는 수를 예상해 봅니다.

$30 \times 70 = 2100$, $68 \times 56 = 3808$이므로 $2100 < 476 \times \square < 3808$입니다.

476을 500으로 어림하여 계산해 보면 $500 \times 4 = 2000$, $500 \times 8 = 4000$입니다.

$476 \times \square$에서 $\square$ 안에 4부터 수를 차례로 넣어 알아보면 다음과 같습니다.

$476 \times 4 = 1904(\times)$, $476 \times 5 = 2380(\bigcirc)$, $476 \times 6 = 2856(\bigcirc)$,

$476 \times 7 = 3332(\bigcirc)$, $476 \times 8 = 3808(\times)$ ……

따라서 $\square$ 안에 들어갈 수 있는 수는 5, 6, 7이므로 $5 + 6 + 7 = 18$입니다.

> **해결 전략**
> - 몇십 또는 몇백으로 어림하여 곱셈에 맞게 $\square$ 안에 들어갈 수 있는 수를 예상해 보아야 해요.
> - 예상한 수를 $476 \times \square$에 넣어 계산해 보고, 예상한 수에서 점점 커지는 수 또는 점점 작아지는 수를 넣어 보며 범위에 맞는 수를 구해요.

15 접근 » 열차가 다리를 완전히 통과하려면 끝 부분까지 모두 지나야 하므로 다리의 길이와 열차의 길이를 합한 만큼 지나야 합니다.

열차가 다리를 완전히 통과할 때까지 간 거리는 (다리의 길이)+(열차의 길이)입니다.

$$\square\,\text{m} \qquad 180\,\text{m}$$

열차가 4분 동안 간 거리는 $969 \times 4 = 3876(\text{m})$이므로

다리의 길이를 $\square$ m라고 하면 $\square + 180 = 3876$, $\square = 3696$입니다.

따라서 다리의 길이는 3696 m입니다.

> **해결 전략**
> 열차가 이동한 거리
> 다리의 길이
> 열차 길이
> 열차가 다리를 모두 통과하기 위해 이동한 거리는
> (다리 길이)+(열차 길이)예요.

16 접근 » 곱의 일의 자리 수가 6임을 이용하여 ■와 ▲의 수를 예상하고 확인합니다.

▲ × ■의 곱의 일의 자리 수가 6이 되는 (■, ▲) 중에서 ■ < ▲인 경우를 모두 구하면 다음과 같습니다.

(1, 6), (2, 3), (2, 8), (4, 9), (7, 8) …… ㉠

각각의 경우 곱셈식을 만족하는지 알아보면 다음과 같습니다.

$16 \times 61 = 976(\times)$, $23 \times 32 = 736(\times)$, $28 \times 82 = 2296(\times)$,

$49 \times 94 = 4606(\bigcirc)$, $78 \times 87 = 6786(\times)$

따라서 ■ = 4, ▲ = 9이므로 ■와 ▲의 차는 $9 - 4 = 5$입니다.

> **해결 전략**
> 두 수의 곱이 4606이므로 일의 자리의 계산에서 ▲ × ■의 곱의 일의 자리 수가 6이므로 곱의 일의 자리 수가 6인 두 수를 찾아요.
> 십의 자리 계산에서 ■ × ▲의 곱에 올림한 수를 더한 결과가 천의 자리가 되고 천의 자리 수가 4가 될 수 있는 수를 알아보아야 해요.

> **지도 가이드**
> ■▲ × ▲■ = 4606에서 십의 자리 수끼리의 곱을 생각하여 ㉠에서 두 수의 곱의 십의 자리 수가 4에 가까운 경우를 찾으면 $4 \times 9 = 36$, $7 \times 8 = 56$입니다.
> 따라서 49×94, 78×87의 계산 결과를 확인하여 답을 쉽게 구할 수 있습니다.

17

접근 ≫ 식을 간단히 나타낸 다음 어림하여 ⓒ의 값을 알아봅니다.

★◉27에서 ㉠＝★, ㉡＝27이므로 ★－㉡－㉡＝ⓒ

➡ ★－27－27＝ⓒ, ★＝ⓒ＋54

★＋ⓒ＝㉣ ➡ ㉣＝ⓒ＋ⓒ＋54
　　　　　　　　‾‾‾‾
　　　　　　　　★

★◉27＝ⓒ×㉣＝1620

ⓒ＝10이면 ㉣＝10＋10＋54＝74 ➡ ⓒ×㉣＝740

ⓒ＝20이면 ㉣＝20＋20＋54＝94 ➡ ⓒ×㉣＝1880

740＜1620＜1880이므로 10＜ⓒ＜20이고 ⓒ은 20에 더 가깝습니다.

ⓒ＝19일 때, ㉣＝92 ➡ ⓒ×㉣＝19×92＝1748

ⓒ＝18일 때, ㉣＝90 ➡ ⓒ×㉣＝18×90＝1620

따라서 ⓒ＝18이므로 ★＝ⓒ＋54＝18＋54＝72입니다.

> **해결 전략**
> • ★ 대신에 ⓒ＋54를 넣어요.
> ➡ ㉣＝ⓒ＋ⓒ＋54
> • ⓒ에 10, 20을 넣었을 때 ㉣의 값을 구해요.

18

접근 ≫ 두 자리 수를 ㉠㉡이라 하고 잘못 계산한 식에서 ㉡을 먼저 알아보고, ㉠을 알 아봅니다.

두 자리 수를 ㉠㉡이라고 하면,

첫째 조건에서 ㉡은 바르게 보았으므로

㉡×㉡의 곱의 일의 자리 수는 4입니다.

➡ ㉡이 될 수 있는 수는 2, 8입니다.

50×50＝2500, 60×60＝3600이므로 곱이 3364가 되려면 잘못 본 십의 자리 숫자는 5입니다.

→ 52×52＝2704, 58×58＝3364(○) ➡ ㉡＝8입니다.

둘째 조건에서 ㉠은 바르게 보았습니다.

40×40＝1600, 50×50＝2500이므로 곱이 2116이 되려면 ㉠＝4입니다.

따라서 두 자리 수는 48입니다.

> **해결 전략**
> • 첫째 조건
> □㉡×□㉡＝3364를 만족하는 □㉡를 찾아요.
> ➡ ㉡을 구해요.
> • 둘째 조건
> ㉠△×㉠△＝2116을 만족하는 ㉠△를 찾아요.
> ➡ ㉠을 구해요.

서술형 19

접근 ≫ 어떤 수에 2배 한 수를 △라 하고 △를 구한 다음 어떤 수를 구합니다.

예 어떤 수를 □라 하고 □에 2배 한 수를 △라고 하면

24＋△＝100, △＝76입니다.

2×□＝△, 2×□＝76 → □＝38

따라서 어떤 수는 38이므로 바르게 계산하면 24×38＝912입니다.

채점 기준	배점
어떤 수를 구했나요?	2점
바르게 계산한 값을 구했나요?	3점

> **해결 전략**
> ① 잘못 계산한 식을 이용하여 어떤 수 구하기
> ➡ 잘못 계산한 식을 거꾸로 계산하면 어떤 수를 구할 수 있어요.
> ② 바르게 계산하기

서술형 20 접근 ≫ 시계를 정확히 맞추고 몇 시간 후에 시각을 다시 확인한 것인지 먼저 알아봅니다.

㈎ 이날 오전 8시에서 다음 날 오전 8시까지 24시간이고, 오전 8시에서 오전 9시까지 1시간이므로 시계를 정확히 맞추고 25시간 후에 시각을 확인한 것입니다.

이 시계는 1시간에 16초씩 늦어지므로 25시간 동안 늦어진 시각은

$16 \times 25 = 400$(초) → 6분 40초

따라서 오전 9시에서 6분 40초 전이므로 이 시계가 가리키는 시각은

오전 8시 53분 20초입니다.

채점 기준	배점
몇 시간 뒤에 시각을 확인했나요?	2점
오전 9시에 이 시계가 가리키는 시각은 몇 시 몇 분 몇 초인지 구했나요?	3점

해결 전략
① 하루는 24시간임을 이용하여 어느날 오전 8시부터 다음날 오전 9시까지의 시간을 구해요.
② ①에서 구한 시간 동안 시계가 늦어진 시간을 구해요.
③ 오전 9시에서 ②에서 구한 늦어진 시간의 차를 구해요.

교내 경시 2단원 나눗셈

01 15	02 7	03 108권	04 2개	05 23, 3	06 30
07 89	08 170개	09 16팀	10 45	11 21	12 흰색
13 5자루	14 16 cm	15 36	16 108 cm	17 6	18 214장
19 13개	20 12 m				

---

01 접근 ≫ ㉡에 알맞은 수를 먼저 구한 다음 ㉠에 알맞은 수를 구합니다.

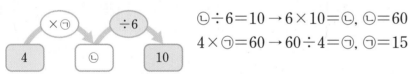

㉡÷6=10 → 6×10=㉡, ㉡=60
4×㉠=60 → 60÷4=㉠, ㉠=15

보충 개념
곱셈식을 나눗셈식으로 나타내기

㉠×㉡=㉢
㉢÷㉠=㉡
㉢÷㉡=㉠

나눗셈식을 곱셈식으로 나타내기

㉠÷㉡=㉢
㉡×㉢=㉠
㉢×㉡=㉠

02 접근 ≫ 몫이 같음을 이용해서 98÷▲의 몫을 구하고 곱셈으로 나타냅니다.

$56 \div 4 = 14$이므로 몫은 14입니다. $98 \div ▲ = 14$이므로 $14 \times ▲ = 98$입니다.

$14 \times 7 = 98$이므로 ▲=7입니다.

해결 전략
몫이 같으므로 56÷4의 몫은 98÷▲이 돼요.

03 접근 ≫ 연필 수를 이용하여 묶음의 수를 구한 다음 필요한 공책 수를 구합니다.

연필 4자루가 한 묶음이므로 연필은 모두 $72 \div 4 = 18$(묶음)입니다.

따라서 공책도 연필과 같은 18묶음으로 포장해야 하므로

필요한 공책의 수는 $6 \times 18 = 108$(권)입니다.

해결 전략
공책과 연필을 한 묶음으로 포장하였으므로 공책의 묶음 수와 연필의 묶음 수가 같아요.

04 접근 ≫ 사탕의 수를 이용하여 초콜릿의 수를 구한 다음 5명에게 몇 개씩 나누어 주고 몇 개가 남는지 알아봅니다.

$9 \times 6 = 54$(개), (초콜릿의 수) = (사탕의 수) = $54 + 8 = 62$(개)

(초콜릿의 수) ÷ (나누어 줄 사람 수) = $62 \div 5 = 12 \cdots 2$

따라서 초콜릿을 5명에게 될 수 있는 대로 많은 개수를 똑같이 나누어 주면 12개씩 나누어 줄 수 있고 2개가 남습니다.

해결 전략

① 9명에게 6개씩 주고 8개 남은 사탕 수를 구해요.
② 초콜릿 수는 사탕 수와 같음을 이용하여 구해요.
③ 초콜릿을 5명에게 나누어 주고 남은 수를 구해요.

05 접근 ≫ 몫이 가장 크게 되는 조건을 알아보고 두 자리 수를 만들고 나머지 수로 나눕니다.

몫이 가장 크게 되려면 가장 큰 두 자리 수를 가장 작은 수로 나누어야 합니다.

수 카드의 수로 만들 수 있는 가장 큰 두 자리 수는 95이므로

$95 \div 4 = 23 \cdots 3$ → 몫: 23, 나머지: 3

해결 전략

나눗셈식 ■ ÷ ▲ 에서
■가 클수록 몫은 커져요.
■가 작을수록 몫은 작아져요.
▲가 클수록 몫은 작아져요.
▲가 작을수록 몫은 커져요.

06 접근 ≫ 어떤 수를 □라고 하여 나눗셈식을 만들고, 나눗셈식을 이용하여 어떤 수를 먼저 구합니다.

어떤 수를 □라고 하면 $70 \div \square = 23 \cdots 1$이므로 $\square \times 23 + 1 = 70$입니다.

$\square \times 23 = \triangle$라 할 때,

$\triangle + 1 = 70$, $\triangle = 69$이므로 $\square \times 23 = 69$, $\square = 3$입니다.

어떤 수가 3이므로 $86 \div 3 = 28 \cdots 2$에서 몫은 28이고, 나머지는 2입니다.

따라서 몫과 나머지의 합은 $28 + 2 = 30$입니다.

해결 전략

① 어떤 수를 □라고 하여 나눗셈식으로 나타내요.
② 나눗셈을 확인하는 식을 이용하여 곱셈을 사용하여 나타내요.
③ 어떤 수를 구해요.

07 접근 ≫ 나누는 수와 몫이 일정하므로 나머지가 가장 클 때 어떤 수가 가장 크게 됩니다.

6으로 나누었을 때 나올 수 있는 나머지는 0부터 5까지이므로 가장 큰 나머지는 5입니다.

어떤 수가 될 수 있는 가장 큰 수를 □라고 할 때 $\square \div 6 = 14 \cdots 5$입니다.

➡ $6 \times 14 + 5 = \square$ → $6 \times 14 = 84$, $\square = 84 + 5 = 89$

따라서 어떤 수가 될 수 있는 가장 큰 수는 89입니다.

해결 전략

나눗셈식에서 나머지는 나누는 수보다 작아야 해요.
➡ 나머지가 될 수 있는 수는 6보다 작은 0, 1, 2, 3, 4, 5 예요.
➡ 나머지가 클수록 어떤 수도 커져요.

08 접근 ≫ 4 cm씩 가로로 몇 개, 세로로 몇 개로 나눌 수 있는지 알아봅니다.

(가로 한 줄에서 만들 수 있는 정사각형 모양의 수)

= $68 \div 4 = 17$(개)

(세로 한 줄에서 만들 수 있는 정사각형 모양의 수)

= $40 \div 4 = 10$(개)

➡ (만들 수 있는 정사각형 모양의 수)

= $17 \times 10 = 170$(개)

해결 전략

가로로 만들 수 있는 정사각형 수

➡ $68 \div 4$

세로로 만들 수 있는 정사각형 수

➡ $40 \div 4$

09
접근 » 피구와 축구를 하는 학생 수를 먼저 구하여 농구를 해야 할 학생 수를 구합니다.

(피구를 하는 학생 수)$=15 \times 4=60$(명)

(축구를 하는 학생 수)$=11 \times 6=66$(명)

(피구와 축구를 하는 학생 수)$=60+66=126$(명)

(농구를 하는 학생 수)$=206-126=80$(명)

(농구 팀 수)$=80 \div 5=16$(팀)

10
접근 » 큰 수를 ㉠, 작은 수를 ㉡이라 하고 몫과 나머지의 조건에 맞게 식은 만든 다음, 표를 이용하여 알맞은 수를 찾습니다.

큰 수를 ㉠, 작은 수를 ㉡이라고 하면 $㉠ \div ㉡=6 \cdots 3$

→ ㉠은 ㉡$\times 6$보다 3 큰 수입니다.

나머지가 3이므로 ㉡은 3보다 큰 수입니다.

㉠	27	33	39	45
㉡	4	5	6	7
㉠+㉡	31	38	45	㊼

따라서 두 자연수 중 큰 수는 45, 작은 수는 7입니다.

해결 전략
㉠은 ㉡$\times 6$보다 3 큰 수예요.
➡ ① ㉡에 3보다 큰 수를 차례로 넣어 ㉠의 값을 구해요.
② ㉠+㉡$=52$가 되는 경우를 찾아요.

11
접근 » 나눗셈식으로 나타낸 다음 곱셈식으로 바꾸어 해결합니다.

㉮를 ㉯로 나누면 몫이 7이고 나머지가 0이므로

$㉮ \div ㉯=7$ ➡ $㉮=㉯ \times 7$입니다.

㉯를 ㉰로 나누면 몫이 3이고 나머지가 0이므로

$㉯ \div ㉰=3$ ➡ $㉯=㉰ \times 3$입니다.

$㉮=㉯ \times 7$이고, $㉯=㉰ \times 3$이므로 $㉮=\underset{㉯}{㉰ \times 3} \times 7=㉰ \times 21$입니다.

따라서 $㉮ \div ㉰=21$이므로 ㉮를 ㉰로 나눈 몫은 21입니다.

해결 전략
$㉮=㉯ \times 7$,
$㉯=㉰ \times 3$에서
$㉯=㉰ \times 3$
$㉮=㉯ \times 7$
➡ $㉮=㉰ \times 3 \times 7$

12
접근 » 바둑돌을 놓은 규칙이 몇 개마다 반복되는지 찾아보고, 반복되는 부분을 한 묶음으로 생각하여 69째는 몇 묶음 후가 되는지 알아봅니다.

늘어놓은 바둑돌은 (흰, 검, 흰, 흰, 검)과 같은 순서로 5개의 바둑돌이 반복되는 규칙입니다.

$69 \div 5=13 \cdots 4$이므로 바둑돌을 69개 늘어놓으면 (흰, 검, 흰, 흰, 검)이 13번 반복되어 놓인 다음 (흰, 검, 흰, 흰)이 더 놓이게 됩니다.

따라서 69째에 놓이는 바둑돌은 흰색입니다.

해결 전략
○●○○●○●○○●○○●○
같은 모양이 반복되는 것끼리 나누어 보면 규칙을 찾을 수 있어요.
$69 \div 5=13 \cdots 4$
➡ ○●○○●이 13번 반복되고 ○●○○을 놓게 돼요.

13 접근》 연필의 수를 구하여 한 반에 몇 자루씩 주고 몇 자루 남는지 먼저 알아봅니다.

연필 한 타에 12자루이므로 41타는 12×41＝492(자루)입니다.

492÷7＝70…2

한 반에 70자루씩 나누어 주고 2자루 남습니다.

연필을 남김없이 나누어 주려면 적어도 7－2＝5(자루)가 더 있어야 합니다.

다른 풀이

41÷7＝5…6이므로 먼저 한 반에 5타씩 나누어 주고 6타가 남습니다.

연필 6타는 72자루이므로 72÷7＝10…2에서 10자루씩 더 나누어 주고 2자루 남습니다.

따라서 남김없이 나누어 주려면 5자루 더 필요합니다.

해결 전략

연필이 2자루 남으므로
5자루 더 있으면 7자루로 7명
에게 나누어 줄 수 있어요.
12자루 더 있으면 14자루로 7
명에게 나누어 줄 수 있어요.
➡ 더 필요한 최소 연필 수를
구하는 것이므로 5자루예요.

14 접근》 먼저 색 테이프 9장의 길이를 구하고 겹쳐진 부분의 길이를 구합니다.

(색 테이프 9장의 길이)＝75×9＝675(cm)

(겹쳐진 부분의 길이)＝(색 테이프 9장의 길이)－(이어 붙인 전체 길이)

＝675－547＝128(cm)

색 테이프 9장을 이으면 겹친 부분은 8군데이므로

(겹친 한 부분의 길이)＝128÷8＝16(cm)입니다.

해결 전략

(이어 붙인 전체 길이)
＝(색 테이프 9장 길이)
－(겹쳐진 부분의 길이)
➡ (겹쳐진 부분의 길이)
＝(색 테이프 9장 길이)
－(이어 붙인 전체 길이)

15 접근》 나눗셈을 하여 ㉯를 구하고, 뺄셈을 하여 ㉱를 구합니다.

㉮＝216, ㉯＝9이므로 ㉮÷㉯＝216÷9＝24 → ㉰＝24입니다.

㉰－㉯－㉯＝24－9－9＝6 → ㉱＝6

㉮◆㉯＝㉮÷㉱＝216÷6＝36

해결 전략

㉮ 대신 216을, ㉯ 대신 9를
넣어 ㉰의 값을 구하고, ㉱의
값을 구해요.

16 접근》 자른 직사각형의 가로를 □라 하고 세로와 정사각형의 한 변을 □를 사용하여 나타내고, 직사각형의 네 변의 길이의 합을 이용하여 해결합니다.

자른 직사각형의 가로를 □cm라 하면 정사각형의 한 변은 □×3이므로 직사각형의 세로도 □×3＝□+□+□입니다.

직사각형의 네 변의 길이의 합은

□+□+□+□+□+□+□+□＝72

가로　　세로　　가로　　세로

□×8＝72 → □＝9

따라서 정사각형의 한 변의 길이는 9×3＝27(cm)이므로

네 변의 길이의 합은 27×4＝108(cm)입니다.

해결 전략

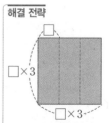

➡ 직사각형의 세로는 정사각
형의 한 변과 같아요.

17 접근≫ 96을 나누어떨어지게 하는 한 자리 수를 모두 알아보고, 그중에서 나머지 조건을 만족하는 수를 찾습니다.

96을 나누었을 때 나누어떨어지게 하는 한 자리 수는 1, 2, 3, 4, 6, 8입니다.

어떤 수를 나누어서 나머지가 5이므로 이 수가 될 수 있는 수는 5보다 큰 6, 8입니다.

6과 8 중에서 72를 나누었을 때 몫이 두 자리 수인 경우는

$72 \div 6 = 12$, $72 \div 8 = 9$이므로 6입니다.

따라서 조건에 알맞은 수는 6입니다.

> **해결 전략**
> 한 자리 수이므로 1부터 9까지의 수 중에서 조건에 맞는 수를 차례로 구해요.

18 접근≫ 색종이 수에서 4장을 뺀 수는 5, 6과 어떤 관계인지 찾아봅니다.

색종이 수를 □장이라 하면 한 사람에게 6장씩 △명에게 줄 때 4장이 남으므로

$□ \div 6 = △ \cdots 4 \rightarrow □ = 6 \times △ + 4 \Rightarrow □ - 4 = 6 \times △$입니다.

색종이를 한 사람에게 5장씩 ★명에게 줄 때 4장이 남으므로

$□ \div 5 = ★ \cdots 4 \rightarrow □ = 5 \times ★ + 4 \Rightarrow □ - 4 = 5 \times ★$입니다.

□−4는 6으로도 나누어떨어지고, 5로도 나누어떨어져야 하므로

□−4가 될 수 있는 수는 30, 60, 90, 120, 150, 180, 210……입니다.

따라서 200보다 크면서 가장 작은 수가 되려면 □−4=210,

□=214이어야 하므로 색종이는 적어도 214장입니다.

> **해결 전략**
> 색종이를 6장씩 줄 때의 사람 수와 5장씩 줄 때의 사람 수가 달라요.
> ➡ 6장씩 줄 때의 사람 수를 △명, 5장씩 줄 때의 사람 수를 ★명이라 하고 식을 만들어 구해요.

서술형 **19** 접근≫ 8명씩 앉고 남은 학생 수를 구한 다음 이 학생들을 6명씩 앉히는 경우를 알아봅니다.

㉠ 3학년 학생은 모두 $32 + 29 + 30 + 31 + 31 + 27 = 180$(명)입니다.

8명씩 앉을 수 있는 의자에 앉는 학생 수는 $8 \times 13 = 104$(명)입니다.

남은 학생 $180 - 104 = 76$(명)이 6명씩 앉는 의자에 앉으려면

$76 \div 6 = 12 \cdots 4$이므로 의자는 적어도 13개 필요합니다.

채점 기준	배점
8명씩 앉고 남은 학생 수를 구했나요?	2점
6명씩 앉을 수 있는 의자가 몇 개 필요한지 구했나요?	3점

> **해결 전략**
> (6명씩 앉을 수 있는 의자에 앉게 되는 학생 수)
> =(전체 학생 수)
> −(8명씩 앉을 수 있는 학생 수)

서술형 **20** 접근≫ 도로 한쪽의 나무를 심는 간격 수를 구하고, 간격은 몇 m인지 구합니다.

㉠ (도로 한쪽에 심은 나무의 수)=$18 \div 2 = 9$(그루)

(간격의 수)=(나무의 수)−1=$9 - 1 = 8$(군데)

따라서 나무 사이의 간격은 $96 \div 8 = 12$(m)입니다.

채점 기준	배점
나무 사이의 간격 수를 구했나요?	3점
나무 사이의 간격은 몇 m인지 구했나요?	2점

> **해결 전략**
>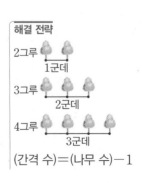
> 2그루
> 1군데
> 3그루
> 2군데
> 4그루
> 3군데
> (간격 수)=(나무 수)−1

01 3개	**02** 9 cm	**03** 24 cm	**04** 18	**05** 18 cm	**06** 6 cm
07 ㉡, 4 cm	**08** 25 cm	**09** 28 cm	**10** 256 cm	**11** 364 cm	**12** 5개
13 160 cm	**14** 32 cm	**15** 840 cm	**16** 28 cm	**17** 4 cm	**18** 96 cm
19 80 cm	**20** 5 cm				

01 접근 ≫ 지름은 원 위의 두 점을 이은 선분으로 원의 중심을 지납니다.

원 위의 두 점을 이은 선분 중에서 원의 중심을 지나는 선분은 선분 ㄴㅂ, 선분 ㄷㅅ,
선분 ㄹㅈ으로 모두 3개입니다.

보충 개념
• 원의 중심을 지나는 선분이
라도 원 위의 두 점을 잇지
않았으면 지름이 아니에요.
• 원 위의 두 점을 이었어도
원의 중심을 지나지 않으면
지름이 아니에요.

02 접근 ≫ 작은 원의 반지름을 구한 다음 큰 원의 반지름을 구합니다.

(큰 원의 반지름)=(작은 원의 반지름)+4
$\qquad$ =5+4=9(cm)

주의
큰 원의 지름은 작은 원의 지름의 2배가 아닙니다.

보충 개념
(한 원의 반지름)
=(한 원의 지름)÷2

03 접근 ≫ 두 원의 반지름은 몇 cm인지 먼저 구합니다.

(작은 원의 반지름)=18÷2=9(cm)
(큰 원의 반지름)=30÷2=15(cm)
(선분 ㄱㄴ)=(두 원의 반지름의 합)
$\qquad$ =9+15=24(cm)

보충 개념
한 원에서 반지름의 길이는
항상 같아요.

04 접근 ≫ 트랙의 곡선 구간이 반원임을 이용하여 반지름을 구합니다.

트랙의 곡선 구간은 반원이고, 트랙 가장 안쪽의 반원은 지름이 20 m이므로 반지름
은 10 m입니다. 트랙 한 칸의 폭이 2 m이므로
㉠=10+2+2+2+2=18(m)입니다.

해결 전략
㉠=(트랙 곡선 부분 안쪽의
반지름)+(트랙 4칸의 폭)

05 접근≫ 한 원에서 지름은 모두 길이가 같습니다.

(큰 원의 지름)＝(작은 원의 반지름)×6
➡ (선분 ㄱㄴ)＝3×6＝18(cm)

06 접근≫ 큰 원의 반지름은 몇 cm인지 알아보고 지름과 반지름의 관계를 이용하여 구합니다.

가장 큰 원의 지름이 32 cm이므로 반지름은 32÷2＝16(cm)입니다.

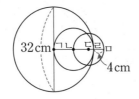

(선분 ㄱㄹ)＝16 cm
(선분 ㄱㄴ)＝(선분 ㄴㄹ)＝8 cm
(선분 ㄴㅁ)＝(선분 ㄴㄹ)＋(선분 ㄹㅁ)
　　　　　＝8＋4＝12(cm)
따라서 가장 작은 원의 반지름은 12÷2＝6(cm)입니다.

주의
가장 작은 원의 지름은 중간 원의 반지름과 같지 않습니다.

07 접근≫ 사각형 안에 그릴 수 있는 원의 지름을 알아봅니다.

 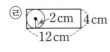

4 cm＞3 cm 5 mm＞3 cm＞2 cm ➡ ⓛ이 4 cm로 가장 큽니다.

08 접근≫ 직사각형에서 변 ㄱㄴ과 원의 반지름의 관계를 알아봅니다.

변 ㄱㄴ의 길이는 원의 반지름의 2배이므로 원의 반지름은 10÷2＝5(cm)입니다.
따라서 직사각형 ㄱㄴㄷㄹ에서 변 ㄴㄷ의 길이는 원의 반지름의 5배이므로
5×5＝25(cm)입니다.

09 접근 ≫ 작은 원, 큰 원의 반지름과 사각형의 변의 길이의 관계를 알아봅니다.

(변 ㄱㄴ의 길이)=(변 ㄱㄹ의 길이)=(변 ㄴㄷ의 길이)=(변 ㄷㄹ의 길이)

$$=3+4=7(cm)$$

➡ (사각형 ㄱㄴㄷㄹ의 네 변의 길이의 합)$=7×4=28(cm)$

해결 전략

그림은 반지름이 3 cm인 원과 4 cm인 원을 이어 붙였어요.

➡ 사각형 ㄱㄴㄷㄹ은 모든 변의 길이가 $3+4=7$ (cm)인 사각형이에요.

10 접근 ≫ 반지름이 변하는 규칙을 찾습니다.

원의 반지름이 1 cm, 2 cm, 4 cm, 8 cm……로 2배씩 커지는 규칙입니다.

따라서 8번째 원의 반지름은 $1×\underbrace{2×2×2×\cdots×2}_{7개}=128(cm)$

이므로 지름은 $128×2=256(cm)$입니다.

해결 전략

반지름의 규칙

1 cm 2 cm 4 cm 8 cm……
    ×2   ×2   ×2

□째에 놓이는 원의 반지름은 1 cm에 2배씩 (□−1)번 한 것이에요.

11 접근 ≫ 굵은 선의 길이와 원의 지름의 관계를 알아봅니다.

(원의 지름)$=7×2=14(cm)$

굵은 선의 길이는 원의 지름의 26배입니다.

➡ $14×26=364(cm)$

해결 전략

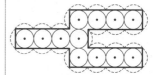

➡ (굵은 선의 길이)
  =(원의 지름)×26

12 접근 ≫ 직사각형 안에 그릴 수 있는 가장 큰 원의 지름을 먼저 알아봅니다.

직사각형 안에 들어갈 수 있는 가장 큰 원의 지름은 9 cm입니다.

따라서 $48÷9=5\cdots3$이므로 원을 5개까지 그릴 수 있습니다.

해결 전략

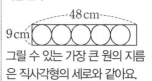

그릴 수 있는 가장 큰 원의 지름은 직사각형의 세로와 같아요.

13 접근 ≫ 크기가 같은 두 원의 반지름은 같습니다.

(원의 지름)$=49+13=62(cm)$

$62=31+31$이므로 원의 반지름은 31 cm입니다.

따라서 가로가 49 cm, 세로가 31 cm인 직사각형의 둘레는

$49+31+49+31=160(cm)$입니다.

해결 전략

(직사각형의 가로)
=(원의 반지름)+(원의 반지름)−(겹쳐진 부분의 길이)

(직사각형의 둘레)
=(가로)+(세로)+(가로)+(세로)

> **지도 가이드**
> (원의 반지름)+(원의 반지름)−13=(직사각형의 가로)
> ➡ (원의 반지름)+(원의 반지름)=(직사각형의 가로)+13
> ➡ (원의 지름)$=49+13=62(cm)$

14 접근≫ 원의 반지름과 정사각형 ㄱㄴㄷㄹ의 한 변의 길이의 관계를 알아봅니다.

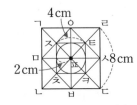

도형 안에 왼쪽과 같이 선을 그어 보면 선분 ㄱㅇ의 길이는 반지름의 길이의 2배와 같으므로 변 ㄱㄹ의 길이는 원의 반지름의 길이의 4배와 같습니다.

정사각형 ㄱㄴㄷㄹ의 한 변의 길이는 $2 \times 4 = 8$(cm)이므로 둘레는 $8 \times 4 = 32$(cm)입니다.

해결 전략
가장 큰 정사각형의 한 변의 길이는 가장 작은 정사각형의 한 변의 길이의 2배예요.

15 접근≫ 선분 ㄱㄴ은 반지름의 몇 배인지 알아봅니다.

원을 1개 더 그릴 때마다 반지름만큼 더 길어지므로 훌라후프 13개를 그림과 같이 놓으면 반지름 14개를 이어 붙인 모양이 됩니다.

따라서 선분 ㄱㄴ의 길이는 반지름의 14배입니다.

➡ (선분 ㄱㄴ의 길이)$=60 \times 14 = 840$(cm)

해결 전략

원 2개 ㄱ────ㄴ

원 3개 ㄱ────ㄴ

원 4개 ㄱ────ㄴ

16 접근≫ 사각형 ㄱㄴㄷㄹ의 긴 변의 길이를 구하고 짧은 변의 길이를 알아봅니다.

(선분 ㄴㅁ)＝(선분 ㄴㄱ)＝(선분 ㄴㄷ)＝17 cm

사각형 ㄱㄴㄷㄹ의 둘레가 62 cm이므로 작은 원의 반지름의 길이를 □cm라고 하면

(선분 ㄱㄹ)＝(선분 ㄷㄹ)＝□cm

□＋□＋17＋17＝62, □×2＝28, □＝14입니다.

따라서 작은 원의 반지름이 14 cm이므로 작은 원의 지름은

$14 \times 2 = 28$(cm)입니다.

해결 전략
(사각형 ㄱㄴㄷㄹ의 둘레)
＝(큰 원의 반지름의 2배)
　＋(작은 원의 반지름의 2배)

17 접근≫ 한 원에서 반지름의 길이는 항상 같음을 이용하여 변 ㄱㄴ의 길이를 먼저 구합니다.

$32 \div 2 = 16$(cm)이므로 직사각형 ㄱㄴㄷㄹ의 가로와 세로의 길이의 합은 16 cm입니다.

(변 ㄱㄴ)＝(변 ㄹㄷ)＝(원의 반지름)＝6 cm이고 선분 ㄴㅂ의 길이를 □cm라 하면

(□＋6)＋6＝16, □＝16－12＝4(cm)

따라서 선분 ㄴㅂ의 길이는 4 cm입니다.

해결 전략

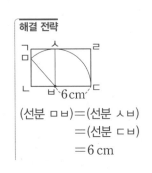

(선분 ㅁㅂ)＝(선분 ㅅㅂ)
　　　　＝(선분 ㄷㅂ)
　　　　＝6 cm

지도 가이드
한 원에 원의 반지름의 길이는 항상 같으므로 직사각형의 세로는 원의 반지름과 같은 6 cm입니다.

18 접근≫ 원 6개로 이루어진 모양에서 원의 지름을 먼저 구합니다.

둘레가 48 cm인 삼각형은 원 6개로 이루어져 있으므로 둘째 모양입니다.

➡ 원의 지름은 48÷6=8(cm), 반지름은 8÷2=4(cm)입니다.

따라서 원 15개를 사용하여 만들어진 심각형의 한 변은 반지름 8개로
이루어지므로 둘레는 4×8×3=96(cm)입니다.

해결 전략

　　　　첫째 둘째 셋째 넷째
원의 수 3　6　10　15
　　　　+3　+4　+5

원의 수가 3, 4……로 늘어나
므로 넷째에 올 모양은 원의
5개 더 늘어난 15개예요.

서술형
19 접근≫ 사각형은 정사각형임을 알고, 한 변의 길이를 구합니다.

㈜ 사각형 ㄱㄴㄷㄹ은 정사각형이므로 한 변의 길이는

120÷4=30(cm)입니다.

원의 반지름은 30÷6=5(cm)입니다.

따라서 사각형 ㅁㅂㅅㅇ은 한 변이 5×4=20(cm)인 정사각형이므로 둘레는

20×4=80(cm)입니다.

해결 전략

사각형 ㄱㄴㄷㄹ: 한 변이 원
의 반지름의 6배인 정사각형
사각형 ㅁㅂㅅㅇ: 한 변이 원
의 반지름의 4배인 정사각형

채점 기준	배점
원의 반지름을 구했나요?	2점
사각형 ㅁㅂㅅㅇ의 둘레의 길이를 구했나요?	3점

서술형
20 접근≫ 삼각형의 변의 길이와 반지름의 관계를 알아봅니다.

㈜ (변 ㄱㄴ)=(원 ㉯의 반지름)×3

(변 ㄴㄷ)=(원 ㉯의 반지름)×4

(변 ㄱㄷ)=(원 ㉯의 반지름)×5

(삼각형 ㄱㄴㄷ의 둘레)=(원 ㉯의 반지름)×12=60

➡ (원 ㉯의 반지름)=5 cm

　 (원 ㉮의 반지름)=10 cm

　 (원 ㉰의 반지름)=15 cm

➡ (원 ㉮와 원 ㉰의 반지름의 차)=15−10=5(cm)

해결 전략

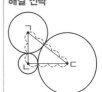

(변 ㄱㄴ)
=(원 ㉯의 반지름)×3
(변 ㄴㄷ)
=(원 ㉯의 반지름)×4
(변 ㄱㄷ)
=(원 ㉯의 반지름)×5

채점 기준	배점
원 ㉯의 반지름을 구했나요?	3점
원 ㉮와 원 ㉰의 반지름의 차를 구했나요?	2점

지도 가이드

(원 ㉮의 반지름)=(원 ㉯의 반지름)×2

➡ (변 ㄱㄴ)=(원 ㉯의 반지름)×3

　 (원 ㉰의 반지름)=(원 ㉯의 반지름)×3

교내 경시 4단원	분수				
01 35	**02** 38시간	**03** 3, 4, 5, 6	**04** 40살	**05** 15	**06** 36 kg
07 288 g	**08** 330 mL	**09** 15개	**10** 45 cm	**11** 3개	**12** 14시간
13 18명	**14** $\dfrac{12}{5}$	**15** $3\dfrac{2}{3}$	**16** 30자루	**17** $5\dfrac{7}{8}$	**18** 20째
19 12개	**20** 42				

01 접근 》 묶음의 수와 한 묶음 안의 수를 이용하여 분수로 나타내고 ㉠, ㉡, ㉢에 알맞은 수를 구합니다.

36을 4씩 묶으면 9묶음이므로 16은 36의 $\dfrac{4}{9}$입니다. → ㉠=9

15를 5씩 묶으면 한 묶음에 3이므로 6은 15의 $\dfrac{2}{5}$입니다. → ㉡=2

9가 ㉢의 $\dfrac{3}{8}$이므로 ㉢의 $\dfrac{1}{8}$은 3입니다. → ㉢=24

따라서 ㉠+㉡+㉢=9+2+24=35입니다.

> **해결 전략**
> ■의 $\dfrac{1}{▲}$이 ★일 때
> ▲는 묶음의 수, ★은 한 묶음 안의 수예요.

02 접근 》 대분수를 가분수로 나타내어 $\dfrac{1}{9}$이 몇 개인 수인지 알아봅니다.

대분수를 가분수로 나타내면 $4\dfrac{2}{9}=\dfrac{38}{9}$입니다.

$\dfrac{38}{9}$은 $\dfrac{1}{9}$이 38개인 수입니다.

따라서 38시간 동안 사용할 수 있습니다.

> **해결 전략**
> 대분수를 가분수로 나타내기
> $4\dfrac{2}{9}=(4와 \dfrac{2}{9})$
> $=(\dfrac{36}{9}과 \dfrac{2}{9})$
> $\quad\quad\quad\uparrow \dfrac{1}{9}$이 38개인 수
> $=\dfrac{38}{9}$

03 접근 》 □가 포함된 분수가 대분수이므로 가분수를 대분수로 나타내어 비교합니다.

$\dfrac{9}{7}=1\dfrac{2}{7}$, $2=1\dfrac{7}{7}$이므로 $1\dfrac{2}{7}<1\dfrac{□}{7}<1\dfrac{7}{7}$입니다. ➡ $2<□<7$

따라서 □ 안에 들어갈 수 있는 자연수는 3, 4, 5, 6입니다.

> **지도 가이드**
> □가 있는 분수가 대분수이므로 $\dfrac{9}{7}$와 2를 대분수로 나타내어 비교합니다.

> **해결 전략**
> □가 있는 식이 $1\dfrac{□}{7}$이므로 $\dfrac{9}{7}$와 2를 자연수 부분이 1인 대분수로 바꾸어요.

04 접근 》 어머니의 나이의 $\dfrac{2}{5}$는 몇 살인지 알아보고 어머니의 나이를 구합니다.

어머니 나이의 $\dfrac{2}{5}$가 12+4=16(살)이므로 어머니 나이의 $\dfrac{1}{5}$은 8살입니다.

따라서 어머니의 나이는 8×5=40(살)입니다.

> **해결 전략**
> 지연이 나이가 어머니 나이의 $\dfrac{2}{5}$보다 4살 적으므로 어머니 나이의 $\dfrac{2}{5}$는 지연이 나이보다 4살 많아요.

05 접근≫ 정사각형을 똑같은 모양으로 나누고 색칠한 부분은 전체의 몇 분의 몇인지 알아 봅니다.

색칠한 작은 삼각형과 같은 크기로 나누어 보면 색칠한 부분의 크기는

전체 크기의 $\frac{3}{16}$입니다.

따라서 색칠한 부분의 크기는 80의 $\frac{3}{16}$이므로 15입니다.

해결 전략

정사각형으로 색칠한 작은 삼각형 모양으로 모두 나누면 똑같이 16으로 나누어져요.

➡ 색칠한 한 칸은 $\frac{1}{16}$

색칠한 세 칸은 $\frac{3}{16}$

06 접근≫ 어머니 몸무게의 $\frac{3}{7}$은 몇 kg인지 먼저 구합니다.

56의 $\frac{1}{7}$이 8이므로 56의 $\frac{3}{7}$은 24입니다. → 24 kg

(영훈이의 몸무게의 $\frac{6}{9}$)=24 kg

→ 영훈이의 몸무게의 $\frac{1}{9}$은 4 kg입니다.

➡ 영훈이 몸무게는 4×9=36(kg)입니다.

해결 전략

(어머니의 몸무게의 $\frac{3}{7}$)

=(영훈이의 몸무게의 $\frac{6}{9}$)

➡ (영훈이의 몸무게의 $\frac{6}{9}$)

=(56 kg의 $\frac{3}{7}$)=24 kg

07 접근≫ 세훈이가 사용한 점토의 양을 먼저 구합니다.

세훈이가 사용한 점토의 양을 □g이라 하면 48은 □의 $\frac{1}{4}$입니다.

→ □=48×4=192(g)

세훈이가 처음에 가지고 있던 점토의 양을 △ g이라 하면 △의 $\frac{2}{3}$가 192입니다.

→ 192는 △의 $\frac{2}{3}$입니다.

→ 96은 △의 $\frac{1}{3}$입니다.

➡ △=96×3=288(g)

해결 전략

(세훈이가 사용한 점토의 양)

=(세훈이가 처음에 가지고 있던 점토의 양의 $\frac{2}{3}$)

08 접근≫ 콜라의 양을 이용하여 주스의 양을 먼저 구하고 우유의 양을 구합니다.

주스는 콜라의 $\frac{3}{5}$입니다. → 300의 $\frac{3}{5}$은 180입니다. → (주스)=180 mL

우유는 주스의 $\frac{5}{6}$입니다. → 180의 $\frac{5}{6}$는 150입니다. → (우유)=150 mL

➡ (우유)+(주스)=180+150=330(mL)

해결 전략

전체 300

| 60 | 60 | 60 | 60 | 60 |

➡ 300의 $\frac{1}{5}$은 60

300의 $\frac{3}{5}$은 180

09 접근 ≫ 대분수를 가분수로 나타내어 두 분수 사이의 분수를 알아봅니다.

$2\frac{5}{9}=\frac{23}{9}$이므로 $\frac{23}{9}$보다 크고 $\frac{41}{9}$보다 작은 분모가 9인 분수는 $\frac{24}{9}$, $\frac{25}{9}$ ······

$\frac{40}{9}$이고 이 중에서 $\frac{27}{9}=3$, $\frac{36}{9}=4$를 제외한 분수는 모두 15개입니다.

해결 전략

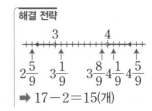

➡ $17-2=15$(개)

다른 풀이

$\frac{41}{9}=4\frac{5}{9}$이므로 $2\frac{5}{9}$보다 크고 $4\frac{5}{9}$보다 작은 분모가 9인 분수는

$2\frac{6}{9}$, $2\frac{7}{9}$, $2\frac{8}{9}$, $3\frac{1}{9}$, $3\frac{2}{9}$ ······ $3\frac{8}{9}$, $4\frac{1}{9}$ ······ $4\frac{4}{9}$ ➡ 15개

10 접근 ≫ 두 번째 튀어 오른 높이는 처음에 튀어 오른 높이의 얼마만큼인지 구합니다.

• 두 번째로 튀어 오른 높이는 처음에 튀어 오른 높이의 $\frac{2}{3}$입니다.

→ 20 cm는 처음에 튀어 오른 높이의 $\frac{2}{3}$입니다.

→ 처음에 튀어 오른 높이의 $\frac{1}{3}$은 10 cm이므로 처음에 튀어 오른 높이는 30 cm 입니다.

• 30 cm는 처음에 공을 떨어뜨린 높이의 $\frac{2}{3}$입니다.

→ 처음에 공을 떨어뜨린 높이의 $\frac{1}{3}$이 15 cm이므로 처음에 공을 떨어뜨린 높이는

$15\times3=45$(cm)입니다.

해결 전략

처음
높이

첫 번째   두 번째

주의

한 번 튀어 오른 것으로 생각하여 30 cm라고 답하지 않도록 주의합니다.

11 접근 ≫ 분모가 2, 3, 4 ······인 경우 각각 만들 수 있는 가분수를 알아봅니다.

분모가 2일 때, $2=\frac{4}{2}$보다 크고 $3=\frac{6}{2}$보다 작은 가분수는 $\frac{5}{2}$입니다.

분모가 3일 때, $2=\frac{6}{3}$보다 크고 $3=\frac{9}{3}$보다 작은 가분수는 $\frac{7}{3}$입니다.

분모가 4일 때, $2=\frac{8}{4}$보다 크고 $3=\frac{12}{4}$보다 작은 가분수는 $\frac{9}{4}$입니다.

따라서 만들 수 있는 수는 모두 3개입니다.

해결 전략

2를 가분수로 나타내면

$2=\frac{2}{1}=\frac{4}{2}=\frac{6}{3}=\frac{8}{4}$

$=\frac{10}{5}=\frac{12}{6}=$ ······

수 카드의 수는 한 자리 수이 므로 분모가 될 수 있는 수 1, 2, 3, 4 ······ 중에서 수 카드로 만들 수 있는 수를 알아보세요.

12 접근≫ 하루는 24시간임을 이용하여 하루 동안의 각각의 시간을 먼저 구합니다.

하루는 24시간입니다.

24의 $\frac{1}{8}$은 3이므로 24의 $\frac{3}{8}$은 9입니다.

→ 하루 동안 잠을 잔 시간: 9시간

24의 $\frac{1}{4}$은 6입니다.

→ 하루 동안 공부를 한 시간: 6시간

나머지 시간은 24−9−6＝9(시간)입니다.

따라서 하루에 운동을 하는 시간은 9시간의 $\frac{2}{9}$이므로 2시간입니다.

➡ 일주일 동안 운동을 한 시간은 2×7＝14(시간)입니다.

해결 전략
(하루에 운동하는 시간)
＝(남은 시간의 $\frac{2}{9}$)
＝(9시간의 $\frac{2}{9}$)

13 접근≫ 지훈이네 반에서 안경을 쓴 학생 수를 먼저 구해서 서우네 반 학생 수를 구합니다.

25의 $\frac{2}{5}$는 10이므로 지훈이네 반에서 안경을 쓴 학생은 10명입니다.

서우네 반에서 안경을 쓴 학생도 10명이므로 서우네 반 전체 학생 수의 $\frac{5}{14}$가 10명입니다.

서우네 반 전체 학생 수의 $\frac{1}{14}$이 2명이므로 서우네 반 전체 학생 수는 28명입니다.

따라서 서우네 반에서 안경을 쓰지 않은 학생은 28−10＝18(명)입니다.

해결 전략
(안경 쓴 학생 수)
＝(서우네 반 학생 수의 $\frac{5}{14}$)
＝(지훈이네 반 학생 수의 $\frac{2}{5}$)

14 접근≫ 합이 17인 두 수를 모두 알아보고 조건에 맞는 수를 찾습니다.

합이 17인 두 자연수는
8과 9, 7과 10, 6과 11, 5와 12, 4와 13, 3과 14, 2와 15, 1과 16입니다.
이 중에서 큰 수를 작은 수로 나누었을 때 몫과 나머지가 모두 2인 경우는
12÷5＝2…2이므로 5와 12입니다.

따라서 구하는 가분수는 $\frac{12}{5}$입니다.

해결 전략
① 합이 17인 두 수 모두 찾기
② 큰 수를 작은 수로 나누어 보기
③ 몫과 나머지가 모두 2인 수 찾아 가분수로 나타내기

15 접근 ≫ 초록색 블록으로 나눌 때 몇 조각이 되는지 알아보고 분수로 나타냅니다.

빨간색 조각은 초록색 조각 3개와 같으므로 초록색 조각의 크기는 $\frac{1}{3}$입니다.

위 모양은 초록색 조각 11개와 같으므로 $\frac{1}{3}$이 11개인 수입니다. ➡ $\frac{11}{3}=3\frac{2}{3}$

다른 풀이

빨간색 조각과 파란색 조각으로 만들어 보면 다음과 같습니다.

파란색 조각은 빨간색 조각의 $\frac{2}{3}$이므로 분수로 나타내면 3과 $\frac{2}{3}$ ➡ $3\frac{2}{3}$

16 접근 ≫ 전체 연필 수를 구하여 분수만큼을 알아봅니다.

연필 한 타는 12자루이므로 6타는 $12\times 6=72$(자루)입니다.

72의 $\frac{1}{3}$은 24입니다. → 형에게 24자루를 주었습니다.

72의 $\frac{1}{4}$은 18입니다. → 동생에게 18자루를 주었습니다.

형과 동생에게 주고 남은 연필 수는 $72-24-18=30$(자루)이므로

준석이가 가진 연필은 $30\div 2=15$(자루)이고 남은 연필도 15자루입니다.

15의 $\frac{2}{5}$는 6입니다.

→ 형에게 6자루를 더 주었으므로 형은 모두 $24+6=30$(자루)를 받았습니다.

17 접근 ≫ 분모를 □라 하고 분자를 □를 사용하여 나타낸 다음 조건에 맞는 수를 구합니다.

분모를 □라고 하면 분자는 $□\times 6-1$이고

$△=□\times 6$이라고 하면 분자는 $△-1$이므로 가분수는 $\frac{△-1}{□}$입니다.

분자와 분모의 차가 39이므로 $△-1-□=39$,

$△-□=40$, $□\times 6-□=40$, $□\times 5=40$, $□=8$입니다.

→ $△=8\times 6=48$

따라서 조건을 모두 만족하는 가분수는 $\frac{48-1}{8}=\frac{47}{8}$이므로 $\frac{47}{8}=5\frac{7}{8}$입니다.

18 접근 ≫ 분자와 분모가 변하는 규칙을 각각 알아보고 가분수가 되는 경우를 찾습니다.

분자는 1부터 2씩 커지고, 분모는 131부터 5씩 작아지는 규칙으로 늘어놓았습니다.

□째 분수: (분자) ➡ 1에서 2씩 (□−1)번 커집니다.

(분모) ➡ 131에서 5씩 (□−1)번 작아집니다.

□−1=△라고 하면 (분자)=1+2×△, (분모)=131−5×△

1+2×△=131−5×△라 하면 2×△+5×△=130, 7×△=130

△=130÷7=18…4

➡ 만족하는 자연수 △는 없습니다.

1+2×△>131−5×△가 되려면 △는 19이거나 19보다 큽니다.

따라서 △=19, □=20일 때 처음 가분수가 되므로 20째 분수입니다.

해결 전략

□째 분수: □−1=△라고 하면 분자는 1에서 2씩 △번 커져요.

➡ (분자)=1+2×△

분모는 131에서 5씩 △번 작아져요.

➡ (분모)=131−5×△

서술형 **19** 접근 ≫ 3을 분모가 6인 가분수로 나타내어 보고 분자가 될 수 있는 수를 알아봅니다.

⑩ $3=\dfrac{18}{6}$ 이므로 3보다 작은 분모가 6인 가분수의 분자는 6, 7, 8 ……17이 될 수 있습니다.

따라서 3보다 작은 수 중에서 분모가 6인 가분수는 $\dfrac{6}{6}$부터 $\dfrac{17}{6}$까지 모두 12개입니다.

해결 전략

분모가 6인 가분수는

$\dfrac{6}{6}, \dfrac{7}{6}, \dfrac{8}{6}$ ……이에요.

채점 기준	배점
3을 가분수로 나타내어 분자에 될 수 있는 수를 모두 구했나요?	3점
가분수는 모두 몇 개인지 구했나요?	2점

서술형 **20** 접근 ≫ 어떤 수를 먼저 구한 다음 어떤 수의 $\dfrac{7}{12}$ 을 구합니다.

⑩ 어떤 수를 □라고 하면 □의 $\dfrac{5}{8}$ 는 45이고, □의 $\dfrac{1}{8}$ 이 9이므로 □는 72입니다.

어떤 수는 72이고 72의 $\dfrac{1}{12}$ 은 6이므로 72의 $\dfrac{7}{12}$ 은 42입니다.

따라서 어떤 수의 $\dfrac{7}{12}$ 은 42입니다.

해결 전략

① (어떤 수의 $\dfrac{5}{8}$)=45에서 어떤 수 구하기

② 어떤 수의 $\dfrac{7}{12}$ 인 수 구하기

채점 기준	배점
어떤 수를 구했나요?	3점
어떤 수의 $\dfrac{7}{12}$ 은 얼마인지 구했나요?	2점

교내 경시 5단원 들이와 무게

01 (왼쪽에서부터) 3, 15		**02** 7 L 590 mL	**03** 24배	**04** 480 mL	**05** 3 L 750 mL
06 ㉡	**07** 7개	**08** 4 kg 700 g	**09** 2 kg 200 g	**10** 300 g	**11** 8 L 565 mL
12 8일 후	**13** 130 g	**14** 6 cm	**15** 48분	**16** 4 L 360 mL	**17** 600 g
18 750 g	**19** 400 g	**20** 선규, 800원			

01 접근 ≫ 양동이와 냄비의 들이를 비교하여 몇 개의 컵이 필요한지 알아봅니다.

㉰ 컵으로 부울 때 양동이는 12개, 냄비는 4개 필요하므로 양동이의 들이는 냄비의 들이의 3배입니다.
따라서 ㉮ 컵으로 양동이는 9개이므로 냄비는 3개이고,
㉯ 컵으로 냄비는 5개이므로 양동이는 15개입니다.

해결 전략
㉰ 컵으로 부은 횟수를 비교하면 양동이의 들이는 냄비의 들이의 $12 \div 4 = 3$(배)예요.
따라서 ㉮ 컵, ㉯ 컵으로 부을 때 양동이의 횟수가 냄비의 횟수의 3배가 되도록 알아보세요.

02 접근 ≫ 들이의 단위를 같게 나타내어 비교하여 봅니다.

㉠ 4 L 50 mL ㉡ 4 L 500 mL ㉢ 3 L 900 mL ㉣ 3 L 90 mL
들이가 가장 많은 것은 ㉡이고, 들이가 가장 적은 것은 ㉣이므로 ㉡과 ㉣의 합은
4 L 500 mL + 3 L 90 mL = 7 L 590 mL입니다.

보충 개념
1000 mL = 1 L임을 이용하여 단위를 맞추어 고쳐 보세요.

03 접근 ≫ 수조에 물을 가득 채우려면 컵으로 몇 번 부어야 하는지 알아봅니다.

수조에 물을 가득 채우려면 물병으로 6번 채워야 하고, 물병에 물을 가득 채우려면 컵으로 4번 채워야 하므로 수조에 물을 가득 채우려면 컵으로 $6 \times 4 = 24$(번) 채워야 합니다. 따라서 수조의 들이는 컵의 들이의 24배입니다.

해결 전략
컵과 물병의 개수로 들이를 비교하면
(물병 1개)=(컵 4개)
(수조 1개)=(물병 6개)
➡ (수조 1개)=(컵 4개의 6배)
(수조 1개)=(컵 24개)

04 접근 ≫ 병 2개에 들어 있는 주스의 양을 구하고 다섯으로 똑같이 나누는 경우를 알아봅니다.

(병 2개의 주스의 양) = 1 L 200 mL + 1 L 200 mL
= 2 L 400 mL = 2400 mL
$2400 = 480 \times 5$이므로 주스를 5개의 컵에 똑같이 나누면 한 컵에 480 mL씩 담게 됩니다.

보충 개념
들이의 계산: L는 L끼리, mL는 mL끼리 더해 보세요.

05 접근 ≫ 다 물통의 들이로 나 물통의 들이를 구하고, 가 물통의 들이를 구합니다.

다 물통의 들이: 500 mL
나 물통의 들이: $500 + 500 + 250 = 1250$(mL)
가 물통의 들이: $1250 + 1250 + 1250 = 3750$(mL)
➡ 3 L 750 mL

해결 전략
500 mL의 반은 250 mL이므로 나 물통의 들이는 500 mL를 2번 더하고 250 mL를 더해서 구해요.

06 접근 ≫ 무게를 각각 구하고 5 kg과의 차가 가장 작은 경우를 찾아봅니다.

㉠ $7 \text{ kg} - 3 \text{ kg } 200 \text{ g} = 3 \text{ kg } 800 \text{ g} \rightarrow 5 \text{ kg} - 3 \text{ kg } 800 \text{ g} = 1 \text{ kg } 200 \text{ g}$
㉡ $6 \text{ kg} - 1300 \text{ g} = 4 \text{ kg } 700 \text{ g} \rightarrow 5 \text{ kg} - 4 \text{ kg } 700 \text{ g} = 300 \text{ g}$
㉢ $6 \text{ kg} - 1 \text{ g} = 5 \text{ kg } 999 \text{ g} \rightarrow 5 \text{ kg } 999 \text{ g} - 5 \text{ kg} = 999 \text{ g}$
㉣ $4700 \text{ g} + 900 \text{ g} = 5600 \text{ g} = 5 \text{ kg } 600 \text{ g} \rightarrow 5 \text{ kg } 600 \text{ g} - 5 \text{ kg} = 600 \text{ g}$
따라서 $300 \text{ g} < 600 \text{ g} < 999 \text{ g} < 1 \text{ kg } 200 \text{ g}$이므로 5 kg에 가장 가까운 것은 ㉡입니다.

해결 전략
① 계산 결과를 구해요.
② 계산 결과와 5 kg의 차를 구해요.
③ ②에서 구한 차가 가장 작은 식을 찾아요.

07 접근 ≫ 100 g짜리, 30 g짜리 추의 무게의 합을 먼저 구하고 남은 무게를 알아봅니다.

100 g짜리 추 6개의 무게는 $100 \times 6 = 600(\text{g})$,
30 g짜리 추 9개의 무게는 $30 \times 9 = 270(\text{g})$이므로
(50 g짜리 추 무게의 합) $= 1 \text{ kg } 220 \text{ g} - 600 \text{ g} - 270 \text{ g} = 350 \text{ g}$
$\rightarrow 50 \text{ g} \times 7 = 350 \text{ g}$
따라서 50 g짜리 추를 7개 올려 놓았습니다.

해결 전략
(50 g짜리 ☐개 무게)
＋(100 g짜리 6개 무게)
＋(30 g짜리 9개 무게)
$= 1 \text{ kg } 220 \text{ g}$

08 접근 ≫ 고양이의 무게를 ☐g이라 하여 식으로 나타내어 봅니다.

고양이의 무게를 ☐g이라 하면 개의 무게는 $(☐ + 400)\text{g}$이므로
$☐ + ☐ + 400 = 9000$, $☐ + ☐ = 8600$, $☐ = 4300$입니다.
따라서 고양이는 4 kg 300 g, 개는 4 kg 700 g입니다.

다른 풀이
$9 \text{ kg} = 9000 \text{ g} = 4500 \text{ g} + 4500 \text{ g}$이므로
무게의 차가 400 g이 되도록 한 쪽에서 다른 쪽으로 옮기면 $4300 \text{ g} + 4700 \text{ g}$입니다.
따라서 고양이는 4 kg 300 g, 개는 4 kg 700 g입니다.

해결 전략
무게의 단위를 맞추기 위하여 고양이의 무게를 ☐g으로 하고 무게를 계산해요.

09 접근 ≫ 사과 1개의 무게와 귤 3개의 무게를 이용하여 귤귤의 무게를 생각해 봅니다.

사과 1개의 무게는 귤 3개의 무게와 같습니다.
(사과 1개의 무게) $=$ (귤 3개의 무게) $= 600 \text{ g}$, (귤 1개의 무게) $= 200 \text{ g}$
(사과 3개의 무게) $= 600 \times 3 = 1800(\text{g})$, (귤 2개의 무게) $= 200 \times 2 = 400(\text{g})$
(가방의 무게) $=$ (사과 3개의 무게) $+$ (귤 2개의 무게) $= 1800 + 400 = 2200(\text{g})$
$\Rightarrow 2 \text{ kg } 200 \text{ g}$

지도 가이드
양팔 저울에서 (사과 1개의 무게) $=$ (귤 3개의 무게)
오른쪽 저울에서 (사과 1개의 무게) $+$ (귤 3개의 무게) $= 1200 \text{ g}$
$\Rightarrow$ (사과 1개의 무게) $=$ (귤 3개의 무게) $= 600 \text{ g}$

해결 전략
$1200 \text{ g} = 600 \text{ g} + 600 \text{ g}$
$\Rightarrow$ (사과 1개의 무게)
$=$ (귤 3개의 무게)
$= 600 \text{ g}$

10 접근≫ 처음 잰 무게와 두 번째 잰 무게의 차를 이용하여 공 1개의 무게를 구하고 빈 바구니의 무게를 구합니다.

(공 2개의 무게)=4 kg 500 g−3 kg 300 g=1 kg 200 g=1200 g

→ 공 1개의 무게는 600 g입니다.

(공 5개의 무게)=600×5=3000(g) → 3 kg

(바구니의 무게)=3 kg 300 g−3 kg=300 g

> **해결 전략**
> (공 7개)+(바구니)
> =4 kg 500 g
> (공 5개)+(바구니)
> =3 kg 300 g
> ➡ (공 2개)
> =4 kg 500 g
>   −3 kg 300 g

11 접근≫ 4분 동안 받은 물의 양을 구하고 수조의 들이를 알아봅니다.

(2분 동안 받은 물의 양)=2 L 460 mL+2 L 460 mL=4 L 920 mL

(4분 동안 받은 물의 양)=4 L 920 mL+4 L 920 mL=9 L 840 mL

(수조의 들이)=(4분 동안 받은 물의 양)−(넘친 물의 양)

    =9 L 840 mL−1 L 275 mL=8 L 565 mL

> **해결 전략**
> 전체 물의 양에서 넘친 만큼의 물의 양을 빼어야 해요.

12 접근≫ 영진이가 더 마시는 주스의 양이 두 사람이 가진 주스의 양의 차와 같아지는 때를 알아봅니다.

두 사람이 산 과일 주스의 양의 차는 5 L 100 mL−2 L 700 mL=2 L 400 mL

두 사람이 하루에 마시는 과일 주스의 양의 차는 500 mL−200 mL=300 mL

300 mL×8=2400 mL이므로 두 사람이 마시고 남은 주스의 양이 같아지는 날은 8일 후입니다.

> **다른 풀이**
> □일 후 주스의 양이 같아진다고 하면 남은 주스의 양은
> 승우: 2 L 700 mL−200 mL×□
> 영진: 5 L 100 mL−500 mL×□
> 2 L 700 mL−200 mL×□=5 L 100 mL−500 mL×□
> ➡ 500 mL×□−200 mL×□=5 L 100 mL−2 L 700 mL
>   300 mL×□=2 L 400 mL
>   □=8 → 8일 후

> **해결 전략**
> 하루에 마시는 주스 양의 차가 300 mL이므로 △를 300 mL씩 며칠 동안 마실 수 있는지 알아보세요.

13 접근≫ 진우와 민선이가 산 학용품의 무게를 비교하여 지우개의 무게를 알아봅니다.

(필통 3개의 무게)+(지우개 5개의 무게)+60 g

 =(필통 4개의 무게)+(지우개 3개의 무게)

→ (지우개 2개의 무게)+60 g=(필통 1개의 무게)

(필통 1개의 무게)=(지우개 1개의 무게)+190 g

→ (지우개 2개의 무게)+60 g=(지우개 1개의 무게)+190 g

따라서 지우개 1개의 무게는 190 g−60 g=130 g입니다.

> **해결 전략**
> 지우개 1개의 무게가 필통 1개의 무게보다 190 g 더 가벼우므로 필통 1개의 무게는 지우개 1개의 무게보다 190 g 더 무거워요.

14 접근 >> 늘어난 용수철의 길이를 비교하여 750 g짜리 추를 1개 달았을 때 늘어나는 길이를 먼저 알아봅니다.

$2\,kg\ 250\,g - 750\,g = 1\,kg\ 500\,g$

$1\,kg\ 500\,g = 750\,g + 750\,g$이므로 750 g짜리 추 2개를 달면 용수철의 길이가 $27 - 13 = 14(cm)$ 늘어납니다.

즉, 750 g짜리 추 1개를 달면 $14 \div 2 = 7(cm)$ 늘어나므로 추를 달지 않았을 때의 용수철의 길이는 $13 - 7 = 6(cm)$입니다.

해결 전략

$750\,g \rightarrow 13\,cm$

$1\,kg\ 500\,g$ 늘어남. $14\,cm$ 늘어남.

$2\,kg\ 250\,g \rightarrow 27\,cm$

➡ 1 kg 500 g에 14 cm 늘어나므로 750 g에 7 cm만큼 늘어나요.

15 접근 >> 가득 찰 때까지 더 채워야 하는 물의 양과 1분에 채울 수 있는 물의 양을 구해서 알아봅니다.

(가득 찰 때까지 더 채워야 하는 물의 양)$= 100\,L - 28\,L = 72\,L$

(물탱크에 1분 동안 채워지는 물의 양)$= 4\,L\ 250\,mL - 2\,L\ 750\,mL$
$\qquad\qquad\qquad\qquad\qquad\qquad = 1\,L\ 500\,mL$

(물탱크에 2분 동안 채워지는 물의 양)$= 1\,L\ 500\,mL + 1\,L\ 500\,mL = 3\,L$

$72 \div 3 = 24$이므로 2분씩 24번 채워야 하므로 물이 가득 채워질 때까지 $2 \times 24 = 48(분)$이 걸립니다.

해결 전략

2분 → 3 L

□분 → 72 L   24배

➡ □도 2의 24배

16 접근 >> 화요일과 수요일에 사용한 기름의 양을 각각 □라고 하여 식을 만들어 봅니다.

화요일과 수요일에 사용한 기름의 양을 각각 □라고 하면

$5\,L\ 700\,mL + □ + □ + 9\,L\ 810\,mL + 9\,L\ 120\,mL = 33\,L\ 350\,mL$

$□ + □ = 33\,L\ 350\,mL - 24\,L\ 630\,mL = 8\,L\ 720\,mL$, $□ = 4\,L\ 360\,mL$

따라서 수요일에 사용한 기름의 양은 4 L 360 mL입니다.

해결 전략

(월요일부터 목요일까지 사용한 기름의 양)+(남은 기름의 양)
=(기름 탱크에 있던 기름의 양)

17 접근 >> 책가방, 책, 도시락의 무게의 합을 구해서 도시락의 무게를 구합니다.

(책가방)+(책)$= 4\,kg\ 800\,g$, (책가방)+(도시락)$= 3\,kg\ 400\,g$,

(책)+(도시락)$= 2\,kg\ 600\,g$

➡ {(책가방)+(책)+(도시락)} + {(책가방)+(책)+(도시락)}
$\quad = 4\,kg\ 800\,g + 3\,kg\ 400\,g + 2\,kg\ 600\,g = 10\,kg\ 800\,g$

➡ (책가방)+(책)+(도시락)$= 5\,kg\ 400\,g$

➡ (도시락)$= 5\,kg\ 400\,g - 4\,kg\ 800\,g = 600\,g$

해결 전략

■＋▲＝4 kg 800 g
■＋●＝3 kg 400 g
▲＋●＝2 kg 600 g
■＋▲＋■＋●＋▲＋●
＝10 kg 800 g
■＋▲＋●＋■＋▲＋●
＝10 kg 800 g
■＋▲＋●＝5 kg 400 g

4 kg 800 g

18 접근 >> 무게 사이의 관계를 식으로 나타내어 보고 무게를 구합니다.

- (사과 4개의 무게)=(배 2개의 무게)이므로

  (사과 2개의 무게)=(배 1개의 무게), (사과 6개의 무게)=(배 3개의 무게)

  (사과 6개의 무게)+(배 6개의 무게)

  =(배 3개의 무게)+(배 6개의 무게)=(배 9개의 무게)=5400 g

  ➡ (배 1개의 무게)=600 g, (사과 1개의 무게)=300 g

- (토마토 10개의 무게)=(사과 5개의 무게)이므로

  (토마토 10개의 무게)=300×5=1500(g)

  ➡ (토마토 5개의 무게)=750 g

해결 전략

사과 4개의 무게와 배 2개의 무게가 같음을 이용하여 배 1개의 무게, 배 6개의 무게는 사과 몇 개의 무게와 같은지 알아보세요.

> **다른 풀이**
> - (토마토 10개의 무게)=(사과 5개의 무게)이므로
>   (토마토 10개의 무게)=300×5=1500(g) ➡ (토마토 5개의 무게)=750 g
> - (사과 4개의 무게)=(배 2개의 무게)이므로
>   (사과 6개의 무게)+(배 6개의 무게)=(사과 6개의 무게)+(사과 12개의 무게)
>   =(사과 18개의 무게)=5400 g
>   ➡ (사과 1개의 무게)=300 g

서술형 19 접근 >> 야구공의 무게를 이용하여 수첩의 무게를 구한 다음 쇠구슬의 무게를 알아봅니다.

⑩ 야구공 1개의 무게가 150 g이므로

수첩 1권의 무게는 150 g+150 g=300 g입니다.

수첩 4권의 무게는 300 g+300 g+300 g+300 g=1200 g=1 kg 200 g입니다.

(쇠구슬 3개의 무게)=1200 g=400 g+400 g+400 g

➡ 쇠구슬 1개의 무게는 400 g입니다.

해결 전략

(쇠구슬 3개의 무게)
=(수첩 4권의 무게)
=(야구공 2개의 무게)×4

채점 기준	배점
수첩 1권의 무게를 구했나요?	2점
쇠구슬 1개의 무게를 구했나요?	3점

서술형 20 접근 >> 네 사람이 똑같이 돈을 낼 때 마시는 양을 기준으로 얼마만큼 더 내고, 덜 내야 하는지 알아봅니다.

⑩ 1 L 200 mL=1200 mL이므로 네 사람이 300 mL씩 마시면 내는 돈이 똑같습니다.

수영이는 150 mL를 더 마셨고, 미주는 150 mL를 덜 마셨으므로 150 mL의 값은 600원입니다. → 50 mL의 값은 200원입니다.

선규는 200 mL를 더 마셨고, 혜수는 200 mL를 덜 마셨으므로 혜수는 선규에게 200 mL의 값을 받아야 합니다. 따라서 50 mL의 값이 200원이므로 혜수는 선규에게서 200×4=800(원)을 받아야 합니다.

해결 전략

수영이가 미주에게 150 mL의 값으로 600원을 준 것이므로 주스 150 mL의 값이 600원이에요.

채점 기준	배점
주스 50 mL의 값을 구했나요?	2점
혜수가 누구에게서 얼마의 돈을 받아야 하는지 구했나요?	3점

01 9, 7　　**02** 4명　　**03** 350명　　**04** 가 학교　　**05** 30명　　**06** 68명

07 8명, 12명　　**08** 48명　　**09** 3200마리　　**10** 6명　　**11** 피구

12 18명　　**13** 122명

14 봉사활동에 참여한 사람 수　　**15** 57개

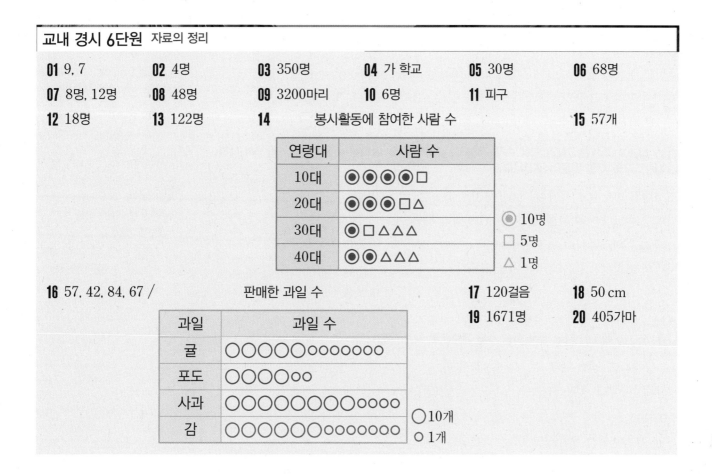

연령대	사람 수
10대	◉◉◉◉□
20대	◉◉◉□△
30대	◉□△△△
40대	◉◉△△△

◉ 10명
□ 5명
△ 1명

16 57, 42, 84, 67 / 　　판매한 과일 수　　**17** 120걸음　　**18** 50 cm

19 1671명　　**20** 405가마

과일	과일 수
귤	○○○○○ooooo
포도	○○○○oo
사과	○○○○○○○○oooo
감	○○○○○○○ooooo

○10개
o1개

01 접근 ≫ 피아노를 좋아하는 학생 수를 먼저 구한 다음 합계를 이용하여 리코더를 좋아하는 학생 수를 구합니다.

우쿨렐레를 좋아하는 학생 수가 3명이고 3명의 3배는 9명이므로 피아노를 좋아하는 학생은 9명입니다. 전체 학생 수가 25명이므로 리코더를 좋아하는 학생은 $25-9-6-3=7$(명)입니다.

해결 전략
피아노를 좋아하는 학생 수를 구하고, 전체 학생 수에서 각 악기별 학생 수를 빼어 리코더를 좋아하는 학생 수를 구할 수 있어요.

02 접근 ≫ 바이올린과 리코더를 좋아하는 학생 수의 합을 먼저 구합니다.

바이올린과 리코더를 좋아하는 학생 수의 합은 $6+7=13$(명)입니다.
따라서 피아노를 좋아하는 학생보다 $13-9=4$(명) 더 많습니다.

03 접근 ≫ 가, 나, 다 학교의 야구를 좋아하는 학생 수를 각각 알아보고 전체 학생 수에서 빼어 구합니다.

(가 학교): 150명, (나 학교): 180명, (다 학교): 270명
(라 학교)$=950-150-180-270=350$(명)

해결 전략
가 학교: ☺ 1개, ☺ 5개
　　　　 → 150명
나 학교: ☺ 1개, ☺ 8개
　　　　 → 180명
다 학교: ☺ 2개, ☺ 7개
　　　　 → 270명

04 접근 ≫ 큰 그림부터 차례로 비교합니다.

☺의 수가 가장 적은 가 학교와 나 학교 중 ☺이 더 적은 가 학교입니다.

해결 전략
☺의 수를 먼저 비교하고, ☺의 수가 같은 것끼리 ☺의 수를 비교해요.

05 접근 ≫ 은난초 마을과 백합 마을에 사는 3학년 학생 수의 합을 구하여 답을 구합니다.

은난초 마을과 백합 마을에 사는 3학년 학생 수의 합: $35+25=60$(명)
따라서 $60=30+30$이므로 난초 마을에 사는 3학년 학생은 30명입니다.

해결 전략
물방울: ⭐ 4개 ➡ 40명
은난초: ⭐ 3개, ⭐ 1개
➡ 35명
백합: ⭐ 2개, ⭐ 1개 ➡ 25명

06 접근 ≫ 조사한 3학년 학생 수를 구하고, 남학생 수와 여학생 수를 □를 사용하여 나타낸 다음 식을 만들어 구합니다.

조사한 3학년 전체 학생 수: $30+40+35+25=130$(명)
남학생 수: □명, 여학생 수: (□+6)명이라 하면
$□+(□+6)=130$, $□+□=124$, $□=62$
따라서 여학생은 $62+6=68$(명)입니다.

해결 전략
(남학생 수)+(여학생 수)
=(전체 학생 수)
남학생 수가 □명일 때 여학생 수는 (□+6)명이에요.

07 접근 ≫ 독도에 가고 싶은 학생 수를 기준으로 각각 구합니다.

• 부산에 가고 싶은 학생 수: $24÷3=8$(명),
• 설악산에 가고 싶은 학생 수: $24÷2=12$(명)

해결 전략
(독도에 가고 싶은 학생 수)=(부산에 가고 싶은 학생 수)×3
➡ (부산에 가고 싶은 학생 수)=(독도에 가고 싶은 학생 수)÷3
(독도에 가고 싶은 학생 수)=(설악산에 가고 싶은 학생 수)×2
➡ (설악산에 가고 싶은 학생 수)=(독도에 가고 싶은 학생 수)÷2

08 접근 ≫ 장소별 학생 수를 더합니다.

(독도)+(부산)+(설악산)+(경주)=$24+8+12+4=48$(명)

09 접근 ≫ 그림그래프에서 메기와 참돔의 수를 먼저 알아봅니다.

서울로 운반된 메기 수: 4200마리의 $\frac{1}{2}$ ➡ 2100마리

서울로 운반된 참돔 수: 3300마리의 $\frac{1}{3}$ ➡ 1100마리

➡ (메기 수)+(참돔 수)=$2100+1100=3200$(마리)

해결 전략
메기: 4개, 2개
➡ 4200마리
참돔: 3개, 3개
➡ 3300마리

10 접근 ≫ 이어 달리기를 하고 싶은 학생 수의 합을 이용하여 발야구를 하고 싶은 학생 수의 합을 먼저 구합니다.

두 반에서 이어 달리기를 하고 싶은 학생 수의 합은 $4+4=8$(명)입니다.
발야구를 하고 싶은 학생은 8명보다 3명 많으므로 11명입니다.
진영이네 반에서 발야구를 하고 싶은 학생이 5명이므로
하늘이네 반에서 발야구를 하고 싶은 학생은 $11-5=6$(명)입니다.

해결 전략
(발야구를 하고 싶은 학생 수)
=(이어 달리기를 하고 싶은 학생 수)+3

11 접근 ≫ 하늘이네 반에서 피구를 좋아하는 학생 수를 구하고, 가장 많은 학생들이 좋아하는 운동 경기를 알아봅니다.

하늘이네 반에서 피구를 좋아하는 학생은 $22-6-4-5=7$(명)입니다.
운동 경기별 학생 수의 합을 각각 구하면 발야구: $5+6=11$(명)
피구: $8+7=15$(명), 이어달리기: $4+4=8$(명), 축구: $6+5=11$(명)
➡ 가장 많은 학생들이 하고 싶은 운동이 피구이므로 피구로 정하는 것이 가장 좋습니다.

해결 전략
두 반의 하고 싶은 운동별 학생 수의 합을 구하여 학생 수가 가장 많은 운동을 찾아보세요.

12 접근 ≫ 10대의 사람 수를 알아보고 30대 사람 수를 구합니다.

10대는 ☺이 4개, ☻이 5개이므로 45명입니다.
45의 $\dfrac{2}{5}$는 18이므로 30대는 18명입니다.

보충 개념
45의 $\dfrac{1}{5}$은 9이므로
45의 $\dfrac{2}{5}$는 18입니다.

13 접근 ≫ 그림그래프를 보고 연령대별 사람 수를 구합니다.

10대 45명, 20대 36명, 30대 18명, 40대 23명이므로
$45+36+18+23=122$(명)입니다.

14 접근 ≫ 일의 자리 수를 □와 △를 사용하여 나타냅니다.

십의 자리 수는 ◉로 나타내고 일의 자리 수에서 5만큼을 □로 나타내어야 합니다.
☻ 5개를 □로 나타내고 남은 ☻의 수만큼 △로 나타냅니다.

해결 전략
☻ ☻ ☻ ☻ ☻
➡ □로 바꿉니다.

15 접근 ≫ 그래프에서 감의 수를 알아봅니다.

그림그래프에서 팔린 감은 ◯ 6개, ○ 7개이므로 67개입니다.
팔린 귤은 $67-10=57$(개)입니다.

16 접근 ≫ 팔린 포도와 참외의 수를 □를 사용한 식으로 나타내어 봅니다.

· 팔린 포도의 개수: □개
· 팔린 사과의 개수: (□+□)개
$57+□+(□+□)+67=250$, $□+□+□+124=250$,
$□+□+□=250-214=126$, $42+42+42=126$, $□=42$
➡ 포도: 42개, 사과: $42+42=84$(개)

해결 전략
팔린 포도의 수를 □라 하면 팔린 사과의 수는 □의 2배이므로 □×2예요.

17 접근 ≫ 민영이가 학원까지 가는 걸음 수를 먼저 알아봅니다.

집에서 학원까지 민영이의 걸음 수는 240걸음이고 240=120+120이므로 아버지는 집에서 학원까지 120걸음에 갈 수 있습니다.

해결 전략
아버지의 한 걸음은 민영이의 두 걸음과 같으므로 민영이가 두 걸음으로 가는 거리를 아버지는 한 걸음으로 갈 수 있어요.

18 접근 ≫ 백화점까지의 걸음 수를 구하여 한 걸음의 폭을 구합니다.

민영이는 175 m를 350걸음에 가고 2×175=350이므로 1 m는 2걸음에 갈 수 있습니다.
따라서 민영이의 한 걸음의 폭은 1 m=100 cm의 반인 50 cm입니다.

서술형 19 접근 ≫ 2016년의 전체 학생 수를 먼저 구합니다.

예 2016년 전체 학생 수: 1797+188-162=1823(명)
2015년 전체 학생 수: 1823+132-284=1671(명)
따라서 2015년의 전체 학생 수는 1671명입니다.

해결 전략
(2016년 학생 수)
=(2017년 학생 수)
 +(전학 간 학생 수)
 -(전학 온 학생 수)

채점 기준	배점
2016년의 전체 학생 수를 구했나요?	2점
2015년의 전체 학생 수를 구했나요?	3점

지도 가이드
2016년의 전체 학생 수는 2017년에 전학 가기 전, 전학 오기 전의 학생 수이므로 2017년의 전체 학생 수에서 전학 간 학생 수를 더하고 전학 온 학생 수를 빼야 합니다.
2015년의 전체 학생 수도 같은 방법으로 생각합니다.

서술형 20 접근 ≫ 2015년도와 2017년도의 쌀 생산량의 합을 먼저 구합니다.

예 (2015년도 쌀 생산량)+(2016년도 쌀 생산량)
=1531-378-393=760(가마)
2015년도 쌀 생산량을 □가마라고 하면 2016년도 쌀 생산량은 (□+50)가마입니다.
➡ □+□+50=760,
□+□=710, □=355
(2016년도 쌀 생산량)=355+50=405(가마)

보충 개념
2014년 생산량
3개, 7개, 8개
➡ 378가마
2017년 생산량
3개, 9개, 3개
➡ 393가마

채점 기준	배점
2015년도와 2016년도의 쌀 생산량의 합을 구했나요?	2점
2016년도 쌀 생산량을 구했나요?	3점

01 5, 6, 7   **02** ㉠, ㉢   **03** $\frac{1}{12}$ **04** 4350원   **05** 0, 6   **06** 34

07 16 t 290 kg   **08** 27명   **09** 29, 27, 59

10 수학 경시대회에 참가한 학생 수

학년	학생 수
3학년	☺☺☺ ☺ ☺☺☺
4학년	☺☺☺ ☺ ☺☺
5학년	☺☺☺☺☺ ☺
6학년	☺☺☺☺☺ ☺ ☺☺☺☺

☺10명
☺5명
☺1명

11 3424 L   **12** 23   **13** 3   **14** 5군데   **15** 4 cm   **16** 3 L 640 mL

17 70 m   **18** 28   **19** 20개   **20** 16 cm

---

01 [1단원]

접근》 어림하여 생각하여 □ 안에 수를 넣어 계산해 보고 조건에 맞는 수를 구합니다.

• 429×□>2000에서 429를 400으로 어림해 보면

400×5=2000이므로

□=5일 때 429×5=2145>2000

□=4일 때 429×4=1716<2000

➡ □는 4보다 큰 수입니다.

• □×68<500에서 68을 70으로 어림해 보면

7×70=490이므로

□=7일 때 7×68=476<500

□=8일 때 8×68=544>500

➡ □는 8보다 작은 수입니다.

따라서 □ 안에 공통으로 들어갈 수 있는 수는 5, 6, 7입니다.

> **해결 전략**
> 429를 400으로 어림하고, 68을 70으로 어림하면 □ 안에 들어갈 수를 쉽게 예상할 수 있어요.

02 [3단원]

접근》 원의 중심, 반지름, 지름의 성질을 각각 알아봅니다.

㉢ 한 원에서 원의 지름은 무수히 많습니다.

㉣ 한 원에서 원의 중심은 1개입니다.

03 [2단원] + [4단원]
접근 ≫ 공책은 9권씩 몇 묶음이 되는지 알아봅니다.

공책 108권을 가방 한 개에 9권씩 넣으면 $108 \div 9 = 12$이므로 12개의 가방에 나누어 넣은 것입니다.

따라서 가방 한 개에 넣은 공책은 전체의 $\frac{1}{12}$입니다.

주의
가방 한 개에 넣은 공책 수를 $\frac{1}{9}$로 생각하지 않도록 주의합니다.

해결 전략
공책 108권을 9권씩 묶으면 12묶음이 되므로 9권은 108권의 $\frac{1}{12}$이에요.

04 [1단원]
접근 ≫ 일주일 동안 모으는 돈과 처음에 있던 돈을 더합니다.

일주일은 7일이므로
(성민이가 일주일 동안 모은 돈) $= 450 \times 7 = 3150$(원)이고,
처음에 1200원을 가지고 있었으므로
$1200 + 3150 = 4350$(원)이 됩니다.

05 [2단원]
접근 ≫ 십의 자리부터 차례로 나누었을 때 나누어떨어지기 위해 들어갈 수 있는 수를 예상하고 확인해 봅니다.

나눗셈을 하면 오른쪽 같이 나타낼 수 있습니다.
$6 \times \triangle = 3\square$가 되어야 하므로
$\triangle = 5$일 때 $6 \times 5 = 30 \rightarrow \square = 0$
$\triangle = 6$일 때 $6 \times 6 = 36 \rightarrow \square = 6$
따라서 $\square$ 안에 들어갈 수 있는 수는 0, 6입니다.

$$
\begin{array}{r}
1\,\triangle \\
6\,\overline{)\,9\,\square} \\
6 \\
\hline
3\,\square \\
3\,\square \\
\hline
0
\end{array}
$$

해결 전략
나누어떨어지는 나눗셈식이므로 나머지는 0이 돼요.

지도 가이드
나누어지는 수의 십의 자리 수를 보면 $9 > 6$이므로 몫은 10보다 큰 수임을 알고 몫의 일의 자리 수가 될 수 있는 경우를 생각해 봅니다.

06 [4단원]
접근 ≫ 자연수 부분이 4, 분모가 7인 대분수의 분자가 될 수 있는 수를 생각해 봅니다.

자연수 부분이 4, 분모가 7인 대분수의 분자가 $\square$일 때 $4\frac{\square}{7}$로 나타낼 수 있습니다.
대분수이므로 $\square$ 안에 들어갈 수 있는 수는 분모 7보다 작은 1, 2, 3, 4, 5, 6입니다.
가장 큰 분수는 $\square = 6$일 때이므로 $4\frac{6}{7}$입니다.

$\rightarrow 4\frac{6}{7} = \frac{34}{7}$

해결 전략
대분수는 자연수와 진분수로 이루어진 분수이므로 분수 부분의 분자가 분모 7보다 작아야 해요.

07 5단원 접근 ≫ kg과 t 사이의 관계를 이용하여 나타내어 봅니다.

$2450 \, \text{kg} + 1840 \, \text{kg} = 4290 \, \text{kg} = 4 \, \text{t} \, 290 \, \text{kg}$이므로
$12 \, \text{t} + 4 \, \text{t} \, 290 \, \text{kg} = 16 \, \text{t} \, 290 \, \text{kg}$

보충 개념
$1000 \, \text{kg} = 1 \, \text{t}$
➡ $4000 \, \text{kg} = 4 \, \text{t}$

08 4단원 + 6단원 접근 ≫ 5학년 학생 수를 이용하여 전체의 분수만큼을 구해서 4학년 학생 수를 구합니다.

5학년에서 수학 경시대회에 참가한 학생 수는 45명입니다.

45명의 $\dfrac{1}{5}$ 은 9명이므로 45명의 $\dfrac{3}{5}$ 은 27명입니다.

09 6단원 접근 ≫ 전체 학생 수를 이용하여 3학년과 6학년의 학생 수의 합을 먼저 구합니다.

(3학년과 6학년의 수학 경시대회에 참가한 학생 수)
$= 160 - 27 - 45 = 88$(명)
3학년 학생 수를 □명이라 하면 6학년은 (□+30)명이므로
□+□+30=88
□+□=58
□=29
따라서 3학년은 29명, 6학년은 29+30=59(명)입니다.

해결 전략
6학년 학생 수가 3학년 학생 수보다 30명 더 많으므로 3학년 학생 수를 □라 하면 6학년은 □+30이 돼요.

10 6단원 접근 ≫ ☺은 10명, ◕은 5명, ●은 1명임을 이용하여 십의 자리 수와 일의 자리 수를 그림으로 나타냅니다.

3학년: 29명 → ☺ 2개, ◕ 1개, ● 4개
4학년: 27명 → ☺ 2개, ◕ 1개, ● 2개
5학년: 45명 → ☺ 4개, ◕ 1개,
6학년: 59명 → ☺ 5개, ◕ 1개, ● 4개

11 1단원 + 5단원 접근 》 곱셈식을 이용하여 식을 만들어 구합니다.

8 L씩 380통에 담은 우유는 $8 \times 380 = 3040$(L),

12 L씩 32통에 담은 우유는 $12 \times 32 = 384$(L)입니다.

따라서 우유의 양은 모두

$3040 + 384 = 3424$(L)입니다.

12 1단원 접근 》 일의 자리부터 차례로 곱했을 때 곱의 일의 자리 수가 나오는 경우를 생각하여 ㉠, ㉡, ㉢, ㉣에 알맞은 수를 예상하고 확인하여 봅니다.

㉠ $\times 3$의 곱의 일의 자리 수가 4이므로 ㉠ $= 8$입니다.

$68 \times 3 = 204$이므로 ㉢ $= 2$입니다.

$8 \times$ ㉡의 일의 자리 수가 2이므로 ㉡이 될 수 있는 수는 4 또는 9입니다.

$68 \times 4 = 272$, $68 \times 9 = 612$이므로 ㉡ $= 4$입니다.

$68 \times 43 = 2924$이므로 ㉣ $= 9$입니다.

따라서 ㉠ $+$ ㉡ $+$ ㉢ $+$ ㉣ $= 8 + 4 + 2 + 9 = 23$입니다.

> **해결 전략**
> ㉠ $\times 3$의 곱의 일의 자리 수가 4
> → 3의 단 곱셈구구에서 곱의 일의 자리 수가 4인 경우를 찾아요.
> → $8 \times 3 = 24$에서 ㉠ $= 8$이에요.

13 2단원 접근 》 어떤 수를 △라고 하고 나눗셈식을 만들고, 계산을 확인하는 식을 이용하여 나타내어 봅니다.

- 어떤 수를 △라고 하면

  $\triangle \div 7 = 13 \cdots 2$, $\triangle = 7 \times 13 + 2$

  → $7 \times 13 = 91$, $91 + 2 = 93$ ➡ $\triangle = 93$

- 어떤 수는 93이므로 $93 + \square$는 6으로 나누어떨어집니다.

  $96 \div 6 = 16$이므로 가장 작은 $\square = 3$입니다.

> **주의**
> 어떤 수를 구하는 것으로 생각하여 93으로 답하지 않도록 주의합니다.

14 3단원 접근 》 곡선의 일부분을 이용하여 원을 그려 보고 원의 중심이 되는 곳을 찾습니다.

원의 중심이 되는 곳을 표시해 보면 오른쪽과 같습니다.

원의 중심이 되는 곳에 컴퍼스의 침을 꽂아야 하므로 모두 5군데에 꽂아야 합니다.

> **해결 전략**
> 이용한 원의 개수를 세어 보고, 원의 중심이 같은 원을 찾아서 컴퍼스의 점을 꽂아야 하는 점을 알아보세요.

15 1단원 + 3단원 접근 ≫ 굵은 선이 지름의 몇 배인지 알아봅니다.

굵은 선의 길이는 원의 지름의 길이의 24배와 같습니다.

(원의 지름)×24＝192

10×24＝240이므로 원의 지름은 10 cm보다 짧으므로

(원의 지름)＝9 cm라고 하면, 9×24＝216(cm)

(원의 지름)＝8 cm라고 하면, 8×24＝192(cm)

따라서 원의 지름은 8 cm이고 반지름은 4 cm입니다.

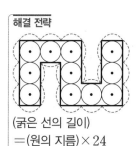

해결 전략

(굵은 선의 길이)
＝(원의 지름)×24

16 2단원 + 5단원 접근 ≫ 산 요구르트를 마신 후 빈 병을 요구르트로 바꾸는 활동을 반복하여 봅니다.

요구르트 45병을 마시면 빈 병 45개가 생기고,

이것으로 요구르트 45÷5＝9(병)을 받아옵니다.

받아온 요구르트 9병을 마시고,

빈 병 5개로 요구르트 1병을 받아옵니다.

➡ 빈 병 4개가 남아 있습니다.

다시 빈 병 1개와 4개를 합하여 5개로 요구르트 1병을 받아옵니다.

➡ (주원이가 마실 수 있는 요구르트의 개수)＝45＋9＋1＋1＝56(병)

따라서 마실 수 있는 요구르트의 양은

65×56＝3640(mL) → 3 L 640 mL입니다.

해결 전략

① 요구르트 45병을 마시고 나온 빈 병 45개를 요구르트로 바꾸기— 9병
② 요구르트 9병을 마시고 나온 빈 병을 요구르트로 바꾸기— 요구르트 1병＋빈 병 4개
③ 요구르트 1병을 마시고 나온 빈 병과 남은 빈 병 4개를 합하여 요구르트 1병으로 바꾸기

17 1단원 + 2단원 접근 ≫ 한쪽에 설치하는 가로등 수를 알아보고 1개 더 설치할 때마다 몇 m의 차이가 생기는지 생각해 봅니다.

도로의 길이가 같으므로 14 m 간격으로 설치할 때의 간격의 수와 10 m 간격으로 설치할 때의 간격의 수의 차이를 이용하여 해결합니다.

10 m 간격으로 설치할 때 양쪽에 가로등이 4개 더 필요하므로 한쪽에 2개씩 더 필요합니다.

한쪽에 10 m 간격으로 설치하면 14 m 간격으로 설치할 때보다 가로등이 2개 더 필요하므로 10×2＝20(m)의 차이가 생깁니다.

14 L 간격이 ☐ 군데라면

14×☐＝10×☐＋20, 4×☐＝20, ☐＝5

14 m 간격으로 가로등을 5＋1＝6(개) 설치하게 됩니다.

따라서 도로의 길이는 14×5＝70(m)입니다.

해결 전략

한쪽에 세우는 가로등 수의 차가 2개
➡ 10 m 간격으로 2개를 더 세울 수 있는 거리만큼 차이가 있어요.

18 1단원 + 4단원

접근 》 ㉯에 알맞은 수를 구한 다음 ㉰에 알맞은 수를 구합니다.

63의 $\frac{7}{9}$은 49이므로 ㉯=49, ㉠의 $\frac{3}{4}$이 ㉰이므로

63◆ ㉠=49×㉰=1029입니다.

49×10=490, 49×100=4900이므로 ㉰는 두 자리 수입니다.

㉰=□△라고 하면

9×△의 곱의 일의 자리 수가 9이므로 △=1입니다.

49×□1=1029에서 49×21=1029, □=2입니다. → ㉰=21

㉠의 $\frac{3}{4}$의 21이므로 ㉠의 $\frac{1}{4}$은 7이고 ㉠=28입니다.

해결 전략

㉮ 대신에 63, ㉯ 대신에 ㉠을 넣어서 나타내어 보세요.

서술형 19 2단원 + 3단원

접근 》 선분 ㄱㄴ의 길이와 원의 반지름의 관계를 찾아서 해결합니다.

㉠ 선분 ㄱㄴ의 길이가 원의 반지름의 길이의 □배라고 할 때 6×□=126입니다.

➡ 126÷6=21, □=21

선분 ㄱㄴ의 길이가 원의 반지름의 길이의 21배이므로 원을 20개 놓은 것입니다.

채점 기준	배점
선분 ㄱㄴ의 길이가 반지름의 길이의 몇 배인지 구했나요?	2점
놓은 원의 개수를 구했나요?	3점

서술형 20 1단원 + 2단원

접근 》 이어 붙인 전체 길이와 겹쳐진 부분의 길이를 이용하여 색 테이프의 길이를 구합니다.

㉠ 6장의 색 테이프를 이어 붙일 때, 겹쳐진 부분은 5군데입니다.

2 cm 4 mm=24 mm이므로 겹쳐진 부분의 길이의 합은

24 mm×5=120 mm=12 cm입니다.

색 테이프 6장의 길이의 합은 84+12=96(cm)입니다.

따라서 색 테이프 한 장의 길이는 96÷6=16(cm)입니다.

채점 기준	배점
겹쳐진 부분의 길이의 합을 구했나요?	2점
색 테이프 한 장의 길이를 구했나요?	3점

해결 전략

(색 테이프 6장의 길이)
=(이어 붙인 전체 길이)
　+(겹쳐진 부분의 길이)

01 27, 2   **02** 진우, 우진, 세영 **03** 48   **04** 25분   **05** 13 cm   **06** $\dfrac{22}{15}$ kg

07 10 cm   **08** 15초   **09** 6   **10** 7   **11** 10 cm   **12** 41 t

13

2017년 사과 수확량	
월	수확량
3월	◉○○○○○○
4월	◉◉◉◉◉○○
5월	◉◉◉○○○
6월	◉◉◉◉◉◉◉

◉10t ○1t

2018년 사과 수확량	
월	수확량
3월	◉○○
4월	◉◉◉◉◉○
5월	◉◉◉◉◉○○○○
6월	◉◉◉◉○

◉10t ○5t ○1t

14 10 cm   **15** $\dfrac{29}{8}$ **16** 750 g, 250 g, 300 g

17 고구마 수확량

밭	수확량
수연이네	▨▨▨▨
지원이네	▨▨▨▨▨▨▨▨▨
현수네	▨▨▨▨▨▨
경민이네	▨▨▨▨▨▨

▨10 kg   ▨1 kg

18 504 cm   **19** 21 m   **20** 164 cm

---

01 [2단원]
접근 ≫ 현수의 나눗셈식을 보고 곱셈식을 나타내어 ㉠의 값을 먼저 구합니다.

현수: 80÷㉠=16 → ㉠×16=80,

곱의 일의 자리 수가 0이므로 ㉠=5입니다.

→ 80÷5=16

시희: 137÷5=27…2

따라서 몫은 27, 나머지는 2입니다.

> **해결 전략**
> 곱해서 일의 자리 수가 0이 되려면 0 또는 5를 곱해야 해요.

02 [5단원]
접근 ≫ 물병의 들이와 덜어낸 횟수의 관계를 생각해 봅니다.

물병의 들이가 많을수록 덜어낸 횟수가 적습니다.

따라서 덜어낸 횟수가 적을수록 물병의 들이가 많습니다.

03 **4단원**

접근 >> 어떤 수의 $\dfrac{5}{12}$를 먼저 알아보고 어떤 수를 구합니다.

어떤 수의 $\dfrac{5}{12}$가 35이므로 어떤 수의 $\dfrac{1}{12}$은 7입니다.

➡ 어떤 수는 $7 \times 12 = 84$입니다.

어떤 수가 84이고 84의 $\dfrac{1}{7}$은 12이므로 84의 $\dfrac{4}{7}$은 48입니다.

04 **2단원**

접근 >> 24일 동안 줄넘기를 하는 시간을 구하고 남은 기간은 며칠인지 알아봅니다.

하루에 30분씩 24일 동안 줄넘기를 한 시간은 $30 \times 24 = 720$(분)

1시간이 60분이고 $60 \times 12 = 720$이므로 720분은 12시간입니다.

남은 시간은 14시간 55분－12시간＝2시간 55분 → 175분입니다.

5월은 31일까지 있으므로 25일부터 31일까지는 7일입니다.

(하루에 줄넘기를 한 시간)＝$175 \div 7 = 25$(분)입니다.

> **해결 전략**
> ① 24일 동안 줄넘기 한 시간 구하기
> ② 5월의 남은 날수 구하기
> ③ 하루에 줄넘기 한 시간 구하기

05 **2단원 + 3단원**

접근 >> 크기가 같은 원의 반지름의 길이는 모두 같음을 이용합니다.

반지름의 길이는 모두 같으므로 변 ㄱㄴ, 변 ㄱㄷ은 각각 반지름의 2배이고, 변 ㄴㄷ은 반지름과 같습니다.

따라서 삼각형 ㄱㄴㄷ의 둘레의 길이는 반지름의 길이의 5배와 같습니다.

(반지름)$\times 5 = 65$, (반지름)$= 65 \div 5 = 13$(cm)입니다.

> **해결 전략**
> 변의 길이가 반지름의 길이의 몇 배인지 알아보세요.

06 **4단원**

접근 >> 대분수를 가분수로 나타내어 비교해 봅니다.

분모가 모두 같으므로 대분수를 가분수로 나타내면 $1\dfrac{4}{15} = \dfrac{19}{15}$이므로

$\dfrac{14}{15} < \dfrac{19}{15} < \dfrac{22}{15}$입니다. 따라서 가장 무거운 배의 무게는 $\dfrac{22}{15}$ kg입니다.

07 **3단원**

접근 >> 가장 작은 원의 지름을 구한 다음 가장 큰 원의 지름과의 관계를 이용하여 두 번째로 큰 원의 지름을 알아봅니다.

가장 작은 원의 반지름이 7 cm이므로 지름은 14 cm입니다.

(가장 큰 원의 지름)＝(가장 작은 원의 지름)＋(두 번째로 큰 원의 지름)

➡ $34 = 14 +$ (두 번째로 큰 원의 지름),

(두 번째로 큰 원의 지름)＝20 cm

따라서 두 번째로 큰 원의 반지름은 10 cm입니다.

> **해결 전략**
> 큰 원의 지름을 가장 작은 원의 지름과 두 번째로 큰 원의 지름으로 나타내어 보세요.

08 4단원 + 5단원 접근 » 두 수도로 1분 동안 받는 물의 양을 구한 다음 10초, 5초 동안 받는 물의 양을 알아봅니다.

㉯ 수도로 1분 동안 받는 물의 양은 36 L의 $\frac{5}{6}$이므로 30 L입니다.

㉮ 수도와 ㉯ 수도로 1분 동안 받을 수 있는 물의 양은 $36+30=66$(L)입니다.

㉮ 수도와 ㉯ 수도로 10초 동안 받을 수 있는 물의 양은 $66÷6=11$(L)이므로 5초 동안 받을 수 있는 물의 양은 5 L 500 mL입니다.

따라서 16 L 500 mL를 받으려면 $11 L+5 L 500 mL=16 L 500 mL$에서 15초가 걸립니다.

해결 전략
① ㉯ 수도로 1분 동안 받는 물의 양 구하기
② ㉮, ㉯ 수도로 1분 동안 받는 물의 양 구하기
③ ㉮, ㉯ 수도로 10초, 5초 동안 받는 물의 양 구하기

09 1단원 접근 » 479를 500으로 어림하여 □의 수를 어림해 보고 곱셈을 해 봅니다.

479를 500으로 어림하면 $500×6=3000$이므로

□=6일 때, $479×6=2874$, □=7일 때, $479×7=3353$

$3000-2874=126$, $3353-3000=353$이므로 3000에 더 가까운 수는 3000과 차가 더 적은 2874입니다.

따라서 곱이 3000에 가장 가까울 때 □ 안에 들어갈 자연수는 6입니다.

해결 전략
479를 500으로 어림하여 $500×□=3000$인 □를 구하면 $479×□$가 3000에 가까울 때의 □를 예상할 수 있어요.

10 2단원 접근 » 어떤 수를 □라고 하여 나눗셈식을 만들고, 나눗셈식의 결과를 확인하는 과정을 이용하여 어떤 수를 어림해 봅니다.

어떤 수를 □라고 하면 $171÷□=24\cdots3$ ➡ $□×24+3=171$

$□×24=171-3=168$이므로 $□×24=168$

$10×24=240$이고 $168<240$이므로 □는 10보다 작습니다.

$□×4$의 곱의 일의 자리 수가 8이므로 □는 2 또는 7입니다.

□=2일 때 $2×24=48$,

□=7일 때 $7×24=168$이므로 □=7입니다.

따라서 어떤 수는 7입니다.

해결 전략
어떤 수를 □라 하고 계산을 맞게 했는지 확인하는 식을 이용하여 □의 값을 구해 보세요.

11 3단원 접근 » 큰 원의 지름과 작은 원의 반지름의 관계를 생각해 봅니다.

큰 원의 반지름이 25 cm이므로 지름은 $25×2=50$(cm)입니다.

원 9개를 그렸을 때 큰 원의 지름은 작은 원의 반지름의 10배가 됩니다.

(작은 원의 반지름)$×10=50$ → (작은 원의 반지름)$=5$ cm

따라서 작은 원의 지름은 10 cm입니다.

해결 전략
작은 원을 9개 그릴 때 큰 원의 지름은 작은 원의 반지름의 몇 배인지 알아보세요.

12 6단원 접근» 2017년 4월의 수확량을 구하고 2017년 4개월 동안의 수확량을 구합니다.

2017년 3월의 수확량은 16 t이고, 3월의 수확량이 같으므로 2018년 3월도 16 t입니다. 2018년 4월의 수확량이 41 t이므로 2017년 4월의 수확량은 42 t입니다.

2017년의 수확량은 16 t＋42 t＋33 t＋60 t＝151 t입니다.

2018년의 수확량은 2017년보다 5 t 더 많으므로 151 t＋5 t＝156 t입니다.

(2018년 6월의 수확량)＝156 t－16 t－41 t－58 t＝41 t입니다.

> **주의**
> 2017년 그래프는 ◉ 10 t
> ○ 1 t으로 나타내고 2017년 그래프는 ◉ 10 t ○ 5 t
> ○ 1 t으로 나타낸 그래프입니다. 단위를 같게 생각하지 않도록 주의합니다.

13 6단원 접근» 2017년 4월, 2018년 3월, 6월의 수확량을 확인하고 그래프를 그립니다.

2017년 4월의 수확량은 42 t, 2018년 3월의 수확량은 16 t, 6월의 수확량은 41 t입니다.

14 3단원 접근» 한 원의 반지름의 길이는 모두 같음을 이용하여 구합니다.

사각형 ㄱㄴㄷㄹ의 모든 변의 길이는 각각 2 cm이고

한 원에서 반지름의 길이는 모두 같으므로 (선분 ㄹㅁ)＝2 cm

(선분 ㄷㅂ)＝(선분 ㄷㅁ)＝2＋2＝4(cm)

(선분 ㄴㅅ)＝(선분 ㄴㅂ)＝2＋4＝6(cm)

(선분 ㄱㅇ)＝(선분 ㄱㅅ)＝2＋6＝8(cm)

따라서 선분 ㅇㄹ의 길이는 8＋2＝10(cm)입니다.

> **해결 전략**
> 정사각형은 네 변의 길이가 모두 같고, 한 원에서 반지름은 모두 같아요.
> 이 성질을 이용해서 선분 ㄷㅂ, 선분 ㄴㅅ, 선분 ㄱㅇ, 선분 ㅇㄹ의 길이를 차례로 구해 보세요.

15 4단원 접근» 분자를 분모로 나눈 몫과 나머지를 이용하여 곱셈식과 덧셈식으로 나타내어 해결합니다.

분수를 $\dfrac{\triangle}{\square}$라고 하면 △를 □로 나누면 몫은 3이고 나머지는 5이므로

△÷□＝3…5입니다. ➡ △는 □×3보다 5 큽니다.

나머지가 5이므로 분모는 5보다 크므로 6, 8, 9 중 한 개입니다.

□＝6일 때 분자는 6×3＝18, 18＋5＝23

□＝8일 때 분자는 8×3＝24, 24＋5＝29

□＝9일 때 분자는 9×3＝27, 27＋5＝32입니다.

이 중에서 수 카드로 만들 수 있는 분수는 $\dfrac{29}{8}$입니다.

> **해결 전략**
> 수 카드 3장으로 가분수를 만들어야 하고, 가분수는 분자가 분모보다 큰 분수예요.
> 따라서 분모는 한 자리 수, 분자는 두 자리 수로 만들 수 있어요.

16 `1단원` + `5단원` **접근 ≫** 소금 2봉지와 설탕 6봉지의 무게가 같음을 이용하여 설탕과 밀가루의 무게의 관계를 알아봅니다.

(소금 1봉지)＝(설탕 3봉지), (소금 2봉지)＝(밀가루 5봉지),

(소금 2봉지)＝(설탕 6봉지) → (설탕 6봉지)＝(밀가루 5봉지)

(설탕 1봉지)＋(밀가루 1봉지)＝550 g

(설탕 6봉지)＋(밀가루 6봉지)＝550×6＝3300(g) → 3 kg 300 g

(설탕 6봉지)＋(밀가루 6봉지)＝(밀가루 5봉지)＋(밀가루 6봉지)＝(밀가루 11봉지)

(밀가루 11봉지)＝3 kg 300 g＝3300 g → (밀가루 1봉지)＝300 g

(설탕 1봉지)＝550 g－300 g＝250 g, (소금 1봉지)＝250 g×3＝750 g

17 `4단원` + `6단원` **접근 ≫** 지원이네 밭의 고구마 수확량을 이용하여 수연이네 밭의 수확량을 먼저 구하고 현수네와 경민이네 밭의 수확량은 얼마인지 알아봅니다.

지원이네 밭의 고구마 수확량은 45 kg입니다.

45 kg의 $\frac{2}{3}$는 30 kg이므로 수연이네 밭의 수확량은 30 kg입니다.

(현수네 수확량)＋(경민이네 수확량)＝174 kg－30 kg－45 kg＝99 kg

경민이네 수확량의 $\frac{1}{5}$을 □라 하면

경민이네 수확량은 □×5, 현수네 수확량은 □×4입니다.

□×5＋□×4＝99, □×9＝99, □＝11

따라서 현수네 수확량은 44 kg, 경민이네 수확량은 55 kg입니다.

해결 전략
현수네 밭의 수확량은 경민이네의 $\frac{4}{5}$이므로 경민이네 밭의 수확량의 $\frac{1}{5}$을 □라 하고, 경민이네 밭의 수확량과 현수네 밭의 수확량을 □를 사용하여 나타내어 보세요.

18 `1단원` + `2단원` **접근 ≫** 육각형을 붙였을 때 가운데 맞닿는 변은 몇 개인지 알아보고 전체 길이의 합에서 맞닿는 부분의 길이를 뺍니다.

육각형의 한 변의 길이는 42÷6＝7(cm)입니다.

육각형을 위쪽에 17개, 아래쪽에 16개 이어 붙인 것입니다.

육각형 33개의 모든 변의 길이의 합은 42×33＝1386(cm)이고, 서로 맞닿는 변의 개수는 6개씩 16군데이고 2개씩 15군데이므로 6×16＝96(개), 15×2＝30(개)

➡ 96＋30＝126(개)입니다.

변 126개의 길이의 합은 7×126＝882(cm)이므로

굵은 선의 길이는 1386－882＝504(cm)입니다.

해결 전략

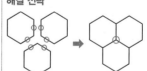

한 꼭짓점에 변 6개가 맞닿아요.
➡ 16군데 있어요.

다른 풀이
처음 3개 붙일 때 굵은 선은 육각형의 한 변의 12배입니다.
위, 아래로 2개를 더 붙일 때마다 육각형의 변이 4개씩 늘어납니다.
육각형 33개를 붙이려면 처음 3개에서 2개씩 15번을 붙여야 합니다.
➡ 육각형 변이 처음 12개에서 4개씩 늘어나므로 4×15＝60(개) → 12＋60＝72(개)
굵은 선은 육각형의 한 변의 72배입니다.
(육각형의 한 변의 길이)＝42÷6＝7(cm)
(굵은 선의 길이)＝7×72＝504(cm)

서술형 **19** 2단원 + 4단원 **접근 ≫ 한 사람이 가지는 철사의 길이를 먼저 구하고 세준이가 사용한 철사의 길이를 알아봅니다.**

예 $168 \div 3 = 56$ 이므로 한 사람이 56 m씩 가졌습니다.

56의 $\dfrac{5}{8}$는 35이므로 세준이가 나무 막대를 묶는 데 사용한 철사의 길이는 35 m입니다.

따라서 세준이가 사용하고 남은 철사의 길이는 $56 - 35 = 21$(m)입니다.

채점 기준	배점
세준이가 가진 철사의 길이를 구했나요?	3점
세준이가 사용하고 남은 철사의 길이를 구했나요?	2점

서술형 **20** 1단원 + 3단원 **접근 ≫ 겹쳐진 부분의 길이와 몇 군데인지 구하여 전체 길이를 구합니다.**

예 고리 사이의 겹쳐진 부분의 길이는 4 cm이고 9군데입니다.

고리의 바깥쪽 지름은 $16 + 2 + 2 = 20$(cm)이고 10개입니다.

(고리 10개의 지름의 길이의 합)$= 20 \times 10 = 200$(cm)

(겹쳐진 부분의 길이의 합)$= 4 \times 9 = 36$(cm)

(전체의 길이)$= 200 - 36 = 164$(cm)

채점 기준	배점
고리의 바깥쪽 지름을 구했나요?	2점
전체 길이를 구했나요?	3점

해결 전략

두 원을 고리로 잇고 원의 중심을 이어 보면 중심 사이의 거리는 반지름의 길이의 2배에서 고리의 굵기만큼 겹쳐진 부분의 길이를 빼면 돼요.

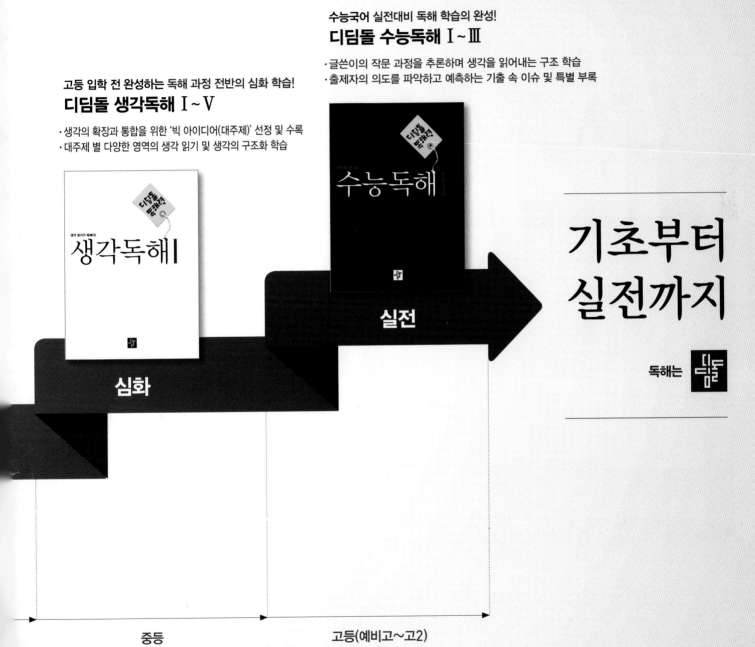

고등 입학 전 완성하는 독해 과정 전반의 심화 학습!
디딤돌 생각독해 Ⅰ ~ Ⅴ

· 생각의 확장과 통합을 위한 '빅 아이디어(대주제)' 선정 및 수록
· 대주제 별 다양한 영역의 생각 읽기 및 생각의 구조화 학습

수능국어 실전대비 독해 학습의 완성!
디딤돌 수능독해 Ⅰ ~ Ⅲ

· 글쓴이의 작문 과정을 추론하며 생각을 읽어내는 구조 학습
· 출제자의 의도를 파악하고 예측하는 기출 속 이슈 및 특별 부록

기초부터
실전까지

독해는 디딤돌

심화

실전

중등

고등(예비고~고2)

한걸음 한걸음 디딤돌을 걷다 보면
수학이 완성됩니다.

● 개념 다지기
원리, 기본

● 문제해결력 강화
문제유형, 응용

● 심화 완성
최상위 수학S, 최상위 수학

● 연산 개념 다지기
디딤돌 연산

● 개념+문제해결력 강화를 동시에
기본+유형, 기본+응용

● 상위권의 힘, 사고력 강화
최상위 사고력

개념 이해 **개념 응용** **개념 확장**

학습 능력과 목표에 따라
맞춤형이 가능한 디딤돌 초등 수학